工程质量安全手册实施系列培训教材

工程质量安全生产手册
——工程安全生产控制

刘　菁　主编

U0288237

中国建筑工业出版社

图书在版编目（CIP）数据

工程质量安全生产手册.工程安全生产控制/刘菁主编.—北京：中国建筑工业出版社，2019.10

工程质量安全手册实施系列培训教材

ISBN 978-7-112-24267-2

Ⅰ.①工…　Ⅱ.①刘…　Ⅲ.①建筑工程-安全管理-技术培训-手册　Ⅳ.①TU714-62

中国版本图书馆 CIP 数据核字（2019）第 217721 号

　　本书为《工程质量安全手册实施系列培训教材》之一，本书主要内容包括：工程安全生产控制、工程安全生产现场控制、安全管理资料和工程安全生产事故案例分析。

　　本套书是以《工程质量安全手册（试行）》为基础编写的指导指南，以期为工程建设各方主体更好地理解和执行《工程质量安全手册》提供帮助，推动《工程质量安全手册》向各地落实。

　　本书适合作为各地从事工程质量安全的管理人员使用，也可作为其他相关工程技术人员参考使用。

责任编辑：李　明　李　慧　赵云波
责任设计：李志立
责任校对：张惠雯　姜小莲

工程质量安全手册实施系列培训教材
工程质量安全生产手册——工程安全生产控制
刘　菁　主编
＊
中国建筑工业出版社出版、发行（北京海淀三里河路9号）
各地新华书店、建筑书店经销
北京佳捷真科技发展有限公司制版
北京建筑工业印刷厂印刷
＊
开本：787×1092毫米　1/16　印张：18½　字数：460千字
2019年11月第一版　2019年11月第一次印刷
定价：46.00元
ISBN 978-7-112-24267-2
（34540）

目　　录

第一章　工程安全生产控制

第一节　工程安全生产概述

一、安全生产的概念与意义

（一）安全生产的概念

所谓"安全生产"，是指在生产经营活动中，为了避免造成人员伤害和财产损失的事故而采取相应的事故预防和控制措施，使生产过程在符合规定的条件下进行，以保证从业人员的人身安全与健康，设备和设施免受损坏，环境免遭破坏，保证生产经营活动得以顺利进行的相关活动。

《辞海》中将安全生产定义为预防生产过程中发生人身、设备事故，形成良好劳动环境和工作秩序而采取的一系列措施和活动。《中国大百科全书》将安全生产定义为旨在保障劳动者在生产过程中的安全的一项方针，是企业管理必须遵循的一项原则，要求最大限度地减少劳动者的工伤和职业病，保障劳动者在生产过程中的生命安全和身体健康。后者将安全生产解释为企业生产的一项方针、原则和要求，前者则解释为企业生产的一系列措施和活动。根据现代系统安全工程的观点，上述解释只表述了一个方面，都不够全面。

概括地说，安全生产是指采取一系列措施使生产过程在符合规定的物质条件和工作秩序下进行，有效消除或控制危险和有害因素，无人身伤亡和财产损失等生产事故发生，从而保障人员安全与健康、设备和设施免受损坏、环境免遭破坏，使生产经营活动得以顺利进行的一种状态。"安全生产"这个概念，一般意义上讲，是指在社会生产活动中，通过人、机、物料、环境、方法的和谐运作，使生产过程中潜在的各种事故风险和伤害因素始终处于有效控制状态，切实保护劳动者的生命安全和身体健康。也就是说，为了使劳动过程在符合安全要求的物质条件和工作秩序下进行的，防止人身伤亡财产损失等生产事故，消除或控制危险有害因素，保障劳动者的安全健康和设备设施免受损坏、环境的免受破坏的一切行为。

安全生产中安全和生产两者是辩证统一的，是对企业物质生产活动过程中自始至终的一种行为要求。安全生产的目的是保证企业保质、保量顺利地完成或超额完成生产任务。实现安全生产，企业就必须在管理工作中，从行政领导、组织机构、技术业务、宣传教育、规章制度等各个方面，采取有效措施，改善劳动条件，消除各种事故隐患，防止各种事故的发生，使劳动者能在一个安全、舒适的环境下从事生产劳动。

关于安全生产的范畴，有人认为应界定在企业，也有人认为除刑事案件（或公共安全）以外的安全问题均应划归安全生产范畴。从我国的安全生产工作来看，安全生产的范畴应包括：工业企业单位员工人身安全及财产设备安全，即煤炭、石油、化工、冶金、石化、地质、农业、林业、水利、电力、建筑等产业部门的安全生产；交通运输行业，如铁路运输、公路运输、水上运输及民航运输的安全生产；商业服务行业，如宾馆、饭店、商场、公共娱乐及旅游场所等职工及顾客的人身安全和财产设备的安全；其他部门，如国家机关、事业单位、人民团体等有关人员的人身安全和财产安全。本文的安全生产针对的工程的安全生产。

（二）安全生产的意义

安全生产是党和国家的一贯方针和基本国策，是保护劳动者的安全和健康，促进社会生产力发展的基本保证，也是保证社会主义经济发展、进一步实行改革开放的基本条件。如何保证生产过程中人员的生命财产安全，是生产单位应时刻考虑和重视的问题。

1. 安全生产是落实高质量发展的必然要求

安全生产是经济社会发展的重要基础和保障。在全球经济一体化时代，人们不仅对物质文化生活提出了更高要求，在安全方面的要求也日益提升，安全生产是建设和谐社会的迫切需要，是经济社会发展的重要基础和保障。开展安全生产活动，有效地遏制重特大安全事故的发生，确保生产现场作业人员的人身安全，创造文明、和谐、人性化的生产环境，是生产单位贯彻落实高质量发展，真正实现以人为本的价值诉求。在经济由高速度增长向高质量发展转变的阶段，安全生产是全面落实高质量发展的必然要求。

2. 安全生产是发展社会主义经济的重要条件

社会主义现代化建设的根本问题是在坚持社会主义方向的原则下，迅速发展社会生产力，改变我国经济和技术落后的面貌。在生产力诸要素中，最重要、最根本、最活跃的因素是人。发展生产力首先必须发挥人的因素，充分调动劳动者的积极性。劳动者在劳动中基本的需要，就是安全的需要，搞好安全生产不仅是直接保护生产力，还是激发职工劳动热情和生产积极性的最直接措施。不及时解决生产过程中的不安全、不卫生因素，就有可能发生伤亡事故和职业危害，这不仅影响和破坏生产力，甚至会成为经济发展顺利进行的制约因素。

3. 安全生产是保障社会安定的重要前提

安全生产是社会安定的重要前提之一。安全生产搞不好，产生大量的伤亡事故和职业病，不仅会对职工的安全健康造成巨大的损失，还会产生许多危及社会安定的社会影响，工伤事故和职业病将造成群众心理上难以承受的负担，形成社会不安定因素。

4. 安全生产是企业生存和发展的保证

安全生产关系到企业的生存与发展，关系到行业高质量发展。"安全第一、预防为主、综合治理"是企业安全生产的工作方针，只有牢固树立安全生产意识，始终把员工的生命安全放在首位，始终坚守发展决不能以牺牲安全为代价这条不可逾越的红线，将安全发展理念的要求贯穿生产全过程、各环节，提升安全生产水平，才能保证企业安全生产和创造效益，才能在安全生产道路上走远，为企业/行业的生存和发展提供有力支撑和保证。

二、工程安全生产的方针与原则

（一）安全生产的基本方针

安全生产方针指政府对安全生产工作总的要求和指导原则，为安全生产工作指明了方向，又称劳动保护安全方针。搞好安全生产，需要正确的安全生产方针指引。我国安全生产方针经历了四个阶段的变化。

1. 安全生产方针的历史演变

1949～1983 年"生产必须安全、安全为了生产"方针。

1984～2004 年"安全第一，预防为主"方针。

2005～2014 年"安全第一、预防为主、综合治理"方针。

2014 年至今"以人为本，坚持安全发展，坚持安全第一、预防为主、综合治理"方针。

2. 安全生产方针的内涵

"安全第一"。要求从事生产经营活动必须把安全放在首位，不能以牺牲人的生命、健康为代价换取发展和效益。

"预防为主"。要求把安全生产工作的重心放在预防上，强化隐患排查治理，从源头上控制、预防和减少生产安全事故。

"综合治理"。要求运用行政、经济、法治、科技等多种手段，充分发挥社会、职工、舆论监督各个方面的作用，抓好安全生产工作。

"以人为本，坚持安全发展"。要求以人的生命为本，把人民的利益放在首位，社会发展的最终目标是实现人的全面发展，发展要以人民群众的利益为出发点和落脚点。在生产经营活动中，应当时刻关注安全，珍惜生命，坚持经济发展以安全为前提保障，企业的发展要建立在劳动环境和条件不断改善，劳动技能和事故防范能力不断增强，劳动者生命安全和身体健康得到切实保障的基础上，实现安全生产与经济发展相适应。

（二）工程安全生产的主要原则

1. "以人为本"的原则

在生产过程中必须坚持"以人为本"的原则。在生产与安全的关系中，一切以安全为重，安全必须排在第一位。必须预先分析危险源，预测和评价危险、有害因素，掌握危险出现的规律和变化，采取相应的预防措施，将危险和安全隐患消灭在萌芽状态。

2. "管生产必须管安全"原则

"管生产必须管安全"的原则是指工程安全生产各级领导和全体员工在生产过程中必须坚持在抓生产的同时抓好安全工作。它体现了安全和生产的统一，生产和安全是一个有机的整体，两者不能分割更不能对立起来，应将安全寓于生产之中。

3. "安全一票否决权"原则

"安全具有否决权"的原则是指安全生产工作是衡量建设工程项目管理的一项基本要

素，它要求在对项目各项指标考核、评优创先时，首先必须考虑安全指标的完成情况。安全指标没有实现，其他指标顺利完成，仍无法实现项目的最优化，安全具有一票否决的作用。

4. 职业安全卫生"三同时"原则

"三同时"原则是指一切工程项目的建设和技术改造，必须符合国家的职业安全卫生方面的法律、法规和标准。职业安全、卫生技术措施及设施应与主体工程同时设计、同时施工、同时投产使用，以确保工程项目投产后符合职业安全卫生要求。

5. 事故处理"四不放过"原则

国家法律、法规要求，在处理事故时必须坚持和实施"四不放过"原则，即：事故原因分析不清不放过；事故责任者和群众没受到教育不放过；没有整改预防措施不放过；事故责任者和责任领导不处理不放过。

三、工程安全生产管理相关制度

安全生产管理制度是先进的安全生产管理理论应用和对有效的安全管理管理工作的经验及失败教训的总结，是有效开展安全生产管理工作的依据。根据制定或颁布者的不同可分为以下两个层级。

（一）按制度层级划分

可分为法律法规、行业主管部门制定以及企业制定的建设工程安全生产管理制度。本书重点围绕法律法规及行业主管部门制定的制度进行说明。具体包括：三类人员考核任职制度，安全施工措施备案制度，特种作业人员持证上岗制度，施工起重机械使用登记制度，安全监督检查制度，危及施工安全的工艺、设备、材料淘汰制度，安全生产事故报告制度，安全生产许可证制度，施工许可证制度，施工企业资质管理制度，意外伤害保险制度，群防群治制度等。

1. 三类人员考核任职制度

施工单位的主要负责人、项目负责人、专职安全生产管理人员，经政府建设行政主管部门考核合格后方可任职，考核内容主要是安全生产知识和安全生产管理知识及各类人员的任职资格。

2. 安全施工措施备案制度

建设单位应自开工报告批准之日起 15 日内，将保证安全施工的措施报送工程所在地的县级以上地方人民政府建设行政主管部门或者其他有关部门备案。建设单位应当自拆除工程批准之日起 15 日前，将施工单位资质等级证明，拟拆除建筑物、构筑物及可能危及毗邻建筑的说明，拆除施工方案，以及堆放、清除废弃物的措施报送工程所在地的县级以上地方人民政府建设行政主管部门或者其他有关部门备案。

3. 特种作业人员持证上岗制度

垂直运输机械作业人员、起重机械安装拆卸工、爆破作业人员、起重信号工、登高架设作业人员等特种作业人员，必须按照国家有关规定经过专门的安全作业业务培训，并取得特种作业操作资格证书后，方可上岗作业。

4. 施工起重机械使用登记制度

施工单位应从施工起重机械和整体提升脚手架、模板等自升式架设设施验收合格之日起 30 日内，向建设行政主管部门或者其他有关部门登记。登记标志应设于或附着于该设备的显著位置。

5. 政府安全监督检查制度

县级以上地方人民政府负有工程安全生产监督管理职责的部门，在各自的职责范围内履行安全监督检查职责时，有权纠正违反安全生产要求的行为，责令立即排除检查中发现的安全事故隐患，对重大隐患可以责令暂停施工。建设行政主管部门或者其他有关部门可以将施工现场的安全监督检查委托给工程安全监督机构具体实施。

6. 危及施工安全的工艺、设备、材料淘汰制度

国家对严重危及施工安全的工艺、设备、材料实行淘汰制度，具体目录由国务院建设行政部门会同国务院其他有关部门制定并发布。

7. 安全生产事故报告制度

施工单位发生安全生产事故，要及时、如实向当地安全生产监督部门和建设行政管理部门报告。实行总承包的由总承包单位负责上报。施工单位应按《生产安全事故报告和调查处理条例》（国务院令第 493 号）的规定进行报告。

8. 安全生产许可证制度

根据《安全生产许可证条例》和《建筑施工企业安全生产许可证管理规定》（建设部令第 128 号）规定，国家对建筑施工企业实行安全生产许可证制度。建筑施工企业未取得安全生产许可证的，不得从事建筑施工活动。国务院建设主管部门负责中央管理的建筑企业安全生产许可证的颁发和管理。省、自治区、直辖市人民政府建设主管部门负责本行政区域内前述规定以外的建筑施工企业安全生产许可证的颁发和管理，并接受国务院建设主管部门的指导和监督。

9. 施工许可证制度

《建筑法》明确了建设行政主管部门审核发放施工许可证时，要对建筑工程是否有安全施工措施进行审查把关。无安全施工措施的工程不得颁发施工许可证。

10. 施工企业资质管理制度

《建筑法》明确了施工企业资质管理制度，《安全条例》进一步明确规定了安全生产条件作为施工企业资质必要条件，把住安全的准入关。

11. 意外伤害保险制度

《建筑法》明确了意外伤害保险制度。《安全条例》进一步明确规定了意外伤害保险的具体要求。意外伤害保险是法定的强制性保险，由施工单位作为投保人与保险公司订立保险合同，支付保险费，以本单位从事危险作业的人员作为被保险人，当被保险人在施工作业人员发生意外伤害事故时，由保险公司依照合同向被保险人或者受益人支付保险金。该项保险是施工单位必须办理的，以维护施工现场从事危险作业人员的利益。

12. 群防群治制度

《建筑法》明确了群防群治制度，要求对工程安全生产管理实行群防群治制度。在工程安全生产工作中，应当充分发挥广大职工和工会组织的积极性，加强群众性的监督检查，发挥新闻媒体、社会团体等安全生产的监督，以预防和减少生产中的伤亡事故。

（二）按相关主体划分

1. 建设单位的安全管理制度

（1）执行法律、法规与标准制度。

（2）履行合同约定工期制度。

（3）提供安全生产费用制度。

（4）保证安全施工措施的施工许可证制度。

（5）保证安全施工措施的开工报告备案制度。

（6）拆除工程发包制度。

（7）保证安全施工措施的拆除工程备案制度。

2. 勘察设计单位的安全管理制度

（1）执行法律法规和标准设计制度。

（2）勘察文件满足安全生产需要的制度。

（3）新结构、新材料、新工艺等安全措施制度。

3. 施工单位的安全管理制度

（1）安全生产许可证制度。

（2）安全生产责任制度。

（3）安全生产教育培训制度。

（4）安全生产费用保障制度。

（5）安全生产管理机构和专职人员制度。

（6）特种人员持证上岗制度。

（7）安全技术措施制度。

（8）专项施工方案专家论证审查制度。

（9）施工前详细交底制度。

（10）消防安全责任制度。

（11）防护用品及设备管理制度。

（12）起重机械和设备设施验收登记制度。

（13）三类人员考核任职制度。

（14）意外伤害保险制度。

（15）安全生产事故应急救援制度。

（16）安全生产事故报告制度。

4. 其他参与单位的安全管理制度

（1）提供单位：安全设施和装置齐全有效制度。

（2）出租单位：安全性能检测制度。

（3）拆装单位：安全技术措施制度；现场监督制度；自检制度；验收移交制度。

（4）检验检测单位：检测结果负责制度。

5. 工程监理单位的安全管理制度

（1）安全技术措施审查制度。

（2）专项施工方案审查制度。

（3）发现隐患处理制度。

（4）严重安全隐患报告制度。

第二节　工程安全生产控制

一、工程安全生产控制的概念和原则

（一）工程安全生产控制的概念

工程安全生产控制是指企业负责人、工程项目负责人、安全生产管理人员、各级生产岗位人员对工程安全生产进行计划、组织、指挥、协调和监控的一系列活动，从而保证施工中的人身安全、设备安全、结构安全、财产安全和适宜的施工环境。

（二）工程安全生产控制的原则

1. 预控为主原则

工程安全生产关系到人民群众生命和财产的安全，因此在工程建设中要自始至终把"安全第一"作为对工程安全控制的基本原则。工程安全控制应该是积极主动的，应事先对影响施工安全的各种因素加以控制，而不是消极被动地等出现安全问题再进行处理。要重点做好施工中的事先控制，以预防为主，加强施工前和施工过程安全检查和控制。

2. 以人为核心原则

工程生产过程中的决策者、组织者、管理者和操作者以及工程建设中各单位、各部门、各岗位人员的工作质量水平和完善程度，都直接或间接地影响工程生产安全。因此，在工程安全控制中，要以人为核心重点控制人的素质和个人的行为，充分发挥人的积极性和创造性，以人的工作质量保证工程施工安全。

3. 系统控制原则

系统控制的原则就是要统筹生产过程中的安全、进度、质量及投资四大要素的控制。安全控制工程整体系统控制的组成部分，在施工安全控制的过程中，要协调好与进度控制、质量控制、投资控制的关系，做好四个方面的有机配合和相互平衡，不能只片面强调安全控制。

4. 全过程控制原则

任何一个工程建设都是由若干分项、分部工程组成的，而每一个分项、分部工程又是通过一道道工序来完成的，由此可见，工程安全生产是在工序中所创造的，涉及安全的工序的操作必须进行严格检查。

5. 全方位控制原则

全方位控制，包括对建设、监理、设计、施工、设备供应等单位各方主体都应对工程安全生产的目标所涉及的人、物、环境和管理等方面的内容进行全方位的控制，确保从项目负责人、安全生产负责人到具体的操作者各层级的控制。

6. 动态控制原则

工程安全生产涉及施工生产活动的方方面面，从开工到竣工交付的全部生产过程，周期长，不可预见因素多，所有工程安全生产的目标和计划都必须随着外界的变化而动态调整。

7. 持续改进原则

工程安全生产的控制方法和手段，要适应不断变化的生产活动的需要，要不断摸索新规律、总结新的控制方法，积累经验，持续改进，从而不断提高安全控制水平。

二、工程安全生产的特点及控制的主要因素

（一）工程安全生产的特点

工程的种类很多，包括房屋建筑工程、冶炼工程、矿山工程、化工石油工程、水利水电工程、电力工程、农林工程、铁路工程、公路工程、港口与航道工程、航天航空工程、通信工程、市政公用工程、机电安装工程等。本书中的工程专指建筑工程和市政工程。工程的安全生产管理指建筑工程和市政工程的施工现场的安全生产管理。

施工企业与其他工业企业相比其生产过程具有流动性、受气候条件影响大、生产周期长等特点，这给其安全生产工作带来更大的不确定性、更多的安全隐患和更大的难度。工程安全生产往往具有以下特点。

1. 产品固定性带来的作业环境局限性易导致安全隐患

工程产品因位于固定的位置，在有限的场地和空间上集中大量的人力、物资、机具进行交叉作业，作业环境具有一定的局限性，致使施工场地与施工条件要求的矛盾日益突出，多工种交叉作业增加导致机械伤害、物体打击事故增多。

2. 露天或高空作业多导致的作业条件恶劣易产生安全隐患

工程施工大多在露天、高空的场所进行，外界干扰多，工作环境艰苦，削弱了人的应急能力，容易发生坍塌、高处坠落等恶性伤亡事故。

3. 流动性大及工人整体素质偏低提升了安全管理难度

工程产品的固定性导致产品完工后，施工单位需转移到新的施工地点开始新的工程建设，由此造成施工人员流动性大，不宜集中长时间的进行培训，工人的整体素质偏低，在一定程度上也增加了安全生产管理的难度。

4. 现场手工操作多及工作强度大增加了个体劳动保护的难度

恶劣的作业环境，加之手工操作多、体能耗费大，劳动时间和劳动强度比其他行业大，特殊的职业危害也带来了个人劳动保护的艰巨性。

5. 产品多样性及施工工艺多变性对安全技术和安全管理措施提出了更高要求

工程产品多样性、施工工艺复杂多变性，使得不同的工程产品，对人员、材料、机械设备、防护用品、施工技术等有不同的要求，造成其不安全因素各不相同。同时，随着工程建设进度的推进，施工现场的不安全因素也在随时变化，施工单位必须根据工程进度和

施工现场实际情况不断及时地更新安全技术措施和安全管理措施予以保证。

（二）工程安全生产控制的主要因素

影响工程安全生产因素主要是人的不安全行为、物的不安全状态、作业环境的不安全因素和管理缺陷。工程安全生产管理人员应根据施工中人的不安全行为、物的不安全状态、作业环境的不安全因素和管理缺陷实施相应的安全控制。

1. 人的控制

人是工程生产活动的主体，也是工程生产的决策者、管理者、操作者，工程生产全过程都是通过人来完成的。人员的素质，即人的文化水平、技术水平、决策能力、管理能力、组织能力、作业能力、控制能力、身体素质及职业道德等，都将直接或间接地对工程安全产生影响。人员素质是影响工程安全生产的一个重要因素。实行企业资质管理、安全生产许可证管理和各类专业从业人员持证上岗制度是工程安全生产中保证人员素质的重要管理措施。

2. 物的控制

物的控制包括施工机械、设备、材料、安全防护用品及其他安全物资的控制。施工机具、设备是工程生产的重要手段，对工程生产安全有重要的影响。施工机具设备的质量优劣、设备类型是否符合要求、设备性能是否稳定、操作是否方便、保险是否有限位等，都将直接影响到工程的施工安全。

施工过程中的材料和安全防护用品等物资是工程建设的物质条件，其质量的好坏也是保证施工生产、保护人员生命健康的重要基础。工程施工安全状况，很大程度上取决于所使用的物资。为了防止假冒、伪劣或存在质量缺陷的物资从不同渠道流入施工现场，造成安全隐患，应对物资供应单位的选择和评价、具体采购合同条款约定和物资材料的验收等方面做出具体的规定。通过材料质量的检验监测和工程验收等多种手段加以控制。未经验收或验收不合格的物资应做好标识并清退出场。

3. 环境的控制

环境的控制是指对工程生产安全起重要作用的环境因素，包括：工程技术环境（工程地质、水文、气象等）、工程作业环境（施工环境作业面大小、防护设施、通风照明和通信条件）、工程现场自然环境（如冬期、雨期等可能对施工安全生产的不利影响）、工程周边环境（如工程邻近的地下管线、建（构）筑物等）。环境条件往往对工程安全产生特定的影响。加强环境管理和控制，改进作业条件，把握好技术环境，辅以必要的措施，可以大幅降低环境对安全的影响。

4. 管理方法、措施的控制

加强工程安全生产管理，应从建立、完善和严格执行安全生产规章制度入手，包括安全生产责任制度、安全教育培训制度、安全检查制度、安全技术管理制度等，确保施工方案、合理、工艺技术先进、施工操作正确。

三、工程安全生产控制程序和主要工作内容

（一）工程安全生产控制程序

工程安全控制实施应遵循下列程序：

（1）确定安全目标；

（2）编制工程项目安全生产保证计划；

（3）工程项目安全生产保证计划实施；

（4）工程项目安全生产保证计划验证；

（5）持续改进；

（6）兑现合同承诺。

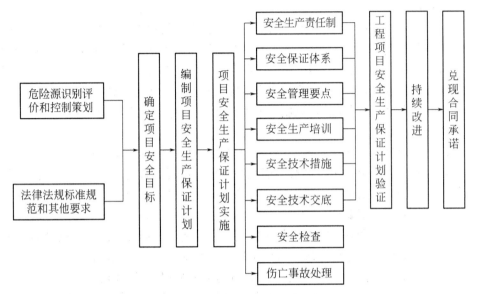

图 1-1　工程施工安全控制程序

（二）工程安全生产控制的主要内容

1. 安全生产检查

安全检查包括施工企业、现场项目管理机构、建设管理单位、监理单位、安全生产管理部门、监察部门等各方主体对施工现场贯彻国家安全生产法律法规、安全生产条件、安全生产规程、事故报备等情况进行的检查。检查的目的是发现不安全因素（危险因素）的存在状况，如机械、设施、工具等潜在的不安全因素状况、不安全的作业环境场所条件、员工不安全的作业行为和操作的潜在危险，以采取防范措施，防止或减少工程伤亡事故的发生。

施工企业、施工现场项目管理机构必须建立完善的安全检查制度。安全检查制度应对检查形式、方法、时间、内容、组织的管理要求、职责权限以及对检查中发现的隐患整改、处置和复查的工作程序及要求做出具体规定，形成文件并组织实施。

（1）安全检查的形式和内容

安全检查是工程安全生产管理的重要组成部分，可分为社会、公司、项目等层级的安全检查。安全检查的形式有定期安全检查、季节性安全检查、临时性安全检查、专业性安全检查、群众性安全检查。

安全检查检查内容包括查思想、查制度、查管理、查领导、查违章、查隐患。各级安全检查必须按文件规定进行，安全检查的结果应形成文字记录；安全检查的整改必须做到

"三定"（即定人、定时间、定措施）原则；安全检查应执行定期复查制度，经复查整改合格后才能销案。

（2）安全检查资料和记录

在安全检查过程中，安全资料管理尤其是安全检查表的编制尤为重要，它是进行安全检查、发现和查明各种危险和隐患、监督各项安全规章制度的实施、及时发现事故隐患并制止违章行为的一个有力工具。

工程安全生产的资料是施工现场安全管理的真实记录，是企业安全管理检查和评价的重要依据。做好建筑施工现场的安全资料管理既有利于企业安全生产制度的落实和强化施工全过程、全方位、动态的安全管理，对加强施工现场管理，提高安全生产、文明施工管理水平起到积极的推动作用，也有利于总结经验、吸取教训，为更好地贯彻执行"安全第一、预防为主、综合治理"的安全生产方针，保护职工在生产过程中的安全和健康，预防事故发生提供理论依据。

现场项目管理机构应设专职或兼职安全资料员，以保证资料管理责任的落实；安全资料员应及时收集、整理安全资料、督促建档工作，促进企业安全管理上台阶；资料的整理应做到现场实物与记录相符，行为与记录相吻合，以更好地反映安全管理的全貌及全过程；企业和现场项目管理机构应建立定期及不定期的安全资料的检查与审核制度，及时查找问题并进行整改；安全资料实行按岗位职责分工编写，及时归档；建立借阅台账，及时登记，及时追回，收回时做好检查，检查是否有损坏丢失现象；注意工程安全资料的归集，如安全资料按篇及编号分别装订成册，装入档案盒；安全资料应集中存放，专人管理，以防丢失或损坏；工程竣工后，安全资料应归档贮存保管，备查。

2. 工程安全生产评价

为加强施工企业安全生产的监督管理，科学评价施工企业安全施工条件、安全生产业绩及相应的安全生产管理能力，实现施工企业安全施工评价工作的标准化和制度化，促进施工企业安全生产管理水平的提高，建设部于 2003 年发布了《施工企业安全生产评价标准》。2010 年依据《安全生产法》《建筑法》等有关法律法规，对标准进行了更新，发布了 JGJ/T77—2010《施工企业安全生产评价标准》。该标准（包括国家现行有关强制性标准）是施工企业及政府主管部门对企业安全生产条件、业绩的评价依据，以及在此基础上对企业安全生产能力进行综合评价的依据，对指导施工企业改善安全生产条件，提高施工企业安全管理水平，促进施工企业安全生产工作标准化、规范化具有重要意义。

（1）工程安全生产评价内容

施工企业安全生产评价应按安全生产管理、安全技术管理、设备和设施管理、企业市场行为和施工现场安全管理 5 项内容进行。每项评价内容应以评分表的形式和量化的方式，根据其评定项目的量化评分标准及其重要程度进行评定。

安全生产管理评价。安全生产管理评价为对企业安全管理制度建立和落实情况的考量，其内容应包括安全生产责任制度、安全文明资金保障制度、安全教育培训制度、安全检查及隐患排查制度、生产安全事故报告处理制度、安全生产应急救援制度 6 个评定项目。

安全技术管理评价。安全技术管理评价是对企业安全技术管理工作的考量，内容应包括法规、标准和操作规程配置，施工组织设计，专项施工方案（措施），安全技术交底，危险源控制 5 个评定项目。

设备和设施管理评价。设备和设施管理评价为对企业设备和设施安全管理工作的考量，内容包括设备安全管理、设施和防护用品、安全标志、安全检查测试工具4个评定项目。

企业市场行为评价。企业市场行为评价是对企业安全管理市场行为的考量，内容包括安全生产许可证、安全生产文明施工、安全质量标准化达标、资质机构与人员管理4个评定项目。

施工现场安全管理评价。施工现场安全管理评价是对企业所属施工现场安全状况的考核，其内容应包括施工现场安全达标、安全文明资金保障、资质和资格管理、生产安全事故控制、设备设施工艺选用、保险6个评定项目。

（2）施工企业安全生产评价方法

施工企业每年度应至少进行一次自我评价。发生下列情况之一时，企业应再进行复核评价：适用法律、法规发生变化时；企业组织机构和体制发生重大变化后；发生生产安全事故后；其他影响安全生产管理的重大变化。施工企业自评应由企业负责人组织，各相关管理部门均应参与。评价人员应具备企业安全管理及相关专业能力，每次评价不应少于3人。

施工企业的安全生产情况应依据从评价之月起前12个月以来的情况，施工现场应依据自开工日起到评价时的安全管理情况；施工现场评价结论，应取抽查及核验的施工现场评价结果的平均值，且其中不得有一个施工现场评价结果为不合格。

抽查及核验企业在建施工现场，应符合下列要求：抽查在建工程实体数量，对特级资质企业不应少于8个施工现场；对一级资质企业不应少于5个施工现场；对一级资质以下企业不应小于3个施工现场；企业在建工程实体少于上述规定数量的，则应全数检查；核验企业所属其他在建施工现场安全管理状况，核验总数不应少于企业在建工程项目总数的50％。抽查发生因工死亡事故的企业在建施工现场，应按事故等级或情节轻重程度，在规定抽查数量基础上分别再增加2～4个在建工程或增加核验企业在建工程总数的10％～30％。对评价时无在建工程项目的企业，应在企业有在建工程时再次进行跟踪评价。

在评价施工企业安全生产条件能力时，应采用加权法计算，权重系数应符合规定，并应按表1-1进行评价。

权重系数　　　　　　　　　　　　　　表1-1

评价内容			权重系数	
无施工项目	①	安全生产管理	0.3	0.6
	②	安全技术管理	0.2	
	③	设备和设施管理	0.2	
	④	企业市场行为	0.3	
有施工项目	⑤	施工现场安全管理	0.4	

施工企业安全生产考核评定应分为合格、基本合格、不合格三个等级。其中，对有在建工程的企业，安全生产考核评定宜分为合格、不合格两个等级；对无在建工程的企业，安全生产考核评定宜分为基本合格、不合格两个等级。

考核评价等级划分应按表 1-2 核定。

施工企业安全生产考核评价等级划分　　　　　　　　表 1-2

考核评价等级	考核内容		
	各项评分表中的实得分为零的项目数（个）	各评分表实得分数（分）	汇总分数（分）
合格	0	≥70 且其中不得有一个施工现场评定结果为不合格	≥75
基本合格	0	≥70	≥75
不合格	出现不满足基本合格条件的任意一项时		

对施工企业安全生产条件的量化评价参照表 1-3。

安全生产量化评分表　　　　　　　　　　表 1-3

评价内容	序号	评定项目	评分标准	评分方法	应得分数	扣减分数	实得分数
安全生产管理	1	安全生产责任制度	企业未建立安全生产责任制度，扣 20 分，各部门、各级（岗位）安全生产责任制度不健全，扣 10～15 分； 企业未建立安全生产责任制考核制度，扣 10 分，各部门、各级对各自安全生产责任制未执行，每起扣 2 分； 企业未按考核制度组织检查并考核的，扣 10 分，考核不全面扣 5～10 分； 企业未建立、完善安全生产管理目标，扣 10 分，未对管理目标实施考核的，扣 5～10 分； 企业未建立安全生产考核、奖惩制度扣 10 分，未实施考核和奖惩的，扣 5～10 分	查企业有关制度文本；抽查企业各部门、所属单位有关责任人对安全生产责任制的知晓情况，查确认记录，查企业考核记录。 查企业文件，查企业对下属单位各级管理目标设置及考核情况记录；查企业安全生产奖惩制度文本和考核、奖惩记录	20		
	2	安全文明资金保障制度	企业未建立安全生产、文明施工资金保障制度扣 20 分； 制度无针对性和具体措施的，扣 10～15 分； 未按规定对安全生产、文明施工措施费的落实情况进行考核，扣 10～15 分	查企业制度文本、财务资金预算及使用记录	20		
	3	安全教育培训制度	企业未按规定建立安全培训教育制度，扣 15 分； 制度未明确企业主要负责人，项目经理，安全专职人员及其他管理人员，特种作业人员，待岗、转岗、换岗职工，新进单位从业人员安全培训教育要求的，扣 5～10 分； 企业未编制年度安全培训教育计划，扣 5～10 分，企业未按年度计划实施的，扣 5～10 分	查企业制度文本、企业培训计划文本和教育的实施记录、企业年度培训教育记录和管理人员的相关证书	15		

评价内容	序号	评定项目	评分标准	评分方法	应得分数	扣减分数	实得分数
安全生产管理	4	安全检查及隐患排查制度	企业未建立安全检查及隐患排查制度,扣15分,制度不全面、不完善的,扣5~10分; 未按规定组织检查的,扣15分,检查不全面、不及时的扣5~10分; 对检查出的隐患未采取定人、定时、定措施进行整改的,每起扣3分,无整改复查记录的,每起扣3分; 对多发或重大隐患未排查或未采取有效治理措施的,扣3~15分	查企业制度文本、企业检查记录、企业对隐患整改消项、处置情况记录、隐患排查统计表	15		
	5	生产安全事故报告处理制度	企业未建立生产安全事故报告处理制度,扣15分; 未按规定及时上报事故的,每起扣15分; 未建立事故档案扣5分; 未按规定对事故的处理及落实实施"四不放过"原则的,扣10~15分	查企业制度文本; 查企业事故上报及结案情况记录	15		
	6	安全生产应急救援制度	未制定事故应急救援预案制度的,扣15分,事故应急救援预案无针对性的,扣5~10分;未按规定制定演练制度并实施的,扣5分; 未按预案建立应急救援组织或落实救援人员和救援物资的,扣5分	查企业应急预案的编制、应急队伍建立情况以相关演练记录、物资配备情况	15		
分项评分							
安全技术管理	1	法规标准和操作规程配置	企业未配备与生产经营内容相适应的现行有关安全生产方面的法律、法规、标准、规范和规程的,扣10分,配备不齐全,扣3~10分; 企业未配备各工种安全技术操作规程,扣10分,配备不齐全的,缺一个工种扣1分; 企业未组织学习和贯彻实施安全生产方面的法律、法规、标准、规范和规程,扣3~5分	查企业现有的法律、法规、标准、操作规程的文本及贯彻实施记录	10		
	2	施工组织设计	企业无施工组织设计编制、审核、批准制度的,扣15分; 施工组织设计中未明确安全技术措施的扣10分; 未按程序进行审核、批准的,每起扣3分	查企业技术管理制度,抽查企业备份的施工组织设计	15		
	3	专项施工方案(措施)	未建立对危险性较大的分部、分项工程编写、审核、批准专项施工方案制度的,扣25分; 未实施或按程序审核、批准的,每起扣3分; 未按规定明确本单位需进行专家论证的危险性较大的分部、分项工程名录(清单)的,每起扣3分	查企业相关规定、实施记录和专项施工方案备份资料	25		

评价内容	序号	评定项目	评分标准	评分方法	应得分数	扣减分数	实得分数
安全技术管理	4	安全技术交底	企业未制定安全技术交底规定的,扣25分; 未有效落实各级安全技术交底,扣5~10分; 交底无书面记录,未履行签字手续,每起扣1~3分	查企业相关规定、企业实施记录	25		
	5	危险源控制	企业未建立危险源监管制度,扣25分; 制度不齐全、不完善的,扣5~10分; 未根据生产经营特点明确危险源的,扣5~10分; 未针对识别评价出的重大危险源制定管理方案或相应措施,扣5~10分; 企业未建立危险源公示、告知制度的,扣8~10分	查企业规定及相关记录	25		
			分项评分		100		
设备和设施管理	1	设备安全管理	未制定设备(包括应急救援器材)采购、租赁、安装(拆除)、验收、检测、使用、检查、保养、维修、改造和报废制度,扣30分; 制度不齐全、不完善的,扣10~15分; 设备的相关证书不齐全或未建立台账的,扣3~5分; 未按规定建立技术档案或档案资料不齐全的,每起扣2分; 未配备设备管理的专(兼)职人员的,扣10分	查企业设备安全管理制度,查企业设备清单和管理档案	30		
	2	设施和防护用品	未制定安全物资供应单位及施工人员个人安全防护用品管理制度的,扣30分; 未按制度执行的,每起扣2分; 未建立施工现场临时设施(包括临时建、构筑物、活动板房)的采购、租赁、搭设与拆除、验收、检查、使用的相关管理规定的,扣30分; 未按管理规定实施或实施有缺陷的,每项扣2分	查企业相关规定及实施记录	30		
	3	安全标志	未制定施工现场安全警示、警告标识、标志使用管理规定的,扣20分; 未定期检查实施情况的,每项扣5分	查企业相关规定及实施记录	20		
	4	安全检查测试工具	企业未制定施工场所安全检查、检验仪器、工具配备制度的,扣20分; 企业未建立安全检查、检验仪器、工具配备清单的,扣5~15分	查企业相关记录	20		
			分项评分		100		

续表

评价内容	序号	评定项目	评分标准	评分方法	应得分数	扣减分数	实得分数
企业市场行为	1	安全生产许可证	企业未取得安全生产许可证而承接施工任务的,扣20分; 企业在安全生产许可证暂扣期间继续承接施工任务的,扣20分; 企业资质与承发包生产经营行为不相符,扣20分; 企业主要负责人、项目负责人、专职安全管理人员持有的安全生产合格证书不符合规定要求的,每起扣10分	查安全生产许可证及各类人员相关证书	20		
	2	安全生产文明施工	企业资质受到降级处罚,扣30分; 企业受到暂扣安全生产许可证的处罚,每起扣5～30分; 企业受当地建设行政主管部门通报处分,每起扣5分; 企业受当地建设行政主管部门经济处罚,每起扣5～10分; 企业受到省级及以上通报批评每次扣10分,受到地市级通报批评每次扣5分	查各级行政主管部门管理信息资料,各类有效证明材料	30		
	3	安全质量标准化达标	安全质量标准化达标优良率低于规定的,每5%扣10分; 安全质量标准化年度达标合格率低于规定要求的,扣20分	查企业相应管理资料	20		
	4	资质、机构与人员管理	企业未建立安全生产管理组织体系(包括机构和人员等)、人员资格管理制度的,扣30分; 企业未按规定设置专职安全管理机构的,扣30分,未按规定配足安全生产专管人员的,扣30分; 实行总、分包的企业未制定对分包单位资质和人员资格管理制度的,扣30分,未按制度执行的,扣30分	查企业制度文本和机构、人员配备证明文件,查人员资格管理记录及相关证件,查总、分包单位的管理资料	30		
分项评分					100		
施工现场甘泉管理	1	施工现场安全达标	按《建筑施工安全检查标准》JGJ59及相关现行标准规范进行检查不合格的,每1个工地扣30分	查现场及相关记录	30		
	2	安全文明资金保障	未按规定落实安全防护、文明施工措施费,发现一个工地扣15分	查现场及相关记录	15		

评价内容	序号	评定项目	评分标准	评分方法	应得分数	扣减分数	实得分数
施工现场甘泉管理	3	资质和资格管理	未制定对分包单位安全生产许可证、资质、资格管理及施工现场控制的要求和规定，扣15分，管理记录不全扣5～15分； 合同未明确参建各方安全责任，扣15分； 分包单位承接的项目不符合相应的安全资质管理要求，或作业人员不符合相应的安全资格管理要求扣15分； 未按规定配备项目经理、专职或兼职安全生产管理人员（包括分包单位），扣15分	查对管理记录、证书，抽查合同及相应管理资料	15		
	4	生产安全事故控制	对多发或重大隐患未排查或未采取有效措施的，扣3～15分； 未制定事故应急救援预案的，扣15分，事故应急救援预案无针对性的，扣5～10分； 未按规定实施演练的，扣5分； 未按预案建立应急救援组织或落实救援人员和救援物资的，扣5～15分	查检查记录及隐患排查统计表，应急预案的编制及应急队伍建立情况以及相关演练记录、物资配备情况	15		
	5	设备设施工艺选用	现场使用国家明令淘汰的设备或工艺的，扣15分； 现场使用不符合标准的、且存在严重安全隐患的设施，扣15分； 现场使用的机械、设备、设施、工艺超过使用年限或存在严重隐患的，扣15分； 现场使用不合格的钢管、扣件的，每起扣1～2分； 现场安全警示、警告标志使用不符合标准的扣5～10分； 现场职业危害防治措施没有针对性扣1～5分	查现场及相关记录	15		
	6	保险	未按规定办理意外伤害保险的，扣10分； 意外伤害保险办理率不足100%，每低2%扣1分	查现场及相关记录	10		
分项评分					100		

3. 工程安全事故处理

建筑行业的生产活动危险性大，不安全因素多，是事故多发行业之一。对建筑工程安全事故的处理和调查需要严格遵照规定执行。

（1）安全事故的调查

特别重大事故由国务院授权有关部门组织事故调查组进行调查。重大事故、较大事故、一般事故分别由事故发生地省级人民政府、设区的市级人民政府、县级人民政府负责调查。省级人民政府、设区的市级人民政府、县级人民政府可以直接组织事故调查组进行调查，也可以授权或者委托有关部门组织事故调查组进行调查。

事故调查组应当自事故发生之日起 60 日内提交事故调查报告；特殊情况下，经过负责事故调查的人民政府批准，提交事故调查报告的期限可以适当延长，但延长的期限最长不超过 60 日。事故调查报告应当附有关证据材料。事故调查组成员应当在事故调查报告上签名。

事故调查报告应当包括下列内容：事故发生单位概况；事故发生经过和事故救援情况；事故造成的人员伤亡和直接经济损失；事故发生的原因和事故性质；事故责任的认定以及对事故责任者的处理建议；事故防范和整改措施。

（2）安全事故的处理

重大事故、较大事故、一般事故，负责事故调查的人民政府应当自收到事故调查报告之日起 15 日内做出批复；特别重大事故 30 日内做出批复，特殊情况下批复时间可以适当延长，但延长的时间最长不超过 30 日。

事故发生单位应当认真吸取事故教训，落实防范和整改措施，防止事故再次发生。安全生产监督管理部门和负有安全生产监督管理职责的有关部门应当对事故发生单位落实防范和整改措施情况进行监督检查。

安全事故处理程序如下：

由事故调查组根据调查结果确定事故原因。

由事故调查组在查明事故原因的基础上，根据有关法规和事故后果对事故单位及事故责任者提出处理意见。事故调查组提出的事故处理意见由发生事故的企业及其主管部门负责处理。

事故调查组根据发生事故的原因提出防范措施建议，由企业生产、设备、动力等有关职能科室共同研究制定措施，落实负责人和完成时限。

做好事故的善后处理。

企业及其主管部门执行对事故有关责任人员的行政处分。

填报《职业伤亡、事故调查报告书》。按照国家规定的统一格式填报事故调查报告书，根据事故类别按规定程序报送企业主管部门、当地安全生产、检察部门及其他有关部门审批结案。

第三节　工程安全生产智慧化

一、智慧化工地及其安全生产控制中的主要应用

（一）智慧化工地概述

1. 智慧化工地的概念

在互联网时代，信息大爆炸，有效信息和垃圾信息相互掺杂，工程信息化管理已发生了革命性的进步，传统管理模式和手段已经无法跟上时代发展步伐。如何充分有序地管理

庞杂的工程各业务信息，如何提高施工作业过程、项目管理过程的信息沟通，并以此提高项目管理效率，是衡量互联网时代工程管理水平高低的关键指标，互联网时代的项目管理的本质是项目信息化管理。

由于工程持续周期长、相关单位多、涉及行业广、参与人员杂，造成了工程信息量大、类型多样、节点分散、来源宽泛、不确定因素多等管理难点，给信息的管理工作带来较大困难。传统的工程管理信息主要还停留在纸质文件、表格、图纸、单据等载体上，由各专业技术人员手工进行信息的分类、整理、查阅、传递、共享等，整个过程既费时又费力，同时还可能产生很多错误，严重影响了工程的质量、进度、成本和安全目标的实现。随着工程的增多和施工难度的加大，各单位内部、各单位之间、各部门之间的信息交流程度会越来越深入，越来越广泛，完全用手工对工程中的海量信息进行管理是十分困难的，必须及时、有效地提高建筑企业信息化管理的程度和水平。以社会信息化、行业信息化、企业信息化潮流为大背景，在自我完善和发展需求的推动下，工程管理信息化的概念应运而生。

智慧工地就是工程管理信息化的一个最主要内容，是智慧地球理念在工程领域的行业表现，是一种崭新的工程全生命周期管理理念。智慧工地是指运用信息化手段，通过三维设计平台对工程项目进行精确设计和施工模拟，围绕施工过程管理，建立互联协同、智能生产、科学管理的施工项目信息化生态圈，并将此数据在虚拟现实环境下与物联网采集到的工程信息进行数据挖掘分析，提供过程趋势预测及专家预案，实现工程施工可视化智能管理，以提高工程管理信息化水平，从而逐步实现绿色建造和生态建造。智慧工地将更多人工智慧、传感技术、虚拟现实等高科技技术植入到建筑、机械、人员穿戴设施、场地进出关口等各类物体中，并且被普遍互联，形成"物联网"，再与"互联网"整合在一起，实现工程管理干系人与工程施工现场的整合。智慧工地的核心是以一种"更智慧"的方法来改进工程各干系组织和岗位人员相互交互的方式，以便提高交互的明确性、效率、灵活性和响应速度。

2. 智慧化工地建设的关键要素

（1）"互联网＋"下的劳务的管理。首先，基于人口红利不断下降的宏观大背景，现场劳务人员的考勤是劳务管理的关键，如果不知道项目上有多少人，劳务管理就成了空谈。利用现代移动技术，完全可以解决现场每一个工作面有多少个工人这样的统计应用与分析问题。同时，结合现场视频拍照，就可以很清楚了解到现场作业人员的工作状态，及早发现问题来降低安全隐患。

（2）互联网＋下的机械设备管理。现场智慧化的硬件普及率越高，人工需求量会越低。利用远程监控和遥感技术，特种作业人员管理有了机制保障，机械利用率提高70％以上，智能加工机械代替人工，效率提升 20 倍，同时也便于随时发现问题进行安全预警。

（3）互联网＋下的材料管理。现场材料管理核心是如何有序控制进出现场的材料数量和质量。真正互联网能为我们解决材料管理中的材料的消耗量的统计、进出场的用量控制而将传统的限额领料与 BIM 技术的结合，可以使现场管理更为有序和优化，进一步降低材料的成本。结合二维码的技术，可以高效的监管材料的去向，便于责任的落实，从一定程度上降低质量和安全问题。

（4）互联网＋下的方案与工法管理。由于工程技术的复杂程度的加大，对施工方案和工法的要求越来越高。结合BIM技术，可以提前做好方案的优化和选择，进行风险预判和预演，确保施工方案现场实施过程的有效性。

（5）互联网＋下的生产与环境管理。利用虚拟现实（Virtual Reality，VR）技术，可以拟合现场实际环境，通过多种传感设备使现场人员可以提前"沉浸"到该环境中，实现现场人员与该环境直接进行自然交互的技术，增强了对安全风险的预知性。

3. 智慧化工地的常见应用系统

智慧化工地的主要运用多采用BIM云管理平台系统。以BIM轻量化引擎为核心，将设计单位出具的建筑信息模型以及地形地貌模型、塔式起重机、电梯，视频摄像头等设备模型组成的工地完整三维模型轻量化处理，使得在浏览器端就能浏览。并且工地实时数据通过数据协议接口从传统物联网管理平台输出到BIM云平台，BIM云平台端能够将接收到的设备运行信息实时反应到工地三维模型中，如与物联网摄像头无缝相连，可以调取任意现场的物联网摄像头，以此来监控实景。

（1）劳务实名制管理系统。智慧劳务实名制管理系统采用互联网思维，以大数据、云计算、物联网等新兴信息技术为手段，以劳务实名制管理为突破口，以提高行业劳务管理水平为目标，逐步推动行业实现建筑工人的职业化、劳务管理的数字化、资源服务的社会化和政府监管的法制化。系统实现了对现场人员的管理以及劳务实名制，配合门禁闸机系统，通过软硬件结合的方式，掌握施工现场人员的出入情况。劳务管理采用云＋端的产品形式，使用闸机硬件与管理软件结合的物联网技术，实时、准确收集人员的信息进行劳务管理。

（2）智能塔式起重机可视系统。智慧智能塔式起重机可视系统基于智能硬件采集＋云端数据分析＋多终端可视化打造，由安装于塔式起重机吊臂、塔身及传动结构处的各类智能传感器、驾驶室的操作终端、塔司人脸识别考勤、无线通信模块以及在远程服务器部署的可视系统组成。智能塔式起重机可视系统具有［三维立体防碰撞］［超载预警］［超限预警］［大臂绞盘防跳槽监控］［塔式起重机监管］［全程可视化］［远程监控］等功能。通过塔式起重机监控平台，管理成员能够清楚看到塔式起重机的分步情况、塔式起重机的操作情况，结合塔式起重机司机的考勤系统，可以清楚看到现场塔式起重机的运行情况以及危险报警统计分析。同时包括施工现场的远程视频监控系统，项目管理成员可以实时查看到施工现场的情况。

（3）远程视频监控管理系统。智能远程管控系统由前后端硬件以及后端软件组成，主要硬件设备有超高清摄像头、无线WIFI盒子、无线电源盒子等。项目管理人员可对监控视频进行录入、回放、导出等操作，发现违规行为可以及时予以制止。因高清监控均为数字信号，固本系统传输通过现有环境、架设光纤、无线传输的方式或者其他网络方式等将前端数字信号进行回传。

（4）环境监测系统。环境监测系统适用于各建筑施工工地、道路施工、旅游景区、码头、大型广场等现场实时数据的在线监测，其中监测的数据包括扬尘浓度、噪声指数以及视频画面。通过物联网以及云计算技术，实现了实时、远程、自动监控颗粒物浓度以及现场数据通过网络传输。扬尘监控系统在工作的时候，对于一些数值超标的数据会进行自动采集，再通过网络将采集到的数据传输到服务器，实现实时数据传输。并且具备自动报警功能，可以随时掌控环境发生的变化，进而告知有关部分进行整顿，具备报警联动信息输出，可以外接喷雾降尘设备，实现联动。

（5）施工电梯智能管控系统。施工电梯安全管理是建筑安全管理中的又一难点。升降机作为一种常用的垂直起吊设备被使用于后期的内部装修期间，它的特点是作业人员较多，如果不是专业人员操作极易造成安全事故。固加强升降机的安全管理，有着重大而深远的意义。通过电梯控制员进行人脸识别进行开启/断开电梯操作，确保专人专机作业；施工电梯升降机人脸识别控制器通过人脸识别授权、启动继电器、交流接触器通、断启动电流的原理来工作，并结合物联网卡传送数据到平台。

（6）物料现场验收管理系统。物料验收系统是为了实现大宗物资进出场称重全方位管控，例如钢筋、混凝土，主要实现物料称重、称重数据存储、称重数据读取、即时拍照以及物料验收偏差分析等功能，提高物资计量的运行效率，避免人为篡改、记录错误的同时，也实现全过磅流程的信息化管理。

（7）工程资料管理系统。工程资料管理系统主要实现了对项目工程资料的管理。用户可以在工程云盘中上传、下载、查阅工程资料文档。同时，只有具备一定权限的才能查看相应权限文件夹下的文件。

（二）基于建筑信息模型（BIM）的施工安全管理

当前，基于 BIM 技术的工程安全生产管理慢慢被很多施工企业所采用。充分利用 BIM 的数字化、空间化、定量化、全面化、可操作化、持久化等特点，结合相关信息技术，可以使项目参与者在施工前先进行三维交互式建设施工全过程模拟。基于结构清晰，易于使用，通用且与项目特有信息兼顾的模拟平台，项目参与者可以更为准确地辨识潜在的安全隐患，更为直观地分析评估现场施工条件和风险，制定更为合理的安全防范措施，从而改善和提高决策水平。同时，利用 BIM 技术在施工过程中还可以动态识别现场安全隐患，并及时调整施工方案。

基于 BIM 的安全管理体系主要包括下列内容：

1. 可视化的危害因素识别及危险区域划分

BIM 系统中包含了建筑各构件的信息及施工进度计划，而进度计划包含了一切活动的信息，形成 4D 模型，可以非常有效地识别潜在的施工现场危害因素。在动态施工模拟过程中，根据危险源辨识结果，在工程的不同阶段利用可视化模型根据危险程度划分不同区域进行管理，并将相应评价结果（包括影响区域和影响程度）反馈到模型界面，以红、橙、黄、绿四种颜色来描述区域危险程度以指导施工，并指定每种安全等级下禁止的施工活动，这样可以有效地减少由于危险区域不明确导致安全事故发生。例如，在施工过程中针对每级挖土规定出相应级别的影响区域及禁止进行的工序和行为，如不可堆载、不可站人、不可停放机械等。

2. 预判性的施工空间冲突管理

在施工现场的有限空间里集中了大量的机械、设施、材料和人员，同时由于建筑工程的复杂性，在相同的工作空间内经常会发生不同工种之间的工作冲突，造成安全事故频发，因此提前预测并且合理安排施工活动所占据的空间，制订计划有效地运用工地资源和工作空间对缩短工期、减少成本浪费，减少安全事故都具有非常重要的意义。BIM 技术可以实现静态检查设计冲突，动态模拟各工序随进度变化的空间需求和边界范围，可以很好地实现施工空间冲突管理与控制，有效地减少了物体打击、机械伤害等事故的发生。

3. 集成化的安全措施制定和监控

在基于 BIM 技术的集成化安全管理系统中，可以自动的提出安全措施，以用来保护作业活动或是避免已识别危害的发生，这些措施是从 SOPS（Safe Operating Procedures）中提取出来的。SOPS 是由安全人员根据安全专项方案，通过 BIM 制定的安全管理平台独立制定，并可以根据施工现场变化和需要持续动态更新。

以虚拟施工模型为核心，结合现有的视频智能监控技术，施工单位、监理、建筑单位以及政府部门都可以进行可视化施工组织管理及监控。实时监控中，通过对比实际完成的安全作业活动与需要完成的安全作业活动可以得到安全执行的情况，并以此来进一步调整建筑的施工计划，使其更能够有效满足安全施工需要。

4. 数字化的安全交底与培训

BIM 提供的信息不仅可以帮助施工管理者解决项目实施中可能出现的问题，而且由于 BIM 具有信息完备性和可视化的特点，可将其作为数字化安全培训的数据库。施工人员可在这种多维数字模拟环境中认识、学习、掌握特种工序施工方法、现场用电安全培训以及建筑项目中大型机械操作规程等，实现不同于传统方式的数字化安全技术交底与培训，可以提高安全培训的效果和效率，减少因为培训低效而产生的不必要的时间成本和资金成本，对于一些规模大、工艺复杂的项目施工效果更为显著。

总而言之，施工前，通过这种可视化方式可对施工人员进行形象直观的安全技术交底，在施工过程中利用实时监控系统进行现场管理，可通过安全评价系统，发现问题及时处理，调整相应安全措施计划，确保施工过程中尽量减少安全事故。

二、北京市建筑工程安全生产智慧化管理应用实例

安全生产智慧化是应用信息化系统，通过建立各种数据模型与传感器采集的计算数据，广泛使用计算机、光纤、无线通信、遥感、传感、红外、微波、监控等科学先进技术设备管理安全生产，实现对涉安人员不安全行为和事物不安全状态，迅速、灵活、正确地理解（——预测）和解决（——启动安全设备或报警）。

安全生产智慧化有利于加强建筑工程施工现场安全生产和绿色施工管理工作，提高施工现场安全生产、绿色施工标准化管理水平，促进安全生产和绿色施工管理制度化、规范化、标准化。北京市建筑工程施工安全生产标准化建设及安全生产智慧化管理内容如下：

1. 体验式安全教育培训设施

安全生产标准建设内容：

（1）有条件的施工现场需建立体验式培训设施。

（2）施工现场设置的安全体验区的体验项目应执行《北京市住房和城乡建设委员会关于推广体验式安全培训教育的通知》（京建法〔2018〕4 号）。

2. VR 式安全教育培训系统

安全生产标准建设内容：

（1）"互联网＋VR"智能安全体验馆，体验者通过 VR 眼镜，可以直观地体验典型安

图 1-2　安全体验区示意图

全事故，通过虚拟现实环境，"亲历"安全事件，评估潜在安全风险，并寻求正确的预防措施，从而起到警示教育，提高安全防范意识。

（2）通过 VR 技术，为建筑工地劳务人员提供各种模拟场景，包含物体打击、高空坠落、触电、坍塌、机械伤害、安全帽、安全带、灭火器灭火 VR 体验等课程。

图 1-3　VR 式多人安全培训系统

3. 施工现场出入口人员识别系统

安全生产标准建设内容：

（1）施工现场大门应设置为封闭式，立柱不得低于 2800mm，门和门柱应喷刷企业标识。

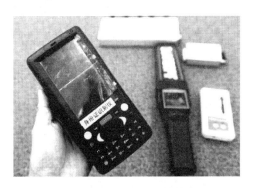

图 1-4　人脸识别闸机示意图　　　　　图 1-5　身份证识别仪示意图

（2）门扇可根据现场情况制作成推拉扇或平开扇，大门的尺寸可参考企业相关规范。

（3）施工现场大门门扇不筑小门，门柱一侧另筑小门，并安装人员实名制识别系统，可采用刷卡、人脸、指纹等识别系统。

4. 红外安全语音提示设备

安全生产标准建设内容：

（1）在施工现场主要通道口、出入口、配电箱、易燃易爆物资库房以及存在危险源的区域临近部位安装人体感应语音提示器，还可设置语音提示设备。

（2）对经过人员起到提示、教育的作用，尤其对安全行为的纠正方面具有良好的辅助管理作用。

图 1-6　红外语音呼叫器实例图

5. 智能安全帽识别系统

安全生产标准建设内容：

（1）实时采集工人位置信息并上传，同时进行语音安全提示，最后在移动端实时数据整理、分析，清楚了解工人现场分布、个人考勤数据等，给项目管理者提供科学的现场管理和决策依据，具有项目场布模型、人员轨迹和分布、及时准确的人员考勤、花名册、考勤表等一键导出、人员异动信息自动推送、人员滞留提醒等功能。

（2）以第一视角实时展现现场情况、位置信息，便于远程实时视频监控、调度指挥。

（3）管理部门工作人员可以在集控室里集中监控，发现问题可以与现场人员直接沟通，现场安全人员实时取证记录并发出整改指令。从而让远程监控和现场巡检实现相互配合，使安全管理更加严谨高效。

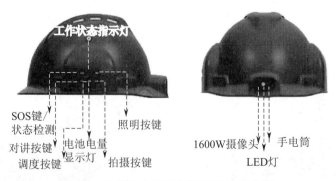

图 1-7　智能安全帽识别管理系统示意图

6. 塔式起重机安全监控管理系统

安全生产标准建设内容：

（1）施工现场可安装塔式起重机安全管控系统，功能应包括：设备安全监测、设备信息库、设备相关操作管理、设备操作影像留痕、特种作业人员管理、隐患预警、数据统计。

（2）在塔式起重机工作中，通过信号数据传输可将塔吊的大臂平面位置，以每隔10秒的位移显示在监控室的电脑屏幕上。实现了对塔式起重机自身运行状态的实时监测、自动预警和风险控制，减小了塔吊碰撞的概率；并让安全管理人员即使不在现场的情况下，也能够直观地监测塔式起重机的使用情况。

（3）塔式起重机安全管控系统由产权单位进行安装。

图 1-8　限位器在线监测实例图

7. 二维码安全管理系统

安全生产标准建设内容：

（1）专项施工方案实施前，编制人员或者项目技术负责人应当向施工现场管理人员进行方案交底。

（2）施工现场管理人员应当向作业人员进行安全技术交底，并由双方和项目专职安全生产管理人员共同签字确认。

（3）在施工现场显著位置公告安全操作规程。

（4）向从业人员如实告知作业场所和工作岗位存在的危险因素、防范措施以及事故应急措施。

图 1-9　安全技术交底　　　图 1-10　安全操作规程　　　图 1-11　安全管理措施
　　　二维码示意图　　　　　　二维码示意图　　　　　　二维码示意图

8. BIM 安全管理平台

安全生产标准建设内容：

（1）企业建立 BIM 安全管理平台系统。

（2）通过 BIM 技术，可三维展示现场施工环境，便于项目管理人员对现场施工环境信息的全面掌握。合理规划施工场地，可以避免因施工过程中机械之间冲突、机械给作业工人带来的碰撞伤害、机械材料停放位置不合理导致基坑边坡塌方等安全事故。

（3）自动筛选不同施工阶段、不同部位的坠落安全隐患。运用移动终端对施工现场的数据进行采集并关联到 BIM 模型，从而实现安全问题的可视化，促进安全协同管理。

图 1-12　场地布置示意图

图 1-13　虚拟场景模式示意图

9. 安全隐患排查系统

安全生产标准建设内容：

企业建立安全隐患排查系统。

10. 塔式起重机吊钩可视系统

安全生产标准建设内容：

（1）塔式起重机吊钩安装摄像头，在办公室电脑、驾驶室显示屏，手机上都可看到吊钩下的任何景象。

（2）方便了塔式起重机的操作，使塔司对吊钩下的危险景象有所了解，能够根据不同情况采取不同措施，提高了安全系数。

（3）管理人员加强了对塔式起重机吊装的监管，对违章操作具有震慑作用。

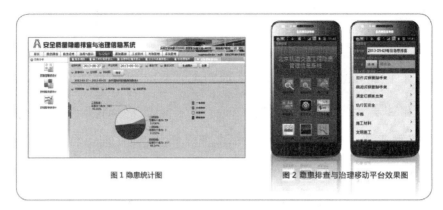

图 1 隐患统计图　　图 2 隐患排查与治理移动平台效果图

图 1-14　安全隐患排查系统移动端示意图

图 1-15　安全隐患排查 PC 端示意图

图 1-16　塔式起重机吊钩视频监控实例图

图 1-17　塔式起重机吊钩可视系统实例图

11. 无人机航测建、模勘察

安全生产标准建设内容：

（1）针对项目场地较大、施工管理作业面广的特点，引进无人机技术。通过无人机对现场施工进行全天候不定时巡查，辅助作业面人员、材料、安全管理。通过无人机建立模型，可直接进行场地测量，方便项目进行场地布置。

（2）在组织施工设计时，容易择选出较好的设计方案：通过对地貌和建筑物的判断，为拟订施工运输方案提供依据。

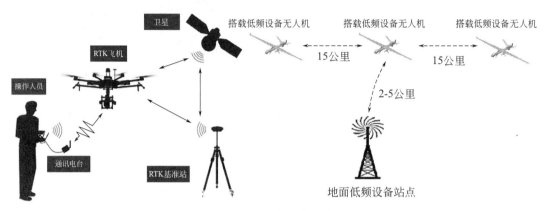

图 1-18　无人机巡查示意图

第二章 工程安全生产现场控制

第一节 基坑工程

一、基坑工程及其施工方案的基本要求

（一）基坑工程及其主要特点

1. 基坑及基坑工程的概念

基坑（包括沟槽），是指为进行建（构）筑物地下部分的施工由地面向下开挖出的空间。基坑工程是为保证地面向下开挖形成的地下空间在地下结构施工期间的安全稳定，而采取挡土结构及地下水控制、环境保护等措施，是集地质工程、岩土工程、结构工程和岩土测试技术于一身的系统工程。

基坑工程的主要内容包括工程勘察、支护结构设计与施工、土方开挖与回填、地下水控制、信息化施工及周边环境保护等。

土方开挖是基坑工程的重要内容，为地下结构的施工创造条件。地下水位控制是确保土方开挖质量的基础保证。为了给土方开挖创造适宜的施工空间，在水位较高的区域一般会采取降水、排水、隔水等措施，保证施工作业面在地下水位面以上。支护结构设计可以保证基坑工程的施工顺利进行，并有效保护周边环境。基坑工程具有一定的风险，信息化手段的利用，通过对施工监测数据的分析和预测，动态地调整设计和施工工艺，可有效保证工程的质量和安全。

2. 基坑工程的主要特点

① 基坑工程具有较大的风险性。基坑支护体系一般为临时措施，其荷载、强度、变形、防渗、耐久性等方面的安全储备相对较小。

② 基坑工程具有明显的区域特征。不同的区域具有不同的工程地质和水文地质条件，即使是同一城市的不同区域也可能会有较大差异。

③ 基坑工程具有明显的环境保护特征。基坑工程的施工会引起周围地下水位变化和应力场的改变，导致周围土体的变形，对相邻环境会产生影响。

④ 基坑工程理论尚不完善。基坑工程是岩土、结构及施工相互交叉的学科，且受多种复杂因素相互影响，其在土压力理论、基坑设计计算理论等方面尚待进一步发展。

⑤ 基坑工程具有时空效应规律。基坑的几何尺寸、土体性质等对基坑有较大影响。

在基坑工程施工中应科学地利用土地自身的控制地层位移的潜力，解决软土深基坑稳定和变形问题。

⑥ 基坑工程具有很强的个体特征。基坑所处区域地质条件的多样性、基坑周边环境的复杂性、基坑形状的多样性、基坑支护形式的多样性，决定了基坑工程具有明显的个性。

（二）基坑工程的施工方案要求

1. 专项施工方案的编制一般要求

开挖深度超过3m或虽未超过3m但地质条件和周边环境复杂的基坑开挖、支护、降水工程，应单独编制专项施工方案。当基坑周边环境或施工条件发生变化时，专项施工方案应重新进行审核、审批。一般情况下，专项施工方案须经施工单位技术负责人审核签字、总监理工程师审查签字。开挖深度超过5m的基坑土方开挖、支护、降水工程或开挖深度虽未超过5m但地质条件、周围环境复杂的基坑土方开挖、支护、降水工程专项施工方案，应组织进行专家论证。

图 2-1　基坑支护安全专项施工方案示意图

2. 土方开挖及降水工程专项方案的其他要求

1）土方开挖

土方开挖专项方案除满足上述要求外，通常还应符合以下要求：

应根据土质的类别、基坑的深度、地下水位、施工季节、周围环境、拟采用的机具等来确定开挖方案；

开挖的基坑（槽）设计深度如比邻近建筑物、构筑物的基础深时，应采取边坡支撑加固措施，并在施工中进行沉降和位移动态观测；

根据基坑的深度、土质的特性和周围环境确定对基坑的支护方案；

根据选定的基坑支护方案进行设计和验算；

根据所采用的开挖方案编制操作程序和规程；

绘制施工图；

制定回填方案。

2）降水工程

降水工程专项方案除符合通用规定外，还应符合以下要求：

① 根据基坑的开挖深度、地下水位的标高、土质的特性及周围环境，确定降水方案；

② 设计和验算降水方案的可靠性；

③ 编制降水的程序、操作规定、管理制度；

④ 绘制施工图。

二、基坑支护及开挖的安全生产现场控制

（一）基坑工程的支护形式

不同的基坑采取的支护形式不同，应根据基坑深度、土质情况采取不同的支护形式并进行安全生产现场控制。

图 2-2 施工现场基坑支护示意图

1. 浅基坑的常见支护形式

浅基坑的支护形式主要有间断式支撑、断续式支撑等形式，各支护形式的使用范围及支护方法见表 2-1。

浅基坑（挖深 5m 以内）的支护形式表 表 2-1

支护名称	适用范围	支护简图	支护方法
间断式水平支撑	干土或天然湿度的黏土类，深度在 2m 以内		两侧挡土板水平放置，用撑木加木楔顶紧，挖一层土支顶一层
断续式水平支撑	挖掘湿度小的黏性土及挖土深度小于 3m 时		挡土板水平放置，中间留出间隔，然后两侧同时对称立上竖方木，再用工具式横撑上下顶紧
连续式水平支撑	挖掘较湿的或散粒的土及挖土深度小于 5m 时		挡土板水平放置，相互靠紧，不留间隔，然后两侧同时对称立上竖木方，上下各顶一根撑木，端头加木楔顶紧

续表

支护名称	适用范围	支护简图	支护方法
连续式垂直支撑	挖掘松散的或湿度很大的土(挖土深度不限)		挡土板垂直放置,然后每侧上下各水平放置一根木方,用撑木顶紧,再用木楔顶紧
锚拉支撑	开挖较大基坑或使用较大型的机械挖土,而不能安装横撑时		挡土板水平顶在柱桩的内侧,柱桩一端打入土中,另一端用拉杆与远处锚桩拉紧,挡土板内侧回填土
斜柱支撑	开挖较大基坑或使用较大型的机械挖土,而不能采用锚拉支撑时		挡土板1水平钉在柱桩的内侧,柱桩外侧由斜撑支牢,斜撑的底端只顶在撑桩上,然后在挡土板内侧回填土
短柱横隔支撑	开挖宽度大的基坑,当部分地段下部放坡不足时		打入小短木桩,一半露出地面,一半打入地下,地上部分背面钉上横板,在背面填土
临时挡土墙支撑	开挖宽度大的基坑,当部分地段下部放坡不足时		坡角用砖、石叠砌或用草袋装土叠砌,使其保持稳定

注:1—水平挡土板;2—垂直挡土板;3—竖木方;4—横木方;5—撑木;6—工具式横撑;7—木楔;8—柱桩;9—锚桩;10—拉杆;11—斜撑;12—撑桩;13—回填土;14—装土草袋。

2. 深基坑的常见支护形式

由于深基坑的支护结构一般情况下既要挡土又要挡水,既要为基坑土方开挖和地下结构施工创造条件,又要保护基坑周围环境,因此深基坑支护较浅基坑更加复杂,主要形式有挡土排桩、地下连续墙、钢板桩等,有的还需要增加内支撑。各支护形式的使用范围及支护方法见表2-2。

深基坑常用支护结构形式的选择　　　　　　　　　　表 2-2

支撑名称	适用范围	支护示意图	支撑方法
挡土灌注排桩或地下连续墙	1.在软土场地中深度不宜大于 5m； 2.当地下水位高于基坑地面时，宜采用降水、排桩与水泥土桩组合截水帷幕或采用地下连续墙； 3.适用于逆做法施工； 4.变形较大的基坑边可选用双排桩	挡土灌注排桩示意图 地下连续墙构造图	挡土灌注排桩系以现场灌注桩按队列式布置组成的支护结构；地下连续墙系用机械施工方法成槽浇钢筋混凝土形成的地下墙体。 特点：刚度大，抗弯强度高，变形小，适用性强，需工作场地不大，振动小，噪声小，但排桩墙不能止水，连续墙施工需较多机具设备
排桩土层锚杆（锚索）支护	1.适用于难以采用支撑的大面积深基坑； 2.不宜用于地下水大、含化学腐蚀物的土层		系在稳定土层钻孔，用水泥浆或水泥砂浆将钢筋（钢绞线）与土体黏结在一起拉结排桩挡土。 特点：能与土体结合承受很大拉力，变形小，适应性强，不用大型机械，需工作场地小，省钢材，费用低
排桩内支撑支护	1.适用于各种不易设置锚杆（锚索）的较松软的土层及软土地基； 2.当地下水位高于基坑底面时，宜采用降水措施或采用止水结构		系在排桩内侧设置型钢或钢筋混凝土水平支撑，用以支挡基坑侧壁进行挡土。 特点：受力合理，易于控制变形，安全可靠，但需大量支撑材料

续表

支撑名称	适用范围	支护示意图	支撑方法
水泥土墙支护	1.水泥土墙施工范围内的地基土承载力不宜小于150kPa； 2.基坑深度不宜大于6m； 3.基坑周围具备水泥土墙的施工宽度	a壁式　b壁式 c格栅式　d实体式	系由水泥土桩相互搭接形成的格栅状、壁状等形式的连续重力式挡土止水墙体。 特点：具有挡土、截水双重功能；施工机具设备相对较简单；成墙速度快，适用材料单一，造价较低
土钉墙或喷锚支护	1.土钉墙基坑深度不宜大于12m，喷锚支护适用于无流砂、含水量不高、不是淤泥等流塑土层的基坑，开挖深度不大于18m； 2.当地下水位高于基坑底面时，应采取降水或截水措施	钢筋网 喷射混凝土面层 土钉 基坑底	系由土钉或预应力锚杆（锚索）加固的基坑侧壁土体，与喷射钢筋混凝土护面组成的支护结构。 特点：结构简单，承载力较高；可阻水，变形小，安全可靠，适应性强；施工机具简单，施工灵活，污染小，噪声小，对周边环境影响小，支护费用低
钢板桩	1.基坑深度不宜大于10m； 2.当地下水位高于基坑底面时，应采用降水或截水措施		采用特制的型钢板桩，机械打入地下，构成一道连续的板墙，作为挡土、挡水支护结构。 特点：承载力高、刚度大、整体性好、锁口紧密、水密性强，能适应各种平面形状和土质，搭设方便、施工快速、可回收使用，但需大量钢材，一次性投资较高

（二）基坑工程开挖支护作业安全要求

1. 基坑开挖作业安全控制要点

（1）基坑开挖的安全要点

1）基坑支护结构必须在达到设计要求的强度后，方可开挖下层土方；对采用预应力锚杆的支护结构，应在锚杆施加预加力后，方可下挖基坑；对土钉墙，应在土钉、喷射混凝土面层的养护时间大于2d后，方可下挖基坑；严禁提前开挖和超挖。

2）基坑开挖应按设计和施工方案规定的施工顺序和开挖深度，分层、分段、均衡开挖；锚杆、土钉的施工作业面与锚杆、土钉的高差不宜大于500mm。

3）场地内有孔洞时，土方开挖前应将其填实。遇异常软弱土层、流砂（土）、管涌，应立即停止施工，并及时采取措施。

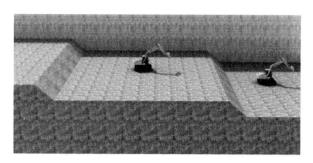

图 2-3　按顺序分层开挖作业示意图

4）基坑开挖时，如发现边坡裂缝或不断掉土块时，施工人员应立即撤离操作地点，并应及时分析原因，采取有效措施处理。

5）当基坑采用降水时，应在降水后开挖地下水位以下的土方；当开挖揭露的实际土层性状或地下水情况与设计依据的勘察资料明显不符时，或出现异常现象、不明物体时，应停止开挖，在采取相应措施后方可继续开挖。

6）软土基坑开挖除应符合通用规定外，还应按分层、分段、对称、均衡、适时的原则开挖；当主体结构采用桩基础且基础桩已施工完成时，应根据开挖面下软土的性状，限制每层开挖厚度，不得造成基础桩偏位；对采用内支撑的支护结构，宜采用局部开槽方法浇筑混凝土支撑或安装钢支撑；开挖到支撑作业面后，应及时进行支撑的施工；对重力式水泥土墙，沿水泥土墙方向应分区段开挖，每一开挖区段的长度不宜大于 40m。

7）地质条件良好、土质均匀且无地下水的自然放坡的坡率允许值应根据地方经验确定。当无经验时，可符合表 2-3 的规定。

自然放坡的坡率允许值　　　　　　　　　　　表 2-3

边坡土体类别	状态	坡率允许值（高宽比）	
		坡高小于 5m	坡高 5～10m
碎石土	密实	1∶0.35～1∶0.50	1∶0.50～1∶0.75
	中密	1∶0.50～1∶0.75	1∶0.75～1∶1.00
	稍密	1∶0.75～1∶1.00	1∶1.00～1∶1.25
黏性土	坚硬	1∶0.75～1∶1.00	1∶1.00～1∶1.25
	硬塑	1∶1.00～1∶1.25	1∶1.25～1∶1.50

注：1. 表中碎石土的充填物为坚硬或硬塑状态的黏性土；
　　2. 对于砂土填充或充填物为砂石的碎石土，其边坡坡率允许值应按自然休止角确定。

8）人工吊运土方时，应检查起吊工具、绳索是否牢靠。吊斗下面不得站人，卸土堆应离开坑边一定距离，以防造成坑壁塌方。

9）基坑开挖应采取措施防止碰撞支护结构、工程桩或扰动基底原状土土层；开挖时，严禁设备或重物碰撞或损害锚杆、腰梁、土钉墙面、内支撑及其连接件等构件，不得在支护结构上放置或悬挂重物，不得损害已施工的基础桩。

10）基坑支护结构必须在达到设计要求的强度后，方可开挖下层土方；对采用预应力锚杆的支护结构，应在锚杆施加预加力后，方可下挖基坑；对土钉墙，应在土钉、喷射混凝土面层的养护时间大于 2d 后，方可下挖基坑；严禁提前开挖和超挖。

（2）机械开挖作业安全措施

1）大型土方工程开挖前，应编制土方开挖方案，绘制土方开挖图，确定开挖方式、路线、顺序、范围、边坡坡度、土方运输路线、堆放地点以及安全技术措施等以保证挖掘、运输机械设备安全作业。

2）开挖基坑边坡土方，严禁切割坡角，以防导致边坡失稳；当山坡坡度陡于 1/5 或在软土地段，不得在挖方上侧堆土。

3）对边坡上的孤石、孤立土柱、易滑动危险土石体，在挖坡前必须清除，以防开挖时滑塌；施工中应经常检查挖方边坡的稳定性，及时清除悬置的土包和孤石；削坡施工时，坡底不得有人员或机械停留。

4）在有支撑的基坑中挖土时，必须防止碰坏支撑，在坑沟边使用机械挖土时，应计算支撑强度，危险地段应加强支撑。

5）机械挖土应分层进行，合理放坡，防止塌方、溜坡等造成机械倾翻、掩埋等事故。

6）机械行驶道路应平整、坚实；在软土场上挖土，当机械不能正常行走和作业时，应对挖土机械行走路线用铺设渣土或砂石等方法进行硬化；必要时，底部应铺设枕木、钢板或路基箱垫道，防止作业下陷；在饱和软土地段开挖土方应先降低地下水位，防止设备下陷或基土产生侧移。

7）机械施工区域禁止无关人员进入场地内。挖掘机工作回转半径范围内不得站人或进行其他作业。土石方爆破时，人员及机械设备应撤离危险区域。挖掘机、装载机卸土，应待整机停稳后进行，不得将铲斗从运输汽车驾驶室顶部越过；装土时任何人都不得停留在装土车上。

8）挖掘机工作前，应检查油路和传动系统是否良好，操纵杆应置于空挡位置；工作时应处于水平位置，并将行走机械制动，工作范围内不得有人行走。挖掘机回转及行走时，应待铲斗离开地面，并使用慢速运转。往汽车上装土时，应待汽车停稳，驾驶员离开驾驶室，应先鸣号，后卸土。铲斗应尽量放低，不得碰撞汽车。挖掘机停止作业，应放在稳固地点，铲斗应落地，放尽贮水，将操纵杆置于空挡位置，锁好车门。挖掘机转移工作地时，应使用平板拖车。

9）多台挖掘机在同一作业面作业，挖掘机间距应大于 10m；多台挖掘机械在不同台阶同时开挖，应验算边坡稳定，上下台阶挖掘机前后应相距 30m 以上，挖掘机离下部边坡应有一定的安全距离，以防造成翻车事故。

10）推土机启动前，应先检查油路及运转机构是否正常，操纵杆是否置于空挡位置。作业时，应将工作范围内的障碍物先予清除，非工作人员应远离作业区，先鸣号，后作业。推土机上下坡应用低速行驶，上坡不得换挡，坡度不应超过 25°；下坡不得脱挡滑行，坡度不应超过 35°；在横坡上行驶时，横坡坡度不得超过 10°，并不得在陡坡上转弯。填沟渠或驶近边坡时，推铲不得超过边坡边缘，并换好倒车挡后方可提升推铲进行倒车。推土机应停放在平坦稳固的安全地方，放净贮水，将操纵杆置于空挡位置，锁好车门。推土机转移时，应使用平板拖车。

（1）铲运机启动前，应先检查油路及运转机构是否正常，操纵杆是否置于空挡位置。铲运机的开行道路应平坦，其宽度应大于机身 2m 以上。在坡地行走，上下坡度不得超过 25°，横坡不得超过 10°。铲斗与机身不正时，不得铲土。多台机在一个作业区作业时，前后距离不得小于 10m，左右距离不得小于 2m。铲运机上下坡道时，应低速行驶，不得中途换挡，下坡时严禁脱挡滑行。禁止在斜坡上转弯、倒车或停车。工作结束，应将铲运机停在平坦稳固地点，放净贮水，将操纵杆置于空挡位置，锁好车门。

（2）挖掘机操作和汽车装土行驶要听从现场指挥；所有车辆必须严格按规定的开行路线行驶，防止撞车。

（3）用胶轮车运土，应先平整好道路，并尽量采取单行道，以免来回碰撞；用翻斗车运土时，两车前后间距不得小于 10m；装土和卸土时，两车间距不得小于 1.0m。

（4）挖掘机行走和自卸汽车卸土时，必须注意上空电线，不得在架空输电线路下工作；如在架空输电线一侧工作时，110～220kV 电压，垂直安全距离为 2.5m，水平安全距离为 4～6m。

（5）冬期、雨期施工，运输机械和行驶道路应采取防滑措施，以保证行车安全。

（6）遇 7 级以上大风或雷雨、大雾天时，各种挖掘机应停止作业，并将臂杆降至 30°～45°。

2. 基坑支护施工安全控制要点

（1）人工卡位的狭窄基槽，开挖深度较大并存在边坡塌方危险时，应采取支护措施。

（2）基坑支护结构应符合设计要求，水平位移应在设计允许范围内；采用锚杆或支撑的支护结构，在未达到设计规定的拆除条件时，严禁拆除锚杆或支撑。

（3）基坑开挖后应对围护排桩的桩间土体，根据不同情况，采用砌砖、插板、挂网喷（或抹）细石混凝土等处理方法进行保护，防止桩间土方坍塌伤人。

（4）混凝土灌注桩、水泥土墙等支护应有 28d 以上龄期，达到设计要求时，方能进行基坑开挖。

（5）围护结构撑锚安装应遵循时空效应原理，根据地质条件采取相应的开挖、支护方式。一般竖向应严格遵守分层开挖，先支撑后开挖，撑锚与挖土密切配合，严禁超挖的原则。在土方挖到设计标高的区段内，撑锚应能及时安装并发挥支撑作用。

（6）围护墙利用主体结构"换撑"时，主体结构的底板或楼板混凝土强度应达到设计强度的 80%；在主体结构与围护墙之间应设置好可靠的换撑传力构造；在主体结构楼盖局部缺少部位，应在主体结构内的适当部位设置临时的支撑系统；支撑截面积应由计算确定；当主体结构的底板和楼板采取分块施工或设置后浇带时，应在分块或后浇带的适当部位设置传力构件。

（7）撑锚安装应采用开槽架设，在撑锚顶面需要运行施工机械时，撑锚顶面安装标高应低于坑内土面 20～30cm。钢支撑与基坑土之间的空隙应用粗砂土填实，并在挖土机或土方车辆的通道处铺设道板。钢结构支撑宜采用工具式接头，并配有计量千斤顶装置，并定期校验，使用中有异常现象应随时校验或更换。钢结构支撑安装应施加预应力。

（8）围护结构撑锚系统的安装和拆除顺序应与围护结构的设计工况相一致，以免出现变形过大、失稳、倒塌等安全事故。支撑拆除前应先安装好替代支撑系统。替代支撑的截面和布置应由设计计算确定。采用爆破法拆除混凝土支撑结构前，必须对周围环境和主体结构采取有效的安全防护措施。

三、基坑降排水的安全生产现场控制

(一) 基坑降排水常用方法

基坑降水、排水会影响周边环境，应对降水范围加以估算，必要时需有防回灌措施，尽可能减少对周边环境的影响。降水过程中要设水位观测井及沉降观测点用以估计降水对周围环境的影响。常用的降水方法包括井点降水法及明排法。

1. 井点降水法

人工降低地下水位常用的方法是井点降水法，即在基坑开挖前，沿开挖基坑四周埋设一定数量深于基坑的井点滤水管或管井，以总管连接或用水泵直接从中抽水，使地下水降落到基坑底 0.5～1m 以下，以便在无水干燥的条件下开挖土方和基础施工。

井点降水法的优点有：可以避免大量涌水翻浆及粉细砂层的流砂隐患；边坡稳定性提高，可以将边坡放陡，减少土方量；在干燥条件下挖土，工作条件好，地基质量有保证。

井点降水方法种类与选择见表 2-4。

井点降水方法种类与选择　　　　　　　　　　　表 2-4

降水类型	渗透系数/(cm/s)	可能降低的水位深度/m
轻型井点 多层轻型井点	$10^{-2}\sim10^{-5}$	3～6 6～12
喷射井点	$10^{-3}\sim10^{-6}$	8～20
电渗井点	$<10^{-6}$	宜配合其他形式降水使用
深井井点	$\geqslant10^{-5}$	>10

2. 明排法

开挖底面低于地下水位的基坑时，地下水会不断渗入坑内；当雨期施工时，地表水也会流入基坑内。如果坑内积水不及时排走，不仅会使施工条件恶化，还会使土被水泡软后，造成边坡塌方和坑底承载能力下降。因此，为保安全生产，在基坑开挖前和开挖时，必须做好排水工作，保持土体干燥才能保障安全。

明排水法由于设备简单和排水方便，所以采用较为普遍，但它只宜用于粗粒土层，水流虽大，土粒不致被抽出的水流带走，也可用于渗水量小的黏性土。但当土为细砂和粉砂时，抽出的地下水流会带走细粒而发生流砂现象，造成边坡坍塌、坑底隆起、无法排水和难以施工，此时应改用人工降低地下水的方法。

基坑开挖过程中，在坑底设置集水井，并沿坑底的周围或中央开挖排水沟，使水流入集水井中，然后用水泵抽走，抽出的水应予以引开，严防倒流。四周排水沟及集水井应设置在基础范围以外，地下水走向的上游，根据地下水大小、基坑平面形状及水泵能力确定，并设置集水坑。集水井的直径或宽度随着挖土的加深而加深，井壁可用竹、木等进行简单加固。当基坑挖至设计标高后，井底应低于坑底 1～2m，并铺设碎石滤水层，以避免在抽水时间较长时，将泥砂抽出及防止井底的土被扰动。雨期施工时，应在基坑四周或水的上游，开挖截水沟或修筑土堤，以防地表水流入坑槽内。

（二）基坑降排水安全要点

基坑开挖深度内有地下水时，应采取有效的地下水控制措施。

1.基坑的上、下部和四周必须设置排水系统，流水坡向及坡率应明显和适当，不得积水。

2.基坑上部排水沟与基坑边缘的距离应大于2m，排水沟沟底和侧壁必须做防渗处理。

3.基坑底四周宜设排水沟和集水坑，宜布置于地下结构外边距坡脚不小于0.5m。基坑挖至坑底时应及时清理基底并浇筑垫层。

4.雨期施工时，应在坑顶、坑底采取有效的截排水措施；对地势低洼的基坑，应考虑周边汇水区域地面径流向基坑汇水的影响；排水沟、集水井应采取防渗措施。

5.基坑周边的施工用水应有排放措施，不得渗入土体内。

6.当坑体渗水、积水或有渗流时，应及时进行疏导、排泄、截断水源。

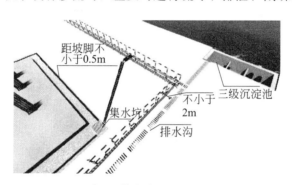

图2-4　基坑降排水示意图

四、基坑作业环境的安全生产现场控制

（一）施工作业环境的安全要求

1. 土方开挖前的控制要点

土方开挖前，应查明基坑周边影响范围内建（构）筑物、上下水、电缆、燃气、排水及热力等地下管线情况，并采取措施保护其使用安全。

（1）应按照周边环境的重要性，合理确定分块的大小及其开挖顺序。

（2）对相邻且同期或相继施工的工程（包括基坑开挖、降水、打桩、爆破等），宜事先协调施工进度，避免相互产生影响或危害。

（3）可在临近基坑的管线底部和建（构）筑物地基基础下采取注浆加固，无桩建（构）筑物还可采用锚杆静压桩基础托换技术。

（4）在保护建筑物及重要管线与基坑间打设隔离桩，并在隔离桩与基坑围护结构间跟踪注浆。

（5）在无桩地下设施上方（如隧道）开挖时，可采取土方抽条开挖等措施防止地下结构上浮；基坑减压降水应按需降水，避免多抽引起水土流失过多而造成对周边建筑物的影响。

（6）加强施工监测，开挖前可根据管线的管节长度、建（构）筑物基础尺寸及其对差异沉降的承受力确定监测位置，开挖过程中可根据监测信息跟踪注浆，以控制其位移和变形。

2.施工现场的控制措施

施工现场应采用防水型灯具，夜间施工的作业面及进出道路应有足够的照明措施和明显的安全警示标志。

图 2-5　夜间警示标志示意图

上下垂直作业应按规定采取有效的防护措施。基坑周边地面宜作硬化或防渗处理。开挖至坑底后，应及时进行混凝土垫层和主体地下结构施工。主体地下结构施工时，结构外墙与基坑侧壁之间应及时回填。

（二）基坑坑边荷载的安全要求

基坑周边施工材料、设施或车辆荷载严禁超过设计要求的地面荷载限值。

1.除基坑支护设计允许外，基坑边不得堆土、堆料、放置机具；如需堆置土方或建筑材料或沿挖方边缘移动运输工具和机械，应按施工组织设计要求进行。

2.基坑周边1.2m范围内不得堆载，3m以内限制堆载，坑边严禁重型车辆通行。当支护设计中已考虑堆载和车辆运行时，必须按设计要求进行，严禁超载。

3.在基坑边1倍基坑深度范围内建造临时住房或仓库时，应经基坑支护设计单位允许，并经企业技术负责人、工程项目总监批准。

4.在基坑的危险部位、临边、临空位置设置明显的安全警示标识或警戒，提倡在基坑边1.2m范围内划警戒线，警戒线范围内书写"严禁堆载"的警示语。

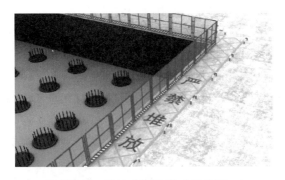

图 2-6　坑边荷载及警戒示意图

（三）基坑的具体安全防护

1. 防护栏杆

开挖深度超过 2m 的基坑周边必须安装防护栏杆。防护栏杆应符合下列规定：

（1）防护栏杆高度不应低于 1.2m。

（2）防护栏杆应由横杆及立杆组成；横杆应设 2～3 道，下杆离地高度宜为 0.3～0.6m，上杆离地高度宜为 1.2～1.5m；立杆间距不宜大于 2.0m，立杆离坡边距离宜大于 0.5m。

（3）防护栏杆宜加挂密目安全网和挡脚板；安全网应自上而下封闭设置；挡脚板高度不应小于 180mm，挡脚板下沿离地高度不应大于 10mm。

（4）防护栏杆应安装牢固，材料应有足够的强度。

图 2-7　钢管式防护栏杆示意图

图 2-8　工具式防护栏杆示意图

2. 专用梯道

基坑内宜设置供施工人员上下的专用梯道，梯道可分为全钢标准节定制式和钢管搭设式两种，梯道应设扶手栏杆，梯道的宽度不应小于 1m。梯道的搭设应符合相关安全规范的要求。

图 2-9　基坑内通道示意图

图 2-10　定型化钢通道示意图

图 2-11　人行梯道示意图

图 2-12　人行坡道示意图

除此之外，基坑支护结构及边坡顶面等有坠落可能的物件时，应先进行拆除或加以固定。同一垂直作业面的上下层不宜同时作业。需同时作业时，上下层之间应采取隔离防护措施。采用井点降水时，井口应设置防护盖板或围栏，设置明显的警示标志。降水完成后，应及时将井填实。

五、基坑监测主要做法

（一）基坑监测的目的和原则

1. 基坑监测目的

基坑开挖有两个应予关注的问题，第一是基坑支护结构的稳定与安全；第二是对基坑周围环境的影响，如建筑物和地下管线沉降、位移等。为做好安全施工，在基坑开挖及地下结构施工期间，进行施工监测，如发现问题可提醒施工单位及时采取措施，以保证基坑支护结构和周围环境的安全。同时，《建筑基坑工程监测技术规范》GB50497—2009明确规定"开挖深度超过5m或开挖深度未超过5m但现场地质情况和周围环境较复杂的基坑工程均应实施基坑工程监测。"

2. 基坑监测原则

监测数据必须可靠真实，数据的可靠性由测试元件安装或埋设的可靠性、监测仪器的精度及监测人员的素质来保证；监测数据必须及时，监测数据需在现场及时计算处理，发现有问题及时复测，做到当天测当天反馈；埋设于土层或结构中的监测原件应尽量减少对结构正常受力的影响，埋设监测元件时应注意与岩石介质的匹配；对所有监测项目，应按照工程具体情况预先设定预警值和报警制度，预警体系包括变形或内力累积值及其变化速率；监测应整理完整的监测记录、数据报表、图表和曲线，监测结束后整理出监测报告。

（二）基坑监测工作要点

1. 基坑监测方法

基坑工程的现场监测应采用仪器监测与日常检查相结合的方法。现场监测的对象包括：

（1）支护结构；

（2）相关的自然环境；

（3）施工工况；

（4）地下水状况；

（5）基坑底部及周围土体；

（6）周围建（构）筑物；

（7）周围地下管线及地下设施；

（8）周围重要的道路；

（9）其他应监测的对象。

2. 基坑监测项目

基坑工程监测项目可根据基坑侧壁安全等级及结构形式选择，见表2-5。

基坑监测项目表 表2-5

监测项目	支护结构的安全等级		
	一级	二级	三级
支护结构顶部水平位移	应测	应测	应测
基坑周边建(构)筑物、地下管线、道路沉降	应测	应测	应测
坑边地面沉降	应测	应测	应测
支护结构深部水平位移	应测	应测	宜测
锚杆拉力	应测	应测	选测
支撑轴力	应测	应测	选测
挡土构件内力	应测	宜测	选测
支撑立柱沉降	应测	宜测	选测
挡土构件、水泥土墙沉降	应测	宜测	选测
地下水位	应测	应测	选测
土压力	宜测	选测	选测
孔隙水压力	宜测	选测	选测

注：支护结构的安全等级划分按照《建筑基坑支护技术规程》JGJ120—2012执行。

3. 基坑监测测点布置

（1）监测点布置原则

1）基坑工程监测点的布置应最大程度地反映监测对象的实际状态及其变化趋势，并应满足监控要求。

2）基坑工程监测点的布置应不妨碍监测对象的正常工作，并尽量减少对施工作业的不利影响。

3）监测标志应稳固、明显、结构合理，监测点的位置应避开障碍物，便于观测。

4）在监测对象内力和变形变化大的代表性部位及周边重点监护部位，监测点应适当加密。

5）应加强对监测点的保护，必要时应设置监测点的保护装置或保护设施。

（2）监测点布置要求

1）基坑边坡顶部的水平位移和竖向位移监测点应沿基坑周边布置，基坑周边中部、阳角处应布置监测点。监测点间距不宜大于20m，每边监测点数目不应少于3个。监测点宜设置在基坑边坡坡顶上。

2）围护墙顶部的水平位移和竖向位移监测点应沿围护墙的周边布置，围护墙周边中部、阳角处应布置监测点。监测点间距不宜大于20m，每边监测点数目不应少于3个。监测点宜设置在冠梁上。

3）深层水平位移监测孔宜布置在基坑边坡、围护墙周边的中心处及代表性的部位，数量和间距视具体情况而定，但每边至少应设 1 个监测孔。当用测斜仪观测深层水平位移时，设置在围护墙内的测斜管深度不宜小于围护墙的入土深度；设置在土体内的测斜管应保证有足够的入土深度，保证管端嵌入到稳定的土体中。

4）围护墙内力监测点应布置在受力、变形较大且有代表性的部位，监测点数量和横向间距视具体情况而定，但每边至少应设 1 处监测点。竖直方向监测点应布置在弯矩较大处，监测点间距宜为 3～5m。

5）支撑内力监测点宜设置在支撑内力较大或在整个支撑系统中起关键作用的杆件上；每道支撑的内力监测点不应少于 3 个，各道支撑的监测点位置宜在竖向保持一致；钢支撑的监测截面根据测试仪器宜布置在支撑长度的 1/3 部位或支撑的端头。钢筋混凝土支撑的监测截面宜布置在支撑长度的 1/3 部位；每个监测点截面内传感器的设置数量及布置应满足不同传感器测试要求。

6）立柱的竖向位移监测点宜布置在基坑中部、多根支撑交汇处、施工栈桥下、地质条件复杂处的立柱上，监测点不宜少于立柱总根数的 10%，逆作法施工的基坑不宜少于 20%，且不应少于 5 根。

7）锚杆的拉力监测点应选择在受力较大且有代表性的位置，基坑每边跨中部位和地质条件复杂的区域宜布置监测点。每层锚杆的拉力监测点数量应为该层锚杆总数的 1%～3%，并不应少于 3 根。每层监测点在竖向上的位置宜保持一致。每根杆体上的测试点应设置在锚头附近位置。

8）土钉的拉力监测点应沿基坑周边布置，基坑周边中部、阳角处宜布置监测点。监测点水平间距不宜大于 30m，每层监测点数目不应少于 3 个。各层监测点在竖向上的位置宜保持一致。每根杆体上的测试点应设置在受力、变形有代表性的位置。

9）基坑底部隆起监测点宜按纵向或横向剖面布置，剖面应选择在基坑的中央、距坑底边约 1/4 坑底宽度处以及其他能反映变形特征的位置。数量不应少于 2 个。纵向或横向有多个监测剖面时，其间距宜为 20～50m。同一剖面上监测点横向间距宜为 10～20m，数量不宜少于 3 个。

10）围护墙侧向土压力监测点应布置在受力、土质条件变化较大或有代表性的部位；平面布置上基坑每边不宜少于 2 个测点。在竖向布置上，测点间距宜为 2～5m，测点下部宜密；当按土层分布情况布设时，每层应至少布设 1 个测点，且布置在各层土的中部；土压力盒应紧贴围护墙布置，宜预设在围护墙的迎土面一侧。

11）孔隙水压力监测点宜布置在基坑受力、变形较大或有代表性的部位。监测点竖向布置宜在水压力变化影响深度范围内按土层分布情况布设，监测点竖向间距一般为 2～5m，并不宜少于 3 个。

12）基坑内地下水位监测点的布置应符合下列要求：当采用深井降水时，水位监测点宜布置在基坑中央和两相邻降水井的中间部位；当采用轻型井点、喷射井点降水时，水位监测点宜布置在基坑中央和周边拐角处，监测点数量视具体情况确定；水位监测管的埋置深度（管底标高）应在最低设计水位之下 3～5m。对于需要降低承压水水位的基坑工程，水位监测管埋置深度应满足降水设计要求。

13）基坑外地下水位监测点的布置应符合下列要求：水位监测点应沿基坑周边、被保护对象（如建筑物、地下管线等）周边或在两者之间布置，监测点间距宜为 20～50m。相邻建（构）筑物、重要的地下管线或管线密集处应布置水位监测点；如有止水帷幕，宜布置在止水帷幕的外侧约 2m 处；水位监测管的埋置深度（管底标高）应在控制地下水位之下 3~5m。对于需要降低承压水水位的基坑工程，水位监测管埋置深度应满足设计要求；回灌井点观测井应设置在回灌井点与被保护对象之间。

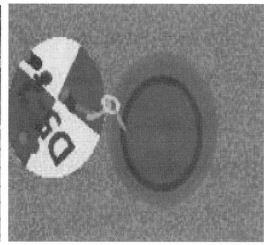

图 2-13 监测点布置及告示牌示意图

4. 监测频率

（1）监测项目的监测频率应考虑基坑工程等级、基坑及地下工程的不同施工阶段以及周边环境、自然条件的变化。当监测值相对稳定时，可适当降低监测频率。对于应测项目，在无数据异常和事故征兆的情况下，开挖后仪器监测频率的确定可参照表2-6。

现场仪器监测的监测频率　　　　　　　　　　　　表 2-6

基坑类别	施工进程		基坑设计开挖深度			
			≤5m	5~10m	10~15m	>15m
一级	开挖深度（m）	≤5	1次/1d	1次/2d	1次/2d	1次/2d
		5~10		1次/1d	1次/1d	1次/1d
		>10			2次/1d	2次/1d
	底板浇筑后时间（d）	≤7	1次/1d	1次/1d	2次/1d	2次/1d
		7~14	1次/3d	1次/2d	1次/1d	1次/1d
		14~28	1次/5d	1次/3d	1次/2d	1次/1d
		>28	1次/7d	1次/5d	1次/3d	1次/3d

续表

基坑类别	施工进程		基坑设计开挖深度			
			≤5m	5~10m	10~15m	>15m
二级	开挖深度（m）	≤5	1次/2d	1次/2d		
		5~10		1次/1d		
	底板浇筑后时间（d）	≤7	1次/2d	1次/2d		
		7~14	1次/3d	1次/3d		
		14~28	1次/7d	1次/5d		
		>28	1次/10d	1次/10d		

注：1. 当基坑工程等级为三级时，监测频率可视具体情况要求适当降低；
2. 基坑工程施工至开挖前的监测频率视具体情况确定；
3. 宜测、可测项目的仪器监测频率可视具体情况要求适当降低；
4. 有支撑的支护结构各道支撑开始拆除到拆除完成后3d内监测频率应为1次/1d。

（2）当出现下列情况之一时，应加强监测，提高监测频率，并及时向委托方及相关单位报告监测结果：

1）监测数据达到报警值；

2）监测数据变化量较大或者速率加快；

3）存在勘察中未发现的不良地质条件；

4）超深、超长开挖或未及时加撑等未按设计施工；

5）基坑及周边量积水、长时间连续降雨、市政管道出现泄漏；

6）基坑附近地面荷载突然增大或超过设计限值；

7）支护结构出现开裂；

8）周边地面出现突然较大沉降或严重开裂；

9）邻近的建（构）筑物出现突然较大沉降、不均匀沉降或严重开裂；

10）基坑底部、坡体或支护结构出现管涌、渗漏或流砂等现象；

11）基坑工程发生事故后重新组织施工；

12）出现其他影响基坑及周边环境安全的异常情况。

（3）当有危险事故征兆时，应实时跟踪监测。

5. 监测报警

（1）基坑工程监测报警值应符合基坑工程设计的限值、地下主体结构设计要求以及监测对象的控制要求。基坑工程监测报警值由基坑工程设计方确定，应设置监测项目的累计变化量和变化速率值两个指标值。

（2）基坑及支护结构监测报警值应根据监测项目、支护结构的特点和基坑等级确定，可参考表2-7。

（3）周边环境监测报警值的限值应根据主管部门的要求确定，如无具体规定，可参考表2-8确定。

基坑及支护结构监测报警值

表 2-7

序号	监测项目	支护结构类型	一级 累计值 绝对值/mm	一级 累计值 相对基坑深度(h)控制值	一级 变化速率/mm·d⁻¹	二级 累计值 绝对值/mm	二级 累计值 相对基坑深度(h)控制值	二级 变化速率/mm·d⁻¹	三级 累计值 绝对值/mm	三级 累计值 相对基坑深度(h)控制值	三级 变化速率/mm·d⁻¹
1	墙(坡)顶水平位移	放坡、土钉墙、喷锚支护、水泥土墙	30~35	0.3%~0.4%	5~10	50~60	0.6%~0.8%	10~15	70~80	0.8%~1.0%	15~20
		钢板桩、灌注桩、型钢水泥土墙、地下连续墙	25~30	0.2%~0.3%	2~3	40~50	0.5%~0.7%	4~6	60~70	0.6%~0.8%	8~10
2	墙(坡)顶竖向位移	放坡、土钉墙、喷锚支护、水泥土墙	20~40	0.3%~0.4%	3~5	50~60	0.6%~0.8%	5~8	70~80	0.8%~1.0%	8~10
		钢板桩、灌注桩、型钢水泥土墙、地下连续墙	10~20	0.1%~0.2%	2~3	25~30	0.3%~0.5%	3~4	35~40	0.5%~0.6%	4~5
3	围护墙深层水平位移	水泥土墙	30~35	0.3%~0.4%	5~10	50~60	0.6%~0.8%	10~15	70~80	0.8%~1.0%	15~20
		钢板桩	50~60	0.6%~0.7%		80~85	0.7%~0.8%		90~100	0.9%~1.0%	
		灌注桩、型钢水泥土墙	45~55	0.5%~0.6%	2~3	75~80	0.7%~0.8%	4~6	80~90	0.9%~1.0%	8~10
		地下连续墙	40~50	0.4%~0.5%		70~75	0.7%~0.8%		80~90	0.9%~1.0%	
4	立柱竖向位移		25~35		2~3	35~45		4~6	55~65		8~10
5	基坑周边地表竖向位移		25~35		2~3	50~60		4~6	60~80		8~10
6	坑底回弹		25~35		2~3	50~60		4~6	60~80		8~10
7	支撑内力		60%~70%f			70%~80%f			80%~90%f		
8	墙体内力										
9	锚杆拉力										
10	土压力										
11	孔隙水压力										

注：1. h—基坑设计开挖深度；f—设计极限值。
2. 累计值取绝对值和相对基坑深度(h)控制值两者的小值。
3. 当监测项目的变化速率连续3天超过报警值的50%，应报警。

建筑基坑工程周边环境监测报警值 表2-8

项目监测对象			累计值		变化速率 /mm·d⁻¹	备注
			绝对值/mm	倾斜		
1	地下水位变化		1000	—	500	
2	管线位移	刚性管道 压力	10~30	—	1~3	直接观察点数据
		刚性管道 非压力	10~40	—	3~5	
		柔性管线	10~40	—	3~5	
3	邻近建（构）筑物	最大沉降	10~60	—	—	
		差异沉降	—	2/1000	0.1H/1000	

注：1. H—为建（构）筑物承重结构高度

2. 第3项累计值取最大沉降和差异沉降两者的小值。

（4）周边建（构）筑物报警值应结合建（构）筑物裂缝观测确定，并应考虑建（构）筑物原有变形与基坑开挖造成的附加变形的叠加。

（5）当出现下列情况之一时，必须立即报警；若情况比较严重，应立即停止施工，并对基坑支护结构和周边的保护对象采取应急措施。

1）当监测数据达到报警值；

2）基坑支护结构或周边土体的位移出现异常情况或基坑出现渗漏、流砂、管涌、隆起或陷落等；

3）基坑支护结构的支撑或锚杆体系出现过大变形、压屈、断裂、松弛或拔出的迹象；

4）周边建（构）筑物的结构部分、周边地面出现可能发展的变形裂缝或较严重的突发裂缝；

5）根据当地工程经验判断，出现其他必须报警的情况。

6. 日常检查

（1）基坑工程整个施工期内，每天均应有专人进行巡视检查，应定期对基坑及周边环境进行巡视，随时检查基坑位移（土体裂缝）、倾斜、土体及周边道路沉陷或隆起、地下水涌出、管线开裂、不明气体冒出和基坑防护栏杆的安全性等。

（2）基坑工程巡视检查应包括以下主要内容：

1）支护结构：支护结构成型质量；冠梁、支撑、围檩有无裂缝出现；支撑、立柱有无较大变形；止水帷幕有无开裂、渗漏；墙后土体有无沉陷、裂缝及滑移；基坑有无涌土、流砂、管涌。

2）施工工况：开挖后暴露的土质情况与岩土勘察报告有无差异；基坑开挖分段长度及分层厚度是否与设计要求一致，有无超长、超深开挖；场地地表水、地下水排放状况是否正常，基坑降水、回灌设施是否运转正常；基坑周围地面堆载情况，有无超堆荷载。

3）基坑周边环境：地下管道有无破损、泄漏情况；周边建（构）筑物有无裂缝出现；周边道路（地面）有无裂缝、沉陷；邻近基坑及建（构）筑物的施工情况。

4）监测设施：基准点、测点完好状况；有无影响观测工作的障碍物；监测元件的完好及保护情况。

（3）在冰雹、大雨、大雪、风力6级及以上强风等恶劣天气之后，应及时对基坑和安全设施进行检查。

（4）当基坑开挖过程中出现位移超过预警值、地表裂缝或沉陷等情况时，应及时报告有关方面。出现塌方险情等征兆时，应立即停止作业，组织撤离危险区域，并立即通知有关方面进行研究处理。

第二节　脚手架工程

一、脚手架工程及其施工方案的基本要求

（一）脚手架工程及其主要分类

1. 脚手架的概念

脚手架是由杆件或结构单元、配件通过可靠连接而组成，能承受相应荷载，具有安全防护功能，为建筑施工提供作业条件的结构架体，是建筑施工中必不可少的临时设施，如砌筑砖墙、绑扎钢筋、浇筑混凝土、墙面抹灰、装饰和粉刷、构件安装等，都需要搭设脚手架，为施工提供作业条件。

2. 脚手架的分类

根据所使用的材料、与建筑物间的位置关系、立杆的设置排数、构架方式、支固方式、用途、架体的封闭方式和封闭程度等，脚手架可划分为多种类型。本小节仅按支固方式对脚手架分类进行概述，按照支固方式不同可分为落地式脚手架和非落地式脚手架。

（1）落地式脚手架。落地式脚手架是一种架体底部直接落于地面、楼面、屋面或其他可靠工程结构台面之上的脚手架。包括扣件式钢管脚手架、碗扣式钢管脚手架和门式钢管脚手架等 3 种。

（2）非落地式脚手架。非落地式脚手架包括悬挑式脚手架、附着式升降脚手架、高处作业吊篮、操作平台等脚手架，这些类型脚手架由于主要采用悬挑、附着、悬挂方式设置，避免了落地式脚手架用材多、搭设工作量大的缺点，因而特别适合高层建筑的结构与外装饰施工使用，以及不便或是不必搭设落地式脚手架的情况。随着高层建筑的增加，由于落地式脚手架搭设受高度要求的限制，非落地式脚手架的使用将越来越多，因此以下文重点对非落地式脚手架的安全控制要求进行论述。

（二）脚手架工程的施工方案基本要求

1. 脚手架搭设和拆除前

在脚手架搭设和拆除作业前，应根据工程特点编制专项施工方案，并应经审批后组织实施。专项施工方案应包含以下内容：

（1）确定脚手架的种类、搭设方式和形状、使用功能；

（2）设计计算；

（3）绘制施工详图；

（4）编制搭设和拆除方案；

（5）交接验收、自检、互检、使用、维护、保养等措施。

2. 脚手架的设计、搭设、使用和维护

（1）脚手架的构造设计、搭设、使用和维护应能保证脚手架结构体系的稳定。如：应能承受设计荷载；结构应稳固，不得发生影响正常使用的变形；满足使用要求，具有安全防护功能；在使用中，脚手架结构性能不得发生明显改变；当遇意外和偶然超载时，不得发生整体破坏；脚手架所依附、承受的工程结构不应受到损害。

（2）脚手架应构造合理、连接牢固、搭设与拆除方便、使用安全可靠。

二、脚手架工程的一般性安全规定

（一）脚手架步距和跨距的规定

脚手架因钢管连接形式和搭设高度不同，步距和跨距设置不同。

1. 单排脚手架

单排脚手架的立杆跨距一般按 1.2m 和 1.4m 设置。

2. 双排脚手架

双排脚手架的立杆横距一般按 1.05m、1.3m 和 1.55 设置，步距一般按 1.5m 和 1.8m 设置，应符合下列要求：

（1）作业脚手架的宽度不应小于 0.8m，且不宜大于 1.2m。作业层高度不应小于 1.7m，且不宜大于 2.0m。

（2）支撑脚手架间距不宜大于 1.5m，步距不应大于 2.0m。

（3）脚手架底层步距均不应大于 2m。

（二）脚手架基础的规定

1. 脚手架基础应平整夯实，应有可靠的排水措施，防止积水浸泡基础。

2. 脚手架基础为楼面等既有建筑结构或贝雷梁、型钢等临时支撑结构时，对不满足承载力要求的既有建筑结构应按方案设计的要去进行加固，对贝雷梁、型钢等临时支撑结构应按相关规定对临时支撑结构进行验收。

3. 附着式升降脚手架支座应牢固，悬挑脚手架的悬挑支承结构应固定牢固。

4. 落地式脚手架的立杆不能直接立于土地面上，应加设底座和垫板（或垫木），垫板（木）厚度不小于 50mm，立杆垫板或底座底面标高宜高于自然地坪 50～100mm，单块垫板上应设不少于 2 根立杆。遇有坑槽时，立杆应下到槽底或在槽上加设底梁（一般可用枕木或型钢梁）。

5. 落地式脚手架旁有开挖的沟槽时，应控制外立杆距沟槽边的距离：当架高在 30m 以内时，不小于 1.5m；架高为 30～50m 时，不小于 2.0m；架高在 50m 以上时，不小于 2.5m。当不能满足上述距离时，应核算土坡承受脚手架的能力，不足时可加设挡土墙或其他可靠支护，避免槽壁坍塌危及脚手架安全；位于通道处的脚手架底部垫木（板）应低于两侧地面，并在其上加设盖板，避免扰动。

图 2-14　立杆垫板实例图

图 2-15　立杆底座实例图

（三）脚手架材料和构配件的规定

1. 钢管

（1）脚手架所用钢管宜采用现行国家标准《直缝电焊钢管》GB/T13793 或《低压流体输送用焊接钢管》GB/T3091 中规定的普通钢管，其材质应符合现行国家标准《碳素结构钢》GB/T700 中 Q235 级钢或《低合金高强度结构钢》GB/T1591 中 Q345 级钢的规定。钢管外径、壁厚、外形允许偏差应符合表 2-9 的规定。

钢管外径、壁厚、外形允许偏差　　　　　　表 2-9

偏差项目 钢管直径(mm)	外径(mm)	壁厚	弯曲度(mm/m)	椭圆度(mm)	管端截面
≤20	±0.3			0.23	
21～30			1.5		
31～40	±0.5	±10%·S		0.38	与轴线垂直、 无毛刺
41～50					
51～70	±1.0%		2	7.5/1000·D	

（2）脚手架钢管宜采用 $\phi 48.3 \times 3.6$ 钢管，每根钢管的最大质量不应大于 25kg。

（3）钢管应平直，其弯曲度不得大于管长的 1/500，两端端面应平整，不得有斜口、有裂缝、表面分层硬伤、压扁、硬弯、深划痕、毛刺和结疤等不得使用。

2. 扣件

（1）扣件应采用可锻铸铁或铸钢制作，其质量和性能应符合现行国家标准《钢管脚手架扣件》GB15831 的规定，采用其他材料制作的扣件，应经试验证明其质量符合该标准的规定后方可使用。

（2）扣件在螺栓拧紧扭力矩达到 65N·m 时，不得发生破坏。

3. 脚手板

（1）脚手板可采用钢、木、竹材料制作，单块脚手板的质量不宜大于 30kg。

（2）冲压钢脚手板的材质应符号现行国家标准《碳素结构钢》GB/T700 中 Q235 级钢的规定；冲压钢板脚手板的钢板厚度不宜小于 1.5mm，板面冲孔内切圆直径应小于 25mm。

图 2-16　钢管示意图

图 2-17　扣件示意图

（3）木脚手板材质应符合现行国家标准《木结构设计规范》GB50005 中Ⅱa 级材质的规定。脚手板厚度不应小于 50mm，两端宜各设直径不小于 4mm 的镀锌钢丝箍两道。

（4）竹脚手板宜采用由毛竹或楠竹制作的竹胶合板、竹笆板、竹串片脚手板，应符合现行行业标准《建筑施工脚手架安全技术规范》JGJ464 的相关规定，竹胶合板、竹笆板宽度不得小于 600mm，竹胶合板厚度不得小于 8mm，竹笆板厚度不得小于 6mm，竹串片脚手板厚度不得小于 50mm。

图 2-18　冲压、木和竹笆脚手板示意图

4. 底座和托座

（1）底座的钢板厚度不得小于 6mm，托座 U 形钢板厚度不得小于 5mm，钢板与螺杆应采用环焊，焊缝高度不应小于钢板厚度，并宜设置加劲板；可调托座螺杆与螺母旋合长度不得少于 5 扣，螺母厚度不得小于 30mm。

（2）可调托座螺杆外径不得小于 36mm，走丝与螺距应符合现行国家标准《梯形螺纹第 3 部分：基本尺寸》GB/T5796.3 的规定，可调底座和可调托座螺杆插入脚手架立杆钢管的配合公差应小于 2.5mm。

（3）可调底座和可调托座螺杆与可调螺母啮合的承载力应高于可调底座和可调托座的承载力，应通过计算确定螺杆与调节螺母啮合的齿数，螺母厚度不得小于 30mm。

　　上托　　　　下托
图 2-19　可调托撑示意图

5. 钢材

（1）脚手架所使用的型钢、钢板、圆钢应符合国家现行相关标准的规定，其材质应符合现行国家标准《碳素结构钢》GB/T700 中 Q235 级钢或《低合金高强度结构钢》GB/T1591 中 Q345 级钢的规定。

（2）用于固定型钢悬挑梁的 U 形钢筋拉环或锚固螺栓材质应符合现行国家标准《钢筋混凝土用钢第 1 部分：热轧光圆钢筋》GB1491.1 中 HPB235 级钢筋的规定。

6. 钢丝绳

脚手架所用钢丝绳应符合现行国家标准《一般用途钢丝绳》GB/T20118、《重要用途钢丝绳》GB/T8918、《钢丝绳用普通套环》GB/T5974.1 和《钢丝绳夹》GB/T5976 的规定。

（四）扫地杆设置的规定

扫地杆是连接立杆根部的纵、横向水平杆件；包括纵向扫地杆、横向扫地杆（图 2-20）。

1. 脚手架必须设置纵、横向扫地杆。纵向扫地杆应采用直角扣件固定在距底座上皮不大于 200mm 处的立杆上。横向扫地杆应采用直角扣件固定在紧靠纵向扫地杆下方的立杆上。

2. 脚手架立杆基础不在同一高度上时，必须将高处的纵向扫地杆向低处延长两跨与立杆固定，高低差不应大于 1m。靠边坡上方的立杆轴线到边坡的距离不应小于 500mm。

图 2-20　纵、横向扫地杆构造
1—横向扫地杆；2—纵向扫地杆

（五）连墙件设置的规定

1. 设置连墙件处的建筑结构必须具有可靠的支承能力。连墙件应靠近主节点设置，偏离主节点的距离不应大于 300mm，宜优先采用菱形布置，如图 2-21 所示，也可采用方形、矩形布置。

2. 连墙点的水平间距不得超过 3 跨，竖向间距不得超过 3 步，连墙点之上架体的悬臂高度不应超过 2 步；连墙件的垂直间距不应大于建筑物层高，且不应大于 4.0m，脚手架上部未设置连墙点的自由高度不得大于 6m。

3. 应确保连墙点的设置数量，一个连墙点的覆盖面为 20～40m²。脚手架越高，则连墙点的设置应越密，连墙点的位置遇到洞口、墙体构件、墙边或窄的窗间墙等时，应在近处补设，不得取消。

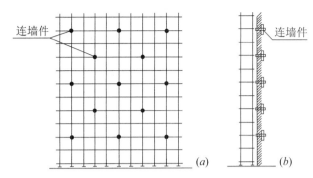

图 2-21　连墙件的菱形布置

（a）正立面图；（b）剖面图

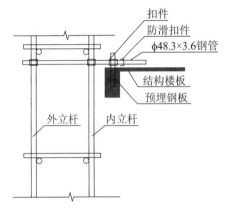

图 2-22　连墙件示意图

图 2-23　连墙件现场安装效果图

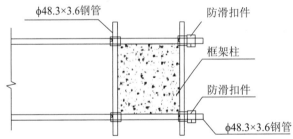

图 2-24　连墙件平面图和示意图（抱柱）

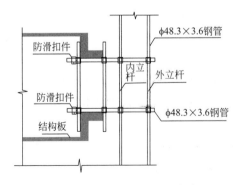

图 2-25　连墙件立面图和示意图（窗洞口）

4. 在设置连墙件时，必须保持脚手架立杆垂直，避免产生不利的初始侧向变形。连墙件及其两端连墙点，必须满足抵抗最大计算水平力的需要。

5. 连墙件中的连墙杆宜呈水平布置，当不能水平设置时，与脚手架链接的一端容许稍向下倾斜，不允许采用上斜连接，如图 2-26 所示。

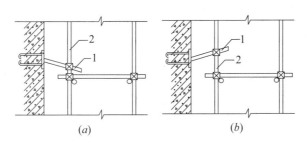

图 2-26　连墙件的构造

（a）连墙件下斜（允许）；（b）连墙件上斜（不允许）

1—连墙件；2—内立杆

（六）脚手架剪刀撑设置的规定

脚手架的纵向外侧立面上应设置竖向剪刀撑，并应符合下列规定：

1. 每道剪刀撑的宽度应为 4～6 跨，且不应小于 6m，也不应大于 9m；剪刀撑斜杆与水平面的倾角应在 45°～60°之间；剪刀撑跨越立杆的最多根数应符合表 2-10 的规定。

剪刀撑跨越立杆的最多根数　　　　　　　　　　　　　　　　表 2-10

剪刀撑斜杆与地面的倾角 α	45°	50°	60°
剪刀撑跨越立杆的最多根数 n	7	6	5

2. 搭设高度在 24m 以下时，应在架体两端、转角及中间每隔不超过 15m 各设置一道剪刀撑，并应由底至顶连续设置；搭设高度在 24m 及以上时，应在全外侧立面上由底至顶连续设置。

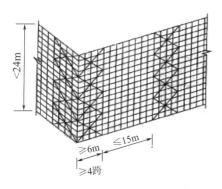
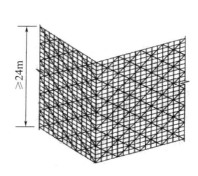

图 2-27　脚手架剪刀撑设置示意图

3. 悬挑脚手架、附着式升降脚手架应在全外侧立面上由底至顶连续设置。

4. 剪刀撑采用搭接接长时，搭接长度不应小于 1m，并应采用不少于 3 个旋转和扣件固定。端部扣件盖板的边缘至杆端距离不应小于 100mm。

5. 剪刀撑斜杆应用旋转扣件固定在与之相交的横向水平杆的伸出端或立杆上，旋转扣件中心线至主节点的距离不宜大于 150mm。

（七）脚手架脚手板设置的规定

1. 脚手板或其他铺板应铺平铺稳，必要时应予以绑扎固定。

2. 作业层距地（楼）面高度＞2.0m 的脚手架，作业层铺板的宽度不应小于：外脚手架为 750mm，里脚手架为 500mm。铺板边缘与墙面的间隙应为 300mm，与挡脚板的间隙应为 100mm。当边侧脚手板不贴靠立杆时，应予可靠固定。

3. 当使用冲压钢脚手板、木脚手板、竹串片脚手板时，脚手板放置在横向水平杆上，纵向水平杆应作为横向水平杆的支座，用直角扣件固定在立杆上。

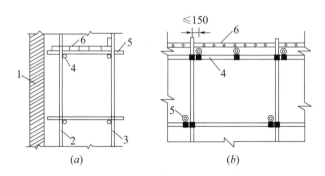

图 2-28　采用冲压钢脚手板、木脚手板、竹串片脚手板时纵向水平杆的设置
（a）侧立面图；（b）正立面图
1—结构；2—内立杆；3—外立杆；4—纵向水平杆；5—横向水平杆；6—脚手板

4. 当使用竹笆脚手板时，脚手板放置在纵向水平杆上，横向水平杆应作为纵向水平杆的支座，采用直角扣件固定在立杆上，纵向水平杆应等间距布置，间距不应大于 400mm。

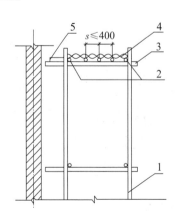

图 2-29　采用竹笆脚手板时纵向水平杆的设置
1—立杆；2—横向水平杆；3—纵向水平杆；
4—竹笆脚手板；5—其他脚手板

5. 冲压钢脚手板、木脚手板、竹串片脚手板等，应设置在 3 根横向水平杆上。当脚手板长度小于 2m 时，可采用 3 根横向水平杆支承，但应将脚手板两端与其可靠固定，严防倾翻。脚手板的铺设应采用对接平铺或搭接铺设。脚手板对接平铺时，接头处必须设两根横向水平杆，脚手板外伸长应取 130～150mm，两块脚手板外伸长度的和不应大于 300mm；脚手板搭接铺设时，接头必须支在横向水平杆上，搭接长度不应小于 200mm，其伸出横向水平杆的长度不应小于 100mm。脚手板探头应用直径 3.2mm 镀锌钢丝固定在支承杆件上。

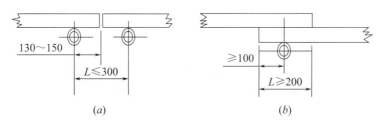

图 2-30 脚手板对接、搭接构造示意图
（a）对接；（b）搭接

（八）脚手架荷载的规定

作用于脚手架的荷载可分为永久荷载（恒荷载）与可变荷载（活荷载）

1.脚手架设计应根据正常搭设和使用过程中在脚手架上可能同时出现的荷载，应按承载能力极限状态和正常使用极限状态分别进行荷载组合，并应取各自最不利的荷载组合进行设计。

2.作业脚手架荷载的基本组合按表 2-11 的规定采用。

作业脚手架荷载的基本组合   表 2-11

计算项目	荷载的基本组合
水平杆强度;附着式升降脚手架的水平支承桁架及固定吊拉杆强度;悬挑脚手架悬挑支承结构强度、稳定承载力	永久荷载＋施工荷载
立杆稳定承载力;附着式升降脚手架竖向主框架及附墙支座强度、稳定承载力	永久荷载＋施工荷载＋ψ_w 风荷载
连墙件强度、稳定承载力	风荷载＋N_0
立杆地基承载力	永久荷载＋施工荷载

注：1.N_0 为连墙件约束作业脚手架的平面外变形所产生的轴向力设计值。

    2.ψ_w 为风荷载组合值系数。

3.脚手架结构及构配件正常使用极限状态设计时，作业脚手架荷载的标准组合应按表 2-12 的规定采用。

作业脚手架荷载的标准组合   表 2-12

计算项目	荷载的标准组合
水平杆挠度	永久荷载
悬挑脚手架水平型钢悬挑梁挠度	

（九）脚手架架体封闭防护的规定

1.作业脚手架外侧和支撑脚手架作业层栏杆应采用密目式安全网或其他措施全封闭防护。密目式安全网应为阻燃产品。

2.作业脚手架临街的外侧立面、转角处应采取硬防护措施，硬防护的高度不应小于

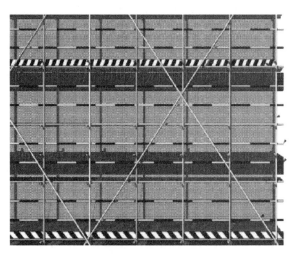

图 2-31　脚手架外立面防护示意图

1.2m，转角处硬防护的宽度应为作业脚手架宽度。

3.作业层里侧边缘与墙面间距大于 200mm 的，挂设水平安全网或铺设脚手板；作业层外侧设置高度不小于 180mm 挡脚板。

图 2-32　空隙挂网实例图

图 2-33　设置挡脚板示意图

4.作业层下方净空距离 3m 内，必须设置一道水平安全网，第一道水平网下方每隔 10m 应设置一道水平安全网。

三、附着式升降脚手架的特殊安全性规定

附着式升降脚手架搭设、拆除作业应编制专项施工方案。专项施工方案应按规定进行审批，架体提升高度在 150m 及以上的专项施工方案应经专家论证。

（一）构造尺寸要求

1.架体高度不得大于 5 倍楼层高。

2.架体宽度不得大于 1.2m。

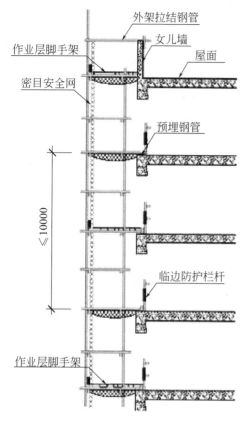

图 2-34 作业层防护示意图

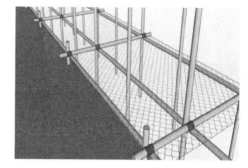

图 2-35 挂设水平安全网示意图

3.直线布置的架体支承跨度不得大于 7m，折线或曲线布置的架体，相邻两主框架支撑点处的架体外侧距离不得大于 5.4m。

4.架体的水平悬挑长度不得大于 2m，且不得大于跨度的 1/2。

5.架体全高与支承跨度的乘积不得大于 110m^2。

6.升降工况下上端悬臂高度不大于 2/5 架体高度且不大于 6m。

7.水平悬挑端以竖向主框架为中心对称斜拉杆水平夹角≥45°。

（二）附着支座设置要求

1.竖向主框架所覆盖的每个楼层处应设置一道附墙支座。

2.架体在任何状态（使用、上升、下降）下，与工程结构之间必须有不少于 2 处的附着支承点。

3.必须设置防倾装置。也即在采用非导轨或非导座附着方式（其导轨或导座既起支承和导向作用，也起防倾作用）时，必须另外附设防倾导杆。而挑梁式和吊拉式附着支承构造，在加设防倾导轨后，就变成挑轨式和吊轨式。

4.穿墙螺栓应采用双螺母固定。螺母外螺杆长度不得小于 3 扣，并不得小于 10mm；垫板尺寸应由设计确定，且不得小于 100mm×100mm×10mm；采用单根螺栓锚固时，应有防扭转措施；穿墙螺栓预留孔应垂直结构外表面，其中心误差应≤15mm。

5.对连接处工程结构混凝土强度的要求，应按计算确定，且不小于 C10。

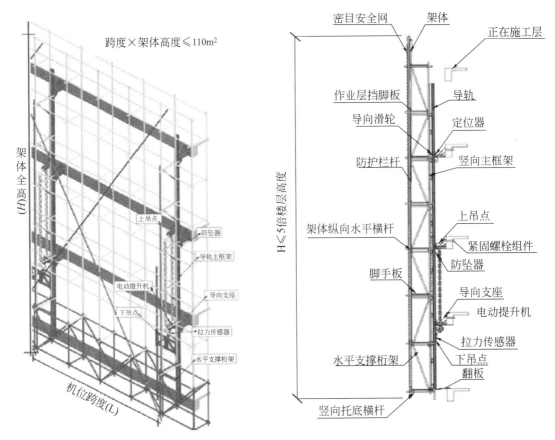

图 2-36　附着式升降脚手架示意图

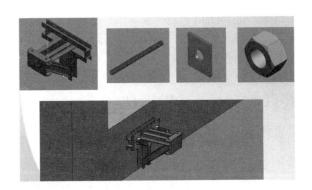

图 2-37　双螺母、螺母和垫片安装示意图

（三）防坠落、防倾覆安全装置要求

1. 防坠落装置设置要求

（1）防坠落装置应设置在竖向主框架处并附着在建筑结构上，每一升降点不得少于一个防坠落装置，防坠落装置在使用和升降工况下都必须起作用。

（2）防坠落装置必须采用机械式的全自动装置，严禁使用每次升降需要重组的手动装置。

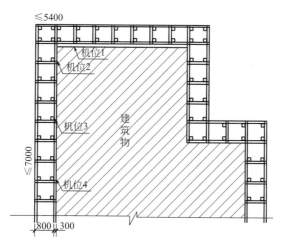

图 2-38 附着式脚手架机位布置示意图

（3）防坠落装置应具有防尘、防污染的措施，并应灵敏可靠和运转自如；其制动距离应不大于 80mm（整体提升）或 150mm（分段提升）。

（4）防坠落装置与升降设备必须分别独立固定在建筑结构上。

（5）采用钢吊杆式防坠落装置，钢吊杆规格应由计算确定，且不应小于 $\Phi25mm$。

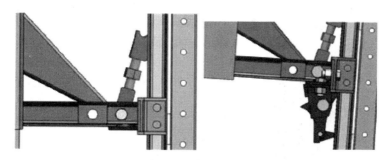

图 2-39 定位器和防坠器安装效果图

2. 防倾覆装置设置要求

（1）防倾覆装置中应包括导轨和两个以上与导轨连接的可滑动的导向件。

（2）在防倾导向件的范围内应设置防倾覆导轨，且应与竖向主框架可靠连接。

（3）在升降和使用两种工况下，最上和最下两个导向件之间的最小间距不得小于 2.8m 或架体高度的 1/4。

（4）应具有防止竖向主框架倾斜的功能。

（5）应采用螺栓与附墙制作连接，其装置与导轨之间的间隙应小于 5mm。

（四）同步升降控制装置要求

1. 附着式升降脚手架升降时，必须配备有限制荷载或水平高差的同步控制系统。连续式水平支承桁架，应采用限制荷载自控系统。简支静定水平支承桁架，应采用水平高差同步自控系统，若设备受限时可选择限制荷载自控系统。

2. 限制荷载自控系统应具有下列功能：

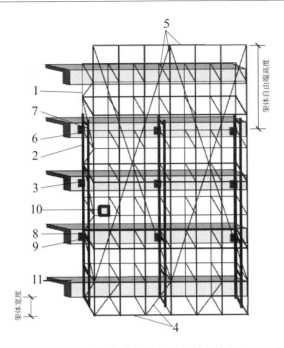

图 2-40　单片式主框架的架体示意图

1—竖向主框架（单片式）；2—导轨；3—附墙支座（含防倾覆、防坠落装置）；4—水平支撑
桁架；5—架体构造；6—升降设备；7—升降上吊挂件；8—升降下吊点（含荷载传感器）；
9—定位装置；10—同步控制装置；11—工程结构

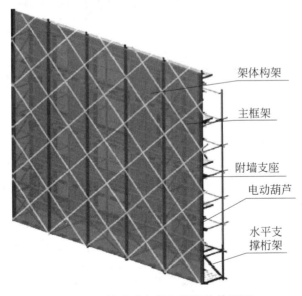

图 2-41　单片式主框架的架体效果图

（1）性能应可靠、稳定，控制精度应在 5％以内；

（2）应具有超载、失载、报警和停机的功能；宜增设显示记忆和存储功能；

（3）应具有自身故障报警功能，并应能适应施工现场环境；

（4）当某一机位的荷载超过设计值的 15％时，应采用声光形式自动报警和显示报警机位；当超过 30％时，应能使该升降设备自动停机。

3.水平高差同步控制系统应具有以下功能：

（1）应具有显示各提升点的实际升高和超高的数据，并应有记忆和存储功能；

（2）当水平支承桁架两端高差达到 30mm 时，应能自动停机；

（3）不得采用附加重量的措施控制同步。

4.高层施工优先采用智能施工升降机，全封闭的钢板网及全封闭脚手板，框架周边宜设置警示灯，4 个大角宜设置常亮警示灯。

图 2-42　电动提升机及传感器

图 2-43　智能传感器分机

四、悬挑式脚手架的特殊安全性规定

（一）型钢锚固长度及锚固型钢的主体结构混凝土强度要求

1.悬挑钢梁悬挑长度应按设计确定，固定段长度不应小于悬挑长度的 1.25 倍。

2.锚固型钢的主体结构混凝土强度等级不得低于 C20。

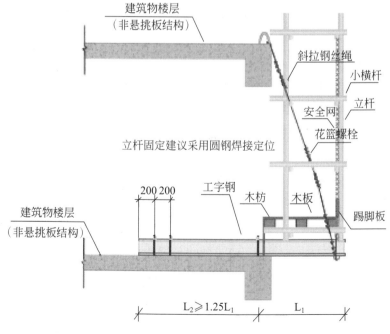
图 2-44　悬挑式脚手架剖面图

图 2-45　钢丝绳斜拉接示意图

（二）悬挑钢梁卸荷钢丝绳设置方式要求

型钢悬挑梁外端设置钢丝绳与上一层建筑结构斜拉接。钢丝绳、钢拉杆不参与悬挑钢梁受力计算。钢丝绳与建筑结构拉结的吊环应使用 HP300 级钢筋，其直径不宜小于 20mm。

（三）悬挑钢梁的固定方式要求

1. 钢梁悬挑脚手架的型钢支承架与主体混凝土结构连接必须可靠，悬挑支撑点应设置在建筑结构的梁板上，不得设置在外伸阳台或悬挑楼板上（有加固措施的除外），其固定可采用预埋件焊接固定、预埋螺栓固定等方式（如由不少于两道的预埋 U 形螺栓与压板采用双螺母固定，螺杆露出螺母应不少于 3 扣），连接强度应经计算确定。

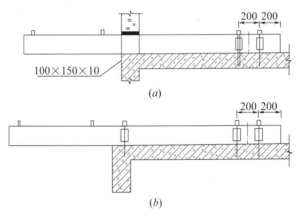

图 2-46　型钢悬挑梁在主体结构上的设置

（a）型钢悬挑梁穿墙设置；（b）型钢悬挑梁楼面设置

2. 锚固端压点应采用不少于 2 个（对）的预埋 U 形钢筋拉环或螺栓固定，预埋 U 形螺栓宜采用冷弯成型，螺栓丝扣应采用机床加工并冷弯成型，不得使用板牙套丝或挤压滚丝，长度不小于 120mm。当型钢悬挑梁与建筑结构采用螺栓钢压板连接固定时，钢压板尺寸不应小于 100mm×10mm（宽×厚）；当采用螺栓角钢压板连接时，角钢规格不应小于 63mm×63mm×6mm。

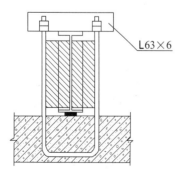

图 2-47　型钢悬挑梁与楼板固定

3. 悬挑架架体应采用刚性连墙件与建筑物牢靠连接，并应设置在与悬挑梁相对应的建筑物结构上，并宜靠近主节点设置，偏离主节点的距离不应大于 300mm；连墙件应从脚手架底部第一步纵向水平杆开始设置，设置有困难时，应采用其他可靠措施固定。主体结构阳角或阴角部位，两个方向均应设置连墙件。

（四）底层封闭要求

1. 沿架体外围必须用密目式安全网全封闭，密目式安

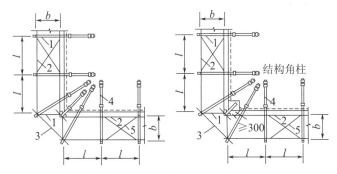

图 2-48 建筑平面阳角处型钢悬挑梁设置

1—脚手架；2—水平加固杆；3—连接杆；4—型钢悬挑梁；5—水平剪刀撑

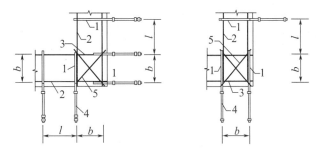

图 2-49 建筑平面阴角处型钢悬挑梁设置

1—脚手架；2—水平加固杆；3—连接杆；4—型钢悬挑梁；5—水平剪刀撑

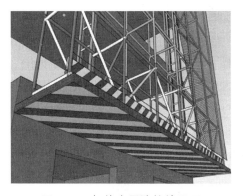

图 2-50 架体底层防护效果图

全网宜设置在脚手架外立杆的内侧，并顺环扣逐个与架体绑扎牢固。

2. 架体底层的脚手板必须铺设牢靠、严实，且应用平网及密目式安全网双层兜底。

3. 在每一个作业层架体外立杆内侧应设置上下两道防护栏杆和挡脚板，上到栏杆高度为 1.2m，下道栏杆高度为 0.6m，挡脚板高度为 0.18m。塔式起重机处或开口位置应密封严实。

（五）悬挑钢梁端立杆定位点要求

1. 悬挑钢梁宜按上部脚手架架体立杆位置对应设置，每一纵距设置一根。若型钢支承架纵向间距与立杆纵距不相等时，可在支承架上设置纵向钢梁（连梁）将支承架连成整体，以确保立杆上的荷载通过连梁传递到型钢支承架及主体结构。

2.悬挑式脚手架架体立杆的底部必须支托在牢靠的地方，并有固定措施确保底部不发生位移。架体底部应设置纵向和横向扫地杆，扫地杆应贴近悬挑梁（架），纵向扫地杆距悬挑梁（架）不得大于20cm；首步架纵向水平杆步距不得大于1.5m。

3.型钢悬挑梁悬挑端应设置能使脚手架立杆与钢梁可靠固定的定位点，定位点离悬挑梁端部不应小于100mm。

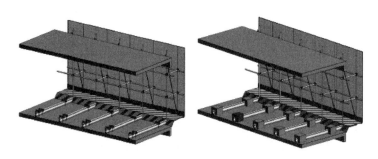

图 2-51　悬挑式脚手架效果图

五、高处作业吊篮的特殊安全性规定

高处作业吊篮应用于高层建筑外墙装修、装饰、维护、检修、清洗、粉饰等工程施工。

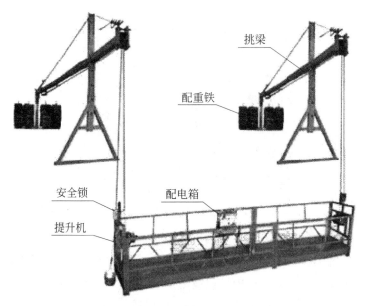

图 2-52　电动吊篮架构造示意图

（一）限位装置要求

1.吊篮应安装上限位装置，宜安装下限位装置。

2.超高限位器止挡安装在距顶端80cm处固定。

3.安装在钢丝绳上端的上行程限位挡块应紧固可靠，其与钢丝绳悬挂点之间应保持不小于0.5m的安全距离。

（二）安全锁要求

1.安全锁扣的配件应完好、齐全、灵敏可靠，规格和方向标识应清晰可辨，在标定有效期内。

2.使用离心触发式安全锁的吊篮在空中停留作业时，应将安全锁锁定在安全绳上；空中启动吊篮时，应先将吊篮提升使安全绳松弛后再开启安全锁。不得在安全绳受力时强行扳动安全锁开启手柄；不得将安全锁开启手柄固定于开启位置。

3.离心触发式制动距离小于等于200mm，摆臂防倾3°～8°锁绳。

4.安全锁应在吊篮平台下滑速度大于25m/min时动作，在不超过100mm的距离内停住。

（三）作业人员要求

1.吊篮内的作业人员不应超过2个。

2.吊篮正常工作时，人员应从地面进入吊篮内，不得从建筑物顶部、窗口等处或其他孔洞处出入吊篮。

3.在吊篮内的作业人员应佩戴安全帽，系安全带，并应将安全锁扣正确挂置在独立设置的安全绳上。

（四）安全绳设置和使用要求

1.安全绳应符合现行国家标准《安全带》GB6095的要求，其直径应与安全锁扣的规格一致。

2.安全绳不应有松散、断股、打结、锈蚀、硬弯及油污和附着物。

3.工作钢丝绳与安全钢丝绳不得安装在悬挂机构横梁前端同一悬挂点上。

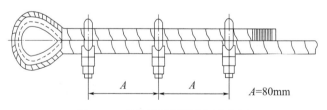

图2-53　钢丝绳绳端固定示意图

4.安全钢丝绳的下端应安装重锤，以使钢丝绳绷直。

5.吊篮升降必须使用独立保险绳，绳径不小于12.5mm。

（五）吊篮悬挂机构前支架设置要求

1.悬挂机构前支架严禁支撑在女儿墙上、女儿墙外或建筑物挑檐边缘。

2.悬挑机构前支架应与支撑面保持垂直，脚轮不得受力。

（六）吊篮配重件重量和数量要求

1.配重件应稳定可靠地安放在配重架上，并应有防止随意移动的措施。严禁使用破损的配重件或其他替代物。配重件的重量应符合设计规定。

2.不同型号吊篮配重块数量需根据抗倾覆系数换算确定。

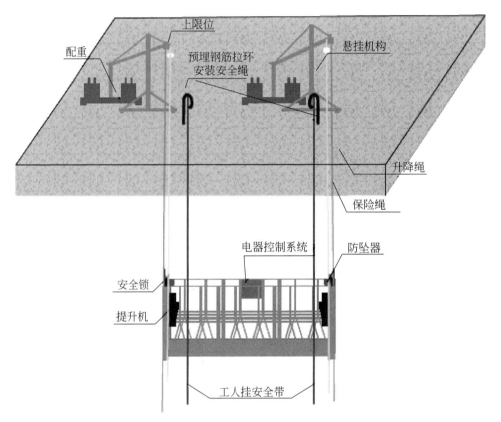

图 2-54　高处作业吊篮效果图

六、操作平台的安全性规定

操作平台是由钢管、型钢及其他等效性能材料等组装搭设制作的供施工现场高处作业和载物的平台，包括移动式、落地式、悬挑式等平台。

（一）一般规定

1.操作平台应通过设计计算，并应编制专项方案，架体构造与材质应满足国家现行相关标准的规定。

2.操作平台的架体结构应采用钢管、型钢及其他等效性能材料组装，并应符合现行国家标准《钢结构设计规范》GB50017及国家现行有关脚手架标准的规定。平台面铺设的钢、木或竹胶合板等材质的脚手板，应符合材质和承载力要求，并应平整满铺及可靠固定。

3.操作平台的临边应设置防护栏杆，单独设置的操作平台应设置供人上下、踏步间距不大于 400mm 的扶梯。

4.应在操作平台明显位置设置标明允许负载值的限载牌及限定允许的作业人数，物料应及时转运，不得超重、超高堆放。

5.操作平台使用中应每月不少于 1 次定期检查，应由专人进行日常维护工作，及时消除安全隐患。

（二）移动式操作平台

1.移动式操作平台面积不宜大于 $10m^2$，高度不宜大于 5m，高宽比不应大于 2∶1，施工荷载不应大于 $1.5kN/m^2$。

2.移动式操作平台的轮子与平台架体连接应牢固，立柱底端离地面不得大于 80mm，行走轮和导向轮应配有制动器或刹车闸等制动措施。

3.移动式行走轮承载力不应小于 5kN，制动力矩不应小于 $2.5N \cdot m$，移动式操作平台架体应保持垂直，不得弯曲变形，制动器除在移动情况外，均应保持制动状态。

4.操作平台可采用 $\Phi 48.3m \times 3.6mm$ 钢管以扣件连接，也可采用门架或承插式钢管脚手架组装。平台的次梁间距不大于 800mm；台面满铺脚手板，平台四周按临边作业要求设置防护栏杆，并布置登高扶梯。

5.移动式操作平台移动时，操作平台上不得站人；工作使用状态时，四周应加设抛撑固定。

6.移动式操作平台应悬挂限重及验收标识。

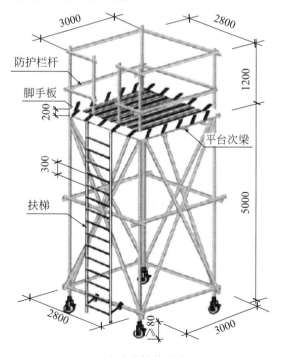

图 2-55　移动式操作平台示意图

7.移动式升降工作平台应符合现行国家标准《移动式升降工作平台设计计算、安全要求和测试方法》GB25849和《移动式升降工作平台安全规则、检查、维护和操作》GB/T27548的要求。

(三)落地式操作平台

1.落地式操作平台架体构造应符合下列规定：

(1)操作平台高度不应大于15m，高宽比不应大于3∶1；

(2)施工平台的施工荷载不应大于2.0kN/m²；当接料平台的施工荷载大于2.0kN/m²时，应进行专项设计；

(3)操作平台应与建筑物进行刚性连接或加设防倾措施，不得与脚手架连接；

(4)用脚手架搭设操作平台时，其立杆间距和步距等结构要求应符合国家现行相关脚手架规范的规定；应在立杆下部设置底座或垫板、纵向与横向扫地杆，并应在外立面设置剪刀撑或斜撑；

(5)操作平台应从底层第一步水平杆起逐层设置连墙件，且连墙件间隔不应大于4m，并应设置水平剪刀撑。连墙件应为可承受拉力和压力的构件，并应与建筑结构可靠连接。

2.落地式操作平台搭设材料及搭设技术要求、允许偏差应符合国家现行相关脚手架标准的规定。

3.落地式操作平台应按国家现行相关脚手架标准的规定计算受弯构件强度、连接扣件抗滑承载力、立杆稳定性、连墙杆件强度与稳定性及连接强度、立杆地基承载力等。

4.落地式操作平台一次搭设高度不应超过相邻连墙件以上两步。

5.落地式操作平台拆除应由上而下逐层进行，严禁上下同时作业，连墙件应随施工进度逐层拆除。

图2-56 落地式操作平台效果图

(四) 悬挑式操作平台

1.悬挑式操作平台设置应符合下列规定：

（1）操作平台的搁置点、拉结点、支撑点应设置在稳定的主体结构上，且应可靠连接；

（2）严禁将操作平台设置在临时设施上；

（3）操作平台的结构应稳定可靠，承载力应符合设计要求。

2.悬挑式操作平台的悬挑长度不宜大于 5m，均布荷载不应大于 $5.5kN/m^2$，集中荷载不应大于 15kN，悬挑梁应锚固固定。

3.悬挑式操作平台应采用型钢焊接成主框架，主挑梁型号不得小于 18 号槽钢，两侧应分别设置前后两道斜拉钢丝绳。锚固端预埋 Φ20U 型环，不宜埋设在结构悬挑部位。钢丝绳直径应根据计算确定且不小于 Φ18，斜拉钢丝绳与平台间夹角应大于 45°，绳卡数量、间距按照规范设置。

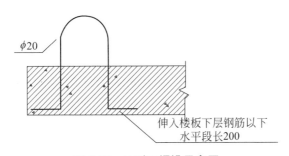

图 2-57　U 型环埋设示意图

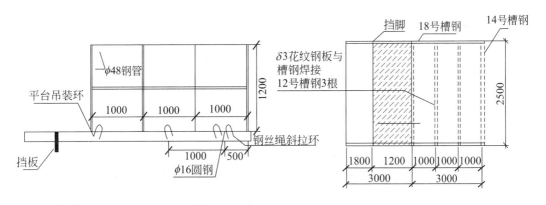

图 2-58　悬挑式操作平台侧立面图和平面图

4.采用斜拉方式的悬挑式操作平台，平台两侧的连接吊环应与前后两道斜拉钢丝绳连接，每一道钢丝绳应能承载该侧所有荷载。

5.采用支承方式的悬挑式操作平台，应在钢平台下方设置不少于两道斜撑，斜撑的一端应支承在钢平台主结构钢梁下，另一端应支承在建筑物主体结构。

6.采用悬臂梁式的操作平台，应采用型钢制作悬挑梁或悬挑桁架，不得使用钢管，其节点应采用螺栓或焊接的刚性节点。当平台板上的主梁采用与主体结构预埋件焊接时，预

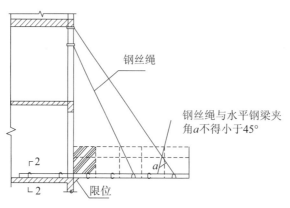

图 2-59　悬挑式操作平台示例图

埋件、焊缝均应经设计计算，建筑主体结构应同时满足强度要求。

7. 悬挑式操作平台应设置 4 个吊环，吊运时应使用卡环，不得使吊钩直接钩挂吊环。吊环应按通用吊环或起重吊环设计，并应满足强度要求。

8. 悬挑式操作平台安装时，钢丝绳应采用专用的钢丝绳夹连接，钢丝绳夹数量应与钢丝绳直径相匹配，且不得少于 4 个。建筑物锐角、利口周围系钢丝绳处应加衬软垫物。

9. 悬挑式操作平台的外侧应略高于内侧；外侧应安装防护栏杆并应设置防护挡板全封闭。

此处为脚手架空档，使用时应张挂安
全平网，并于平网上部铺设专用防滑
脚手板，随楼层周转使用

图 2-60　悬挑式操作平台安全防护示意图

卸料平台限载标识牌（××吨）			
6m钢管	xx根	模板木枋	xx m²
4m钢管	xx根	吊斗	xx kg
1.5m钢管	xx根	扣件	xxx套

图 2-61　卸料平台限载标识牌

10. 人员不得在悬挑式操作平台吊运、安装时上下。

第三节　起重机械

一、建筑起重机械及相关主体的安全责任

（一）建筑起重机械分类及特点

1. 起重机械及建筑起重机械的分类

起重机械的工作过程，一般包括起升、运行、下降及返回原位等。起升机构通过取物装置从取物地点把重物提起，经运行、回转或变幅机构把重物移位，在指定地点下放重物

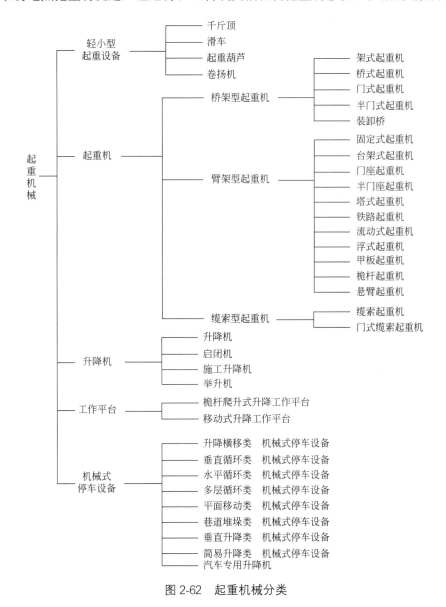

图 2-62　起重机械分类

后返回原位。根据《起重机械分类》GB/T 20776—2006 第 3 章起重机械类型按照《起重机术语第 1 部分：通用术语》GB/T 6974.1 起重机械的定义，起重机械按其功能和结构特点分轻小型起重设备、起重机、升降机、工作平台、机械式停车设备五类，具体见图 2-62。

根据特种设备安全监察条例（国务院令 2014 年第 114 号）起重机械指用于垂直升降或者垂直升降并水平移动重物的机电设备，其范围规定为额定起重量大于或者等于 0.5t 的升降机；额定起重量大于或者等于 3t（或额定起重力矩大于或者等于 40t·m 的塔式起重机，或生产率大于或者等于 300t/h 的装卸桥），且提升高度大于或者等于 2m 的起重机；层数大于或者等于 2 层的机械式停车设备。纳入特种设备目录（国家质检总局 2014 年第 114 号）建筑起重机械主要包括：桥式起重机、门式起重机、塔式起重机、流动式起重机、门座式起重机、升降机、缆索式起重机、桅杆式起重机、机械式停车设备等。

2. 建筑起重机械的特点

（1）起重机械通常具有庞大的结构和比较复杂的机构，作业过程中常常是几个不同方向的运动同时操作，技术难度大。

（2）能吊运的重物多种多样，载荷是变化的。有的重物重达上百吨，体积大且不规则，还有散粒、热融和易燃易爆危险品等，使吊运过程复杂而危险。

（3）需要在较大的范围内运行，活动空间大，一旦造成事故，影响的面积也较大。

（4）有些起重机械（仅指施工升降机等），需要直接载运人员做升降运功，其可靠性直接影响人身安全。

（5）暴露的活动的各部件较多，且常与作业人员直接接触，潜在许多偶发的危险因素。

（6）作业中常常需要多人协同配合，对指挥者、操作者和起重工等要求较高。

（二）建筑起重机械相关主体的安全责任

《建筑起重机械安全监督管理规定》（建设部令第 166 号，以下简称《规定》）指出，建筑起重机械最重要的责任主体是租赁单位、安装单位、使用单位，是这些掌握产权、专业技术、专业人员并提供服务的专业公司。

检验检测机构也是《规定》中很重要的安全责任主体。建筑起重机械在验收前应当经有相应资质的检验、检测机构监督检验合格。"监督检验"是由国家质量监督检验检疫总局核准的检验检测机构实施。检验检测机构和检验检测人员对检验检测结果、鉴定结论依法承担法律责任。"检验检测机构监督检验"是建筑起重机械很重要的一道安全屏障。不合格的特种作业人员在施工现场是重大危险源。《规定》第二十五条规定，特种作业人员应当经建设主管部门考核，并发证上岗。

二、起重机械的一般性安全规定

（一）起重机械的租赁

1. 出租单位出租的建筑起重机械和使用单位购置、租赁、使用的建筑起重机械应当具有特种设备制造许可证、产品合格证、制造监督检验证明。

2. 出租单位在建筑起重机械首次出租前，自购建筑起重机械的使用单位在建筑起重机械首次安装前，应当持建筑起重机械特种设备制造许可证、产品合格证和制造监督检验证明到本单位工商注册所在地县级以上地方人民政府建设主管部门办理备案。

3. 出租单位应当在签订的建筑起重机械租赁合同中，明确租赁双方的安全责任，并出具建筑起重机械特种设备制造许可证、产品合格证、制造监督检验证明、备案证明和自检合格证明，提交安装使用说明书。

4. 有下列情形之一的建筑起重机械，不得出租、使用：

（1）属国家明令淘汰或者禁止使用的；

（2）超过安全技术标准或者制造厂家规定的使用年限的；

（3）经检验达不到安全技术标准规定的；

（4）没有完整安全技术档案的；

（5）没有齐全有效的安全保护装置的。

（二）起重机械安装与拆卸

1. 从事建筑起重机械安装、拆卸活动的单位（以下简称安装单位）应当依法取得建设主管部门颁发的相应资质和建筑施工企业安全生产许可证，并在其资质许可范围内承揽建筑起重机械安装、拆卸工程。

2. 建筑起重机械使用单位和安装单位应当在签订的建筑起重机械安装、拆卸合同中明确双方的安全生产责任。实行施工总承包的，施工总承包单位应当与安装单位签订建筑起重机械安装、拆卸工程安全协议书。

3. 安装单位应当履行下列安全职责：

（1）按照安全技术标准及建筑起重机械性能要求，编制建筑起重机械安装、拆卸工程专项施工方案，并由本单位技术负责人签字；

（2）按照安全技术标准及安装使用说明书等检查建筑起重机械及现场施工条件；

（3）组织安全施工技术交底并签字确认；

（4）制定建筑起重机械安装、拆卸工程生产安全事故应急救援预案；

（5）将建筑起重机械安装、拆卸工程专项施工方案，安装、拆卸人员名单，安装、拆卸时间等材料报施工总承包单位和监理单位审核后，告知工程所在地县级以上地方人民政府建设主管部门。

4. 安装单位应当按照建筑起重机械安装、拆卸工程专项施工方案及安全操作规程组织安装、拆卸作业。安装单位的专业技术人员、专职安全生产管理人员应当进行现场监督，技术负责人应当定期巡查。

（三）起重机械的监测与验收

建筑起重机械安装完毕后，使用单位应当组织出租、安装、监理等有关单位进行验收，或者委托具有相应资质的检验检测机构进行验收。建筑起重机械经验收合格后方可投入使用，未经验收或者验收不合格的不得使用。

实行施工总承包的，由施工总承包单位组织验收。

建筑起重机械在验收前应当经有相应资质的检验检测机构监督检验合格。检验检测机构和检验检测人员对检验检测结果、鉴定结论依法承担法律责任。

（四）起重机械使用登记

使用单位应当自建筑起重机械安装验收合格之日起 30 日内，将建筑起重机械安装验收资料、建筑起重机械安全管理制度、特种作业人员名单等，向工程所在地县级以上地方人民政府建设主管部门办理建筑起重机械使用登记。登记标志置于或者附着于该设备的明显位置。

（五）起重机械技术交底

1. 起重吊装方案实施前，编制人员或项目技术负责人应当向现场管理人员进行方案交底。

2. 现场管理人员应当向作业人员进行安全技术交底，并由双方和项目安全管理人员共同签字确认。

3. 项目安全管理人员签字确认前至少做到：

（1）核实交底真实性；

（2）确认被交底人全面覆盖；

（3）确保交底内容具有针对性。

（六）定期检查和维护保养

塔式起重机专项检查和维保应符合《起重机械检查与维护规程第 3 部分：塔式起重机》GB/T31052.3—2016 相关要求。

臂架起重机专项检查和维护应符合《起重机械检查与维护规程第 4 部分：臂架起重机》GB/T31052.4—2017 相关要求。

桥式和门式起重机专项检查和维护应符合《起重机械检查与维护规程第 5 部分：桥式和门式起重机》（GB/T31052.4—2017）相关要求。

升降机专项检查和维护应符合《起重机械检查与维护规程第 9 部分：升降机》（GB/T31052.9—2016）相关要求。

三、塔式起重机

（一）塔式起重机安全管理流程

1. 塔式起重机使用和管理必须符合《塔式起重机安全规程》GB5144《危险性较大的分部分项工程安全管理规定》（住房和城乡建设部 37 号令）等要求。

2. 本流程仅供参考，各地区、各企业可结合自身管理实际，补充塔式起重机全过程安全管理流程。

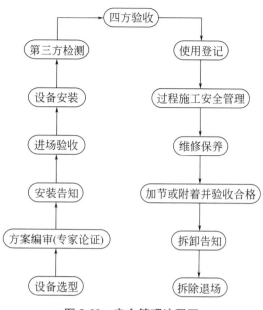

图 2-63 安全管理流程图

（二）塔式起重机的作业环境

1. 与周围建筑物及外围设施间的距离

在有建筑物的场所应注意塔机的尾部与周围建筑物及其外围施工设施之间的安全距离不小于 0.6m。

2. 两台塔机间的距离

两台塔机之间的最小架设距离应保证处于低位塔机的起重臂端部与另一台塔机的塔身之间至少有 2m 的距离，于高位塔机的最低位置的部件（吊钩升至最高点或平衡重的最低部位）与低位塔机中处于最高位置部件之间的垂直距离不应小于 2m。

（1）处于低位的塔机的起重臂端部与另一台塔机的塔身之间至少有 2m 的距离，计算两台（或多台）塔机的最小中心距离应按照处于低位的塔机的起重臂端部回转半径加上 2m，再加上处于高位塔机的塔身最大外廓尺寸（在两台塔机安装中心连线方向）的一半。如果塔机的其他作业环境允许，塔身最大外廓尺寸最好按塔机上工作台的最大外廓尺寸的一半计算，以免处于低位的塔机起重臂在与另一台塔机的上工作台等高时发生碰撞。

（2）处于高位塔机的最低位置的部件（吊钩升至最高点或平衡重的最低部位）与低位塔机中处于最高位置部件之间的垂直距离不应小于 2m，就应规定两台（或多台）塔机各自的安装高度，不仅规定在无附着时的安装高度，还要规定两台（或多台）塔机加节升高后的安装高度，并要求相临有影响安全的塔机的使用单位在加节升高前要互相沟通。

3. 塔机与输电线间的距离

有架空输电线的场合，塔机的任何部位与输电线的安全距离应符合表 2-13 的规定。如因条件限制不能保证表中的安全距离，应与有关部门协商并采取安全防护措施后方可架设。

起重机与架空线路边线的最小安全距离　　表 2-13

电压 (kV)　　安全距离 (m)	<1	10	35	110	220	330	500
沿垂直方向	1.5	3.0	4.0	5.0	6.0	7.0	8.5
沿竖直方向	1.5	2.0	3.5	4.0	6.0	7.0	8.5

（三）塔式起重机械基础和附着要求

1. 基础要求

（1）基础应按国家现行标准和使用说明书所规定的要求进行设计和施工。施工单位应根据地质勘察报告确认施工现场的地基承载能力。

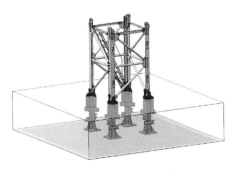

图 2-64　塔式起重机示意图

（2）当施工现场无法满足塔式起重机使用说明书对基础的要求时，可自行设计基础，可采用下列常用的基础形式有：板式基础、桩基承台式混凝土基础、组合式基础。

（3）基础应有排水设施，不得积水。

（4）基础中的地脚螺栓等预埋件应符合使用说明书的要求。

（5）桩基或钢格构柱顶部应锚入混凝土承台一定长度；钢格构柱下端应锚入混凝土桩基，且锚固长度能满足钢格构柱抗拔要求。

2. 附着要求

（1）严格按照厂家使用说明书安装附墙装置，附着拉杆支承处建筑主体结构的强度应满足附着荷载要求，每次安装完毕并验收合格后方可继续使用。

（2）穿墙螺杆必须两头双螺帽上紧，垫片尺寸、螺栓强度符合说明书要求。

（3）附着拉杆与耳板、框梁之间连接的销轴的开口销必须打开。

（4）附着拉杆与加固位置之间的角度不宜太大或太小，以 45°～60° 为宜。

（5）安装附着框架和附着支座时，各道附着装置所在平面与水平面的夹角不得超过 10°。

（四）塔式起重机安全装置使用规范

1. 塔式起重机的安全装置

塔式起重机的安全装置主要包括起升高度限位器、变幅限位器、回转限位器、起重量限制器、起重力矩限制器等，其他安全装置还有：钢丝绳防脱槽装置、小车断绳保护装置、小车防断轴装置、起重臂终端缓冲装置、吊钩防钢丝绳脱钩装置、障碍指示灯、风速仪、司机紧急断电开关等。

（1）起升高度限位器

起升高度限位器主要作用是防止塔机吊钩冲顶或触地而发生安全事故而控制起升机构运行：当吊钩上升或下降到设定的位置时，高度限位器能切断控制电路中的起升或下降线

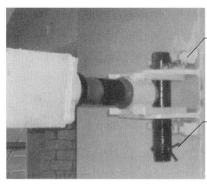

双螺帽上紧

开口销打开

图 2-65　附着装置示意图

路，安装在起升机构的钢丝绳卷筒传动轴端部，利用传动轴的转动来实现限制器的工作。

（2）变幅限位器

又称幅位限位器，当小车行至幅度限位设置的位置时，幅度限位器能切断变幅机构的电源，使小车只能向设定的方向运行或停止运行，防止小车冲出轨道或臂架向后倾翻。

（3）回转限位器

回转限位器的作用一是为限制起重臂转到某处而设定的，确保起重臂回转到设定危险范围内，以免发生碰撞其他危险事故；二是在工作状态下，防止起重臂连续向同一个方向旋转，扭断起升电缆。

（4）起重量限制器

起重量限制器也称超载限位器，主要作用是防止塔机的吊物重量超过最大额定荷载，避免发生机械恶性事故，多数采用机械电子连锁式的结构。安装在塔帽上，利用起升钢丝绳的张紧作用来实现工作。

（5）起重力矩限制器

起重力矩限制器主要作用是防止塔机超载的安全装置，避免塔机由于严重超载而引起的倾覆或发生折臂等恶性事故。发生超载时利用钢结构的一定型变触发微动开关发出报警信号、切断继续上升和增大变幅时的电源。安装在塔帽上主杆上，利用钢结构产生的一定的型变来实现工作。

（6）钢丝绳防脱槽装置

在钢丝绳经过滑轮时，钢丝绳防脱槽装置可以防止钢丝绳因为跳动而脱出滑轮轮槽，从而损伤钢丝绳或滑轮，甚至卡断钢丝绳而引发安全事故。塔机吊钩应安装钢丝绳防脱钩装置，滑轮、卷筒应安装钢丝绳防脱装置。吊钩、卷筒及钢丝绳的磨损、变形等应在规定允许范围内；卷筒上钢丝绳排列整齐。

（7）小车防断轴装置

当小车轮轴断裂时，小车防断轴装置能防止小车坠落，防止造成重物坠落伤人事故。小车断绳保护装置可以在小车钢丝绳断裂时，避免小车自由滑动至起重臂前端可能因起重力矩超载而引发倒塔的重大安全事故。塔机变幅小车应安装断绳保护及断轴保护装置。

（8）塔机安装高度大于 30m 应安装红色障碍灯，大于 50m 应安装风速仪。

2. 塔式起重机安全保护装置检查周期

塔式起重机安全保护装置检查周期须满足《起重机械检查与维护规程第 3 部分：塔式起重机》GB/T310523 相关标准要求。

（1）起升高度限位器检查要求：

1）起升高度限位器灵敏可靠，当吊钩装置顶升至起重臂下端的最小距离为 800mm 处时，应能立即停止起升运动。

2）钢丝绳排列整齐，润滑良好，无断股现象，防脱槽装置完好。

（2）变幅限位器检查要求：

1）变幅限位器灵敏可靠，变幅限位器开关动作后应保证小车停车时其端部距缓冲装置最小距离为 200mm。

2）钢丝绳排列整齐，无断股现象，断绳保护装置完好。

（3）回转限位器检查要求：

1）回转限位器灵敏可靠，回转限位开关动作时塔式起重机臂架旋转角度应不大于 180°。

2）回转黄油充足，运行时无颤抖现象和异常声响。

（4）起重量限制器检查要求：

起重量限制器灵敏可靠，综合误差不大于额定值的 ±5%。

（5）起重力矩限制器检查要求：

1）起重力矩限制器灵敏可靠，综合误差不大于额定值的 ±5%。

2）微动开关无锈蚀，手动按下反弹灵活。

3）防护罩完好。

（五）塔式起重机吊索具的使用及吊装方法

1. 一般规定

（1）塔式起重机安装、使用，拆卸时，起重吊具、索具应符合下列要求：

1）吊具与索具产品应符合现行行业标准《起重机械吊具与索具安全规程》LD48 的规定；

2）吊具与索具应与吊重种类，吊运具体要求以及环境条件相适应；

3）作业前应对吊具与索具进行检查，当确认完好时方可投入使用；

4）吊具承载时不得超过额定起重量，吊索（含各分肢）不得超过安全工作载荷；

5）塔式起重机吊钩的吊点，心与吊重重心在同一条铅垂线上，使吊重处于稳定平衡状态。

（2）新购置或修复的吊具、索具，应进行检查，确认合格后，方可使用。

（3）吊具、索具在每次使用前应进行检查，经检查确认符合要求后，方可继续使用。

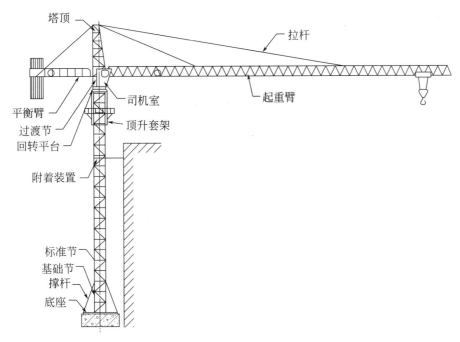

图 2-66　自动式塔机各构件名称位置示意图

当发现行缺陷时，应停止使用。

（4）吊具与索具每 6 个月应进行一次检查，并应作好记录。检验记录应作为继续使用、维修或报废的依据。

2. 钢丝绳

（1）钢丝绳作吊索时。其安全系数不得小于 6 倍。

（2）钢丝绳的报废应符合现行国家标准《起重机用钢丝绳检验和报废实用规范》GB/T5972 的规定。

（3）当钢丝绳的端部采用编结固接时，编结部分的长度不得小于钢丝绳直径的 20 倍，并不应小于 30m，插接绳股应拉紧，凸出部分应光滑平整，且应在插接末尾留出适当长度，用金属丝扎牢，钢丝绳插接方法宜符合现行行业标准《起重机械吊具与索具安全规程》LD48 的要求。用其他方法插接的应保证其插接连接强度不小于该绳最小破断拉力的 75%。

当采用绳夹固接时，钢丝绳索绳夹最少数量应满足表 2-14 的要求。

钢丝绳吊索绳夹最少数量　　　　　　　　　　　　　　　表 2-14

绳夹规格（钢丝绳公称直径）d_t（mm）	钢丝绳夹的最少数量（组）
≤18	3
18～26	4
26～36	5
36～44	6
44～60	7

（4）钢丝绳夹板应在钢丝绳受力绳一边，绳夹间距 A（图 2-67）不应小于钢丝绳直径的 6 倍。

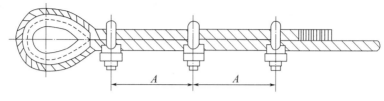

图 2-67　钢丝绳夹压板布置图

（5）吊索必须由整根钢丝绳制成，中间不得有接头。环形吊索应只允许有一处接头。

（6）当采用两点或多点起吊时，吊索数宜与吊点数相符，且各根吊索的材质、结构尺寸、索眼端部固定连接、端部配件等性能应相同。

（7）钢丝绳严禁采用打结方式系结吊物。

（8）当吊索弯折曲率半径小于钢丝绳公称直径的 2 倍时，应采用卸扣将吊索与吊点拴接。

（9）卸扣应无明显变形、可见裂纹和弧焊痕迹。销轴螺纹应无损伤现象。

3. 吊钩与滑轮

（1）吊钩应符合现行行业标准《起重机械吊具与索具安全规程》LD48 中的相关规定。

（2）吊钩严禁补焊，有下列情况之一的应予以报废：

1）表面有裂纹；

2）挂绳处截面磨损量超过原高度的 10%；

3）钩尾和螺纹部分等危险截面及钩筋有永久性变形；

4）开口度比原尺寸增加 15%；

5）钩身的扭转角超过 10%；

（3）滑轮的最小绕卷直径应符合现行国家标准《塔式起重机设计规范》GB/T13752 的相关规定。

（4）滑轮有下列情况之一的应予以报废：

1）裂纹或轮缘破损；

2）轮槽不均匀磨损达 3m；

3）滑轮绳槽壁厚磨损量达原壁厚的 20%；

4）铸造滑轮槽底磨损达钢丝绳原直径的 30%；焊接滑轮槽底磨损达钢丝绳原直径的 15%。

5）滑轮、卷筒均应设有钢丝绳防脱装置；吊钩应设有钢丝绳防脱钩装置。

四、施工升降机

（一）施工升降机机械安全距离、基础和附着要求

1. 安全距离

施工升降机最外侧边缘与外面架空输电线路的边线之间，应保持安全操作距离。最小

安全操作距离见下表：

施工升降机最小安全操作距离 表 2-15

外电线电路电压(kV)	<1	1～10	35～110	220	330～500
最小安全距离(m)	4	6	8	10	15

2. 基础要求

（1）基座或基座预埋件必须用水平仪调平其四个基准点，水平高差控制在 L×1/1000 以内。

（2）基座周边要有良好的排水措施，基座混凝土浇捣一个星期以后方可进行升降机安装。

（3）要求机座用δ40 镀锌扁铁接建筑物防雷接点。

3. 附着要求

（1）使用方责任人负责完成升降机与支撑结构附着的准备工作。应确定建筑物和/或脚手架（用脚手架作为附着的支撑结构时）受附墙架施加载荷的能力。每个预定的附着位置应有空间和安全通道。

（2）应始终通过供方责任人获取制造商有关升降机附着的指导。在确定所用附墙架类型时应考虑下列因素：

① 升降机制造商给出的附墙架之间垂直距离的要求；

② 升降机制造商给出的附墙架水平伸缩的要求；

③ 升降机与建筑物或脚手架上的附着固定点之间的距离；

④ 底部条件；

⑤ 自由端的长度；

⑥ 工作状态载荷；

⑦ 非工作状态的风载荷。

这些因素对附着固定载荷和施加在附墙架组件上载荷的大小都有影响。附着载荷的大小决定所需的升降机附墙架类型。非工作状态的风载荷尤其重要。

（3）当升降机附墙架是由标准的脚手架组件装配而成时，应予以注意，作用在其上的载荷应仔细计算以避免单一构件失效。附墙架可能需要专门设计。

（4）未经供方责任人书面许可，不应移除或更改附墙架。如果获得许可并移除了附墙架，在拆除升降机时，可能需要采取其他措施，如使用临时性的附墙架或起重机。这一点在升降机设置方案阶段就应予以考虑。

（二）施工升降机安全装置使用规范

1. 施工升降机的安全装置

施工升降机的安全装置包括缓冲器、限位开关、极限开关、防坠安全器、施工电梯超载保护器及安全钩等。

（1）缓冲器：放置在施工升降机底架上，当发生"溜车"时，用以保证吊笼触地时柔性接触。

（2）限位开关：行程开关又称限位开关，用于控制机械设备的行程及限位保护，是根

图 2-68 施工升降机安全装置示意图

据运动部件的行程位置而切换电路的电器。

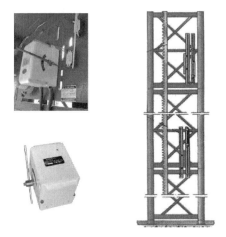

图 2-69 极限开关示意图

（3）极限开关：连杆上下拨动均可切断电源，上下限位失效后，一端作用在标准节上的限位碰铁，切断电源。这是一种急停开关，不能自动复位。

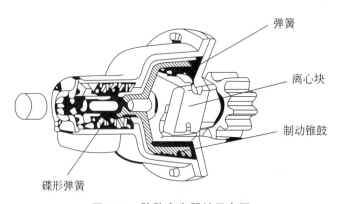

图 2-70 防坠安全器关示意图

（4）防坠安全器：防坠安全器是施工升降机最重要的安全装置，安装在吊笼内部。其作用是限制吊笼超速运行，当吊笼因故障引起超速下滑时，防坠器开始工作，并使力矩增加，在一定的距离内将吊笼平稳制动，防止吊笼坠落，保证人员设备安全。

2. 施工升降机安全装置的检查要求

（1）防坠落安全器：安装完毕使用前进行坠落试验，每三个月进行一次坠落试验，使用满年，必须进行检测，满五年换新。

（2）施工升降机在每班首次载重运行时，当梯笼升离地面 1～2m 时，应停机试验制动器的可靠性；当发现制动效果不良时，应调整或修复后方可运行。

（3）检查频次：各类安全装置每半个月检查一次防坠器每三个月检查一次。

（三）施工升降机齿轮啮合保证措施

1. 传动齿轮、防坠安全器的齿轮与齿条啮合时接触长度沿齿高不得小于 40%，沿齿长不得小于 50%。

2. 相邻两齿条的对接处沿齿高方向的阶差不得大于 0.3mm，沿长度的齿差不得大于 0.6mm。

3. 齿条应有 90% 以上的计算宽度参与啮合，且与齿轮的啮合侧隙应为 0.2～0.5mm。

（四）施工升降机电梯出入平台

1. 施工升降机电梯楼层出入平台

施工升降机电梯楼层出入平台适用于需搭设施工电梯出入口架体的项目（普通房建项目、外墙需抹灰）。外架、悬挑外架和施工电梯出入口架体应符合《建筑施工扣件式钢管脚手架安全技术规范》JGJ130 的规范要求。

（1）外架方案外架方案编制时，应对施工电梯的选型和定位、外架架体位置进行精准定位，并应明确每道电梯附墙架的高度与位置。对于整体式附墙框，若后期不便于安装，应在搭设架体时按说明书规定的间距（约为 9m）套入架体里。

（2）施工电梯出入口架体与外架同步搭设，电梯直接运行至施工层。搭设过程中，应严格控制架体的垂直度与施工电梯门部位架体尺寸。施工电梯出入口架体与两侧脚手架内外排，需处于同一立面。

（3）架体拉结点应独立设置，此架体两端须设置"之"字型横向斜撑。

（4）平台铺设木枋作为背楞，间距不得大于 300mm，铺钉模板形成平台，高电梯笼外边缘距离 50mm。

（5）施工电梯出入口架体内侧宜设置度不低于 1.8m 硬质防护。

2. 定型化施工电梯出入口平台

（1）采用附着升降式脚手架施工的项目使用定型化平台，平台由：平台板、平台主框架、斜坡道、电梯防护门、电梯门附属设施、两侧防护设施等拼装组成。平台主框架采用不小于 14 号工字钢，次梁采用不小于 10mm×10mm 的方钢或 12 号工字钢：下部支撑的高度应根据附墙安装空间确定，不宜高于 300mm；钢板采用不小于 3mm 厚；两防护门之间的空档应采用硬质防护。

（2）无附墙杆的楼层，可在混凝土结构直接安装电梯防护门及附属设施，电梯门贴近地面，去除底部方钢便于作业人员通行。

五、物料提升机

(一) 物料提升机基础和附着要求

1. 基础要求

(1) 物料提升机的基础应能承受最不利工作条件下的全部荷载。30m 及以上物料提升机的基础应进行设计计算。

(2) 对 30m 以下物料提升机的基础，当设计无要求时，应符合下列规定：

1) 基础土层的承载力，不应小于 80kPa；

2) 基础混凝土强度等级不应低于 C20，厚度不应小 300mm；

3) 基础表面应平整，水平度不应大于 10mm；

4) 基础周边应有排水设施。

2. 附着要求

(1) 当导轨架的安装高度超过设计的最大独立高度时，必须安装附墙架。

(2) 宜采用制造商提供的标准附墙架，当标准附墙架结构尺寸不能满足要求时，可经设计计算采用非标附墙架，并应符合下列规定：

1) 附墙架的材质应与导轨架相一致；

2) 附墙架与导轨架及建筑结构采用刚性连接，不得与脚手架连接；

3) 附墙架间距、自由端高度不应大于使用说明书规定值。

(二) 物料提升机安全装置使用规范

1. 物料提升机的安全装置

物料提升机的安全装置主要包括：安全停靠装置、断绳保护装置、吊篮安全门、楼层口停靠栏杆、上料口防护棚、超高限位装置、超载限制器等。

(1) 安全停靠装置：吊篮到位停靠后，该装置能可靠地承担吊篮自重、额定荷载及运料人员和装卸工作荷载，此时起升钢丝绳不受力。当工人进入吊篮内作业时，吊篮不会因卷扬机抱闸失灵或钢丝绳突然断裂而坠落，以保人员安全。

(2) 限速及断绳保护装置：当吊篮失控超速或钢丝绳突然断开时，此装置即弹出，两端将吊篮卡在架体上，使吊篮不坠落。

(3) 吊篮安全门：宜采用联锁开启装置，即当吊篮停车时安全门自动开启，吊篮升降时安全门自行关闭，防止物料从吊篮中滚落或楼面人员失足落入井架。

(4) 楼层口停靠栏杆：升降机与各层进料口的结合处搭设了运料通道时，通道处应设防护栏杆，宜采用联锁装置。

(5) 上料口防护棚：升降机地面进料口上方应搭设防护棚。宽度大于升降机最大宽度，长度应大于 3 (低架)～5 (高架) m，棚顶可采用 50mm 厚木板或两层竹笆 (上下竹笆间距不小于 600mm)。

(6) 超高限位装置：防止吊篮上升失控与天梁碰撞的装置。

(7) 下极限限位装置：主要用于高架升降机，为防止吊篮下行时不停机，压迫缓冲装置造成事故。

（8）超载限位器：为防止装料过多而设置。当荷载达到额定荷载的90%时，发出报警信号，荷载超过额定荷载时，切断电源。

（9）通信装置：升降时传递联络信号。必须是一个闭路的双向电气通信系统。

（10）井架操作室：应防雨、防晒、视线好、拆装方便，可采用聚苯乙烯夹芯彩钢板组装制作。

2. 物料提升机的安全装置要求

（1）安全停层装置要求

安全停层装置应为刚性机构，吊笼停层时，安全停层装置应能可靠承担吊笼自重、额定荷载及运料人员等全部工作荷载。吊笼停层后底板与停层平台的垂直偏差不应大于50mm。

（2）停层的规定

1）停层平台的搭设应符合现行行业标准《建筑施工扣件式钢管脚手架安全技术规范》JGJ130 及其他相关标准的规定，并应能承受 $3kN/m^2$ 的荷载。

2）停层平台外边缘与吊笼门外缘的水平距离不宜大于100mm，与外脚手架外侧立杆（当无外脚手架时与建筑结构外墙）的水平距离不宜小于1m；

3）停层平台两侧的防护栏杆、挡脚板应符合如下规定：

兼做天梁的自升平台在物料提升机正常工作状态时，应与导轨架刚性连接；

自升平台的导向滚轮应有足够的刚度，并应有防止脱轨的防护装置；

自升平台的传动系统应具有自锁功能，并应有刚性的停靠装置；

平台四周应设置防护栏杆，上栏杆高度宜为 1.0m～1.2m，下栏杆高度宜为 0.5m～0.6m，在栏杆任一点作用 1kN 的水平力时，不应产生永久变形；挡脚板高度不应小于 180mm，且宜采用厚度不小于 1.5mm 的冷轧钢板；

自升平台应安装渐进式防坠安全器。

（三）钢丝绳的规格和使用规范

1. 钢丝绳的选用应符合现行国家标准《钢丝绳》GB/T8918 的规定。钢丝绳的维护、检验和报废应符合现行国家标准《起重机用钢丝绳检验和报废实用规范）GB/T5972 的规定。

2. 自升平台钢丝绳直径不应小于8mm，安全系数不应小于12。

3. 提升吊笼钢丝绳直径不应小于12mm，安全系数不应小于8。

4. 安装吊杆钢丝绳直径不应小于6mm，安全系数不应小于8。

5. 缆风绳直径不应小于8mm，安全系数不应小于3.5。

6. 当钢丝绳端部固定采用绳夹时，绳夹规格应与绳径匹配，数量不应少于 3 个，间距不应小于绳径的 6 倍，绳夹夹座应安放在长绳一侧，不得正反交错设置。

（四）附墙架、缆风绳、地锚的使用规范

1. 附墙架

（1）当导轨架的安装高度超过设计的最大独立高度时，必须安装附墙架。

（2）宜采用制造商提供的标准附墙架，当标准附墙架结构尺寸不能满足要求时，可经

设计计算采用非标附墙架，并应符合下列规定：

1）附墙架的材质应与导轨架相一致；

2）附墙架与导轨架及建筑结构采用刚性连接，不得与脚手架连接；

3）附墙架间距、自由端高度不应大于使用说明书规定值。

2. 缆风绳

（1）当物料提升机安装条件受到限制不能使用附墙架时，可采用缆风绳，缆风绳的设置应符合说明书的要求，并应符合下列规定：

1）每一组四根缆风绳与导轨架的连接点应在同一水平高度，且应对称设置；缆风绳与导轨架的连接处应采取防止钢丝绳受剪破坏的措施；

2）缆风绳宜设在导轨架的顶部；当中间设置缆风绳时，应采取增加导轨架刚度的措施；

3）缆风绳与水平面夹角宜在 45°～60°之间，并应采用与缆风绳等强度的花篮螺栓与地锚连接。

（2）当物料提升机安装高度大于或等于 30m，不得使用缆风绳。

3. 地锚

（1）地锚应根据导轨架的安装高度及土质情况，经设计计算确定。

（2）30m 以下物料提升机可采用桩式地锚。当采用钢管（48mm×3.5mm）或角钢（75mm×6mm）时，不应少于 2 根；应并排设置，间距不应小于 0.5m，打入深度不应小于 1.7m；顶部应设有防止缆风绳滑脱的装置。

第四节　模板支撑体系

一、模板支撑体系及其材料构配件

（一）模板支撑体系概述

模板工程是指新浇筑混凝土成型的模板以及支撑模板的一整套构造体系。其中，接触混凝土并控制预定尺寸、形状、位置的构造部分称为模板，支持和固定模板的杆件、桁架、连接件、金属附件、工作便桥等构成支撑体系，对于滑动模板、自升模板则增设了提升动力装置、提升架及操作平台等系统。

一直以来，传统的模板支架普遍使用木支撑，直到 20 世纪初，英国人首先应用了钢管支架，并逐步完善发展为扣件式钢管支架，这才使模板支撑系统第一次走出了使用木支撑的历史。由于这种支架具有加工简便、拆装灵活、搬运方便通用性强等特点，很快推广应用到世界各地，目前，这种钢管支架依然是应用最为普遍的模板支架之一。

20 世纪 30 年代，瑞士人发明了一种单管式可调钢支柱，即利用螺管装置调节钢支柱的高度。由于这种支柱结构简单、装拆灵活，出现伊始，便受到大家的青睐。20 世纪 80 年代末，为增加钢支柱的使用功能，不少国家在钢支柱的转盘和顶部附件上作了改进，使钢支柱的使用功能大大增加，有的还在底部附设了可折叠的三脚架，使这种单管支柱可以独立安装。

20 世纪 50 年代，美国人研制成功了一种门型支架，由于它装拆简单、承载性能好、安全可靠，很快被欧洲、日本等国家先后引进，并进行了系列改进，形成了日前的门型体系，这种模板支架体系于 20 世纪 80 年代初期引入我国。

20 世纪 60 年代，承插型钢管支架得以开发，这种支架与扣件式钢管支架基本相似，通过在立杆上焊接多个插座替代了扣件。目前，这种架体型式中的碗扣式模板支架和盘扣式模板支架已在我国得到普遍应用。

近些年来，各种新型模板支撑技术正朝着多样化、标准化、系列化的方向发展，盘销式模板支架、楔槽式模板支架等技术日臻成熟，更在大量的建筑施工现场得以成功应用模板支撑系统。同时，模板支撑系统也是事故多发的一个分项工程，在建筑施工安全事故中一直占有较高的比重，特别是梁板混凝土在浇筑过程中一旦坍塌，往往会造成群死群伤事故，不仅给人民的生命财产带来严重损失，也严重危及了企业的生存和发展。据住房和城乡建设部统计，2013 年全国房屋建筑和市政工程建设中共发生较大生产安全事故 25 起，死亡 102 人，其中模板支架坍塌事故 13 起，死亡 54 人，分别占 52.0% 和 52.9%。近年来，虽然国务院安委会、住房和城乡建设部持续开展了以预防建筑施工高大模板支撑体系坍塌为重点的专项整治活动，但依然没有从根本上遏制此类事故的发生。因此，进一步规范和加强对模板工程的安全管理仍然是当前建筑施工安全生产工作的重要课题。

（二）模板支撑体系的材料与构配件

1. 钢材

（1）组合钢模板

1）组合钢模板的各类材料，其材质应符合现行国家标准《碳素结构钢》GB/T700、《低合金高强度结构钢》GB/T1591 的规定。

2）组合钢模板的钢材品种和规格均应符合现行国家标准《组合钢模板技术规范》GB/T50214 的规定；制作前，其出厂材质应按照现行国家标准的有关要求进行复检，并应填写检验记录。

3）现场不得使用改制再生钢材加工的钢模板。

4）连接件应采用镀锌表面处理，镀锌厚度不应小于 0.05mm，不得有漏镀缺陷。

5）组合钢模板及其配件的制作质量、规格尺寸和检验标准应符合现行国家标准《组合钢模板技术规范》GB/T50214 的规定。

（2）全钢大模板

1）全钢大模板的面板应选用厚度不小于 5mm 的钢板制作，材质不应低于 Q235A 钢的性能要求，模板的肋和背楞应采用型钢、冷弯薄壁型钢等制作，材质应与面板的材质同一型号，以保证其焊接性能和结构性能。

2）全钢大模板的钢吊环分为焊接式和装配式两种形式。焊接式钢吊环应采用 Q235A 的钢材，并应具有足够的安全储备，严禁使用冷加工钢筋制作。焊接式钢吊环加工制作时，应合理选用焊条型号，焊缝长度和焊缝高度应符合设计要求，并采用满焊。装配式吊环与全钢大模板之间采用螺栓连接时必须采用双螺母。

3）全钢大模板的对拉螺栓应有足够的承担施工荷载的强度，应采用不低于 Q235A 的钢材加工制作。

4）整体式电梯井筒模应支拆方便、定位准确，并应设置专用的操作平台，以保证施工安全。

5）全钢大模板其他部件的加工制作、允许偏差及检验方法等，应符合现行行业标准《建筑工程大模板技术规程》JGJ74 的有关规定。

（3）支架用钢材

目前，以钢材作为主要材质的模板支架主要有扣件式钢管模板支架、门式钢管模板支架、碗扣式钢管模板支架、盘扣式钢管模板支架，以及桁架式模板支架、悬挑式模板支架、跨空式模板支架等。

1）扣件式钢管模板支架

钢管的规格为 $\Phi48.3m \times 3.6mm$，其材质应符合现行国家标准《碳素结构钢》GB/T700 中 Q235A 级钢的规定，并应按照现行国家标准《直缝电焊钢管》GB713793、《低压流体输送用焊接钢管》GB/T3091 和现行行业标准《建筑施工扣件式钢管脚手架安全技术规范》JGJ130 的规定对其进行检查并验收。

连墙件应采用钢管或型钢加工制作，采用型钢加工制作时，其材质应符合现行国家标准《碳素结构钢》GB/T700 中 Q235B 级钢或《低合金高强度结构钢》GB/T151 中 Q235 级钢的规定。

扣件应采用可锻铸铁或铸钢加工制作，其质量和性能应符合现行国家标准《钢管脚手架扣件 GB15831 的规定。采用其他材料制作的扣件，应经试验证明其质量符合该标准的规定后方可使用。

2）门式钢管模板支架

门架，加固杆与配件的钢管应采用现行国家标准《直缝电焊钢管》GB/T13793 或《低压流体输送用焊接钢管》GB/T3091 中规定的普通钢管，其材质应符合现行国家标准《碳素结构钢》GB/T700 中 Q235 级钢的规定，加固杆宜采用中 $\Phi48.3mm \times 3mm$ 的钢管。

门式模板支架用钢管的平直度允许偏差不应大于管长的 1/500，钢管不得接长使用，不应使用带有硬伤或严重锈蚀的钢管。门式模板支架立杆、横杆钢管壁厚的负偏差不应超过 0.2mm，钢管壁厚存在负偏差时，应选用热键锌钢管。

扣件应采用可锻铸铁或铸钢加工制作，其质量和性能应符合现行国家标准《钢管脚手架扣件》GB15831 的规定。采用其他材料制作的扣件，应经试验证明其质量符合该标准的规定后方可使用。

连墙件应采用钢管或型钢加工制作，采用型钢加工制作时，其材质应符合现行国家标准《碳素结构钢》GB/T700 中 Q235B 级钢或《低合金高强度结构钢》GB/T151 中 Q235 级钢的规定。

门架与配件的质量类别判定、标志抽样检查等，应符合现行行业标准《建筑施工门式钢管脚手架安全技术规范》JGJ128 的规定。

3）碗扣式钢管模板支架

碗扣式模板支架用钢管的材质和性能应符合现行国家标准《直缝电焊钢管》BT13793、《低压流体输送用焊接钢管》GBT3091 中 Q235A 级普通钢管的要求并应符合现行国家标准《碳素结构钢》GB/T700 的规定。

上碗扣、可调底座及可调托撑的螺母应采用可锻铸铁或铸钢加工制作，其材质程性能应符合现行国家标准《可锻铸铁件》GB/T9440中KTH330-08及《一般工程用解造碳钢件》GB/T11352中ZG270-500的规定。

下碗扣、横杆接头，斜杆接头应采用碳素铸钢加工制作，其材质和性能应符合现行国家标准《一般工程用铸造碳钢件》GB/T11352中ZG230-450的规定。

采用钢板热冲压整体成型的下碗扣，其钢板的材质和性能应符合现行国家标准《碳素结构钢》GB/T700中Q235A级钢的要求，板材厚度不得小于6mm，并应经600～650℃的时效处理。严禁利用废旧锈蚀钢板改制。

碗扣式钢管支架主要构配件的种类、规格，以及质量标准，制作要求，检查验收标准等，应当符合现行行业标准《建筑施工碗扣式钢管脚手架安全技术规范》G1166的规定。

4）承插型盘扣式钢管支架

承插型盘扣式钢管支架有多种称谓，如圆盘式钢管支架、菊花盘式钢管支架、插盘式钢管支架、轮盘式钢管支架以及扣盘式钢管支架等。

承插型盘扣式钢管支架的构配件除有特殊要求外，其材质和性能应符合现行国家标准《低合金高强度结构钢》GB/T1591、《碳素结构钢》GB/T700和《一般工程用铸造碳钢件》GB/T11352的规定。

连接盘、扣接头、插销以及可调螺母的调节手柄采用碳素铸钢制造时，其材质和性能不得低于现行国家标准《一般工程用铸造碳钢件》GBT11352中ZG230450的屈服强度、抗拉强度和延伸率的要求。

钢管的外径允许偏差、钢管的壁厚允许偏差，以及其他主要构配件的材质等，均应符合现行行业标准《建筑施工承插型盘扣式钢管支架安全技术规程》JGJ231的相关规定。

5）其他形式的模板支架

作为承重结构，桁架式模板支架所采用的钢材应具有一定的抗拉强度、伸长率、屈服强度和硫、磷含量的合格保证，应优先采用Q235钢和Q345钢，同时，对焊接结构尚应具有碳含量的合格保证。

对桁架式模板支架、悬挑式模板支架、跨空式模板支架所采用的钢材还应具有冷弯试验的合格保证。

（4）其他通用构配件、连接件及连接材料

1）底座、可调托撑及其可调螺母等，均应采用可锻铸铁或铸钢加工制作，其材质和性能应符合现行国家标准《可锻铸铁件》GBT940和《一般工程用铸造碳钢件》GBT11352的相关规定。

可调托撑的螺杆外径不得小于36mm，其直径与螺距应符合现行国家标准（梯形螺纹《第2部分：直径与螺距系列》GB/T5796.2和《梯形螺纹第3部分：基本尺寸》GB/T5796.3的规定。

可调托撑的螺杆与支托间的焊接应牢固，焊缝高度不得小于6mm；可调托撑的螺杆与螺母旋合长度不得少于5扣，螺母厚度不得小于30mm。

可调托撑的受压承载力设计值不应小于40kN，支托的板厚不应小于5mm。

2）连接用的普通螺栓，其材质，性能及加工制作等，均应符合现行国家标准《六角头螺栓C级》GB/T5780和《六角头螺栓》GB/T5782的规定。

3）普通螺栓的机械性能应符合现行国家标准《紧固件机械性能螺栓、螺钉和螺柱》GB/T3098.1 的规定。

4）连接薄钢板或其他金属板所采用的自攻螺钉应符合现行国家标准《自钻目攻螺钉》GBT15856.1-4、《紧固件机械性能自钻自攻螺钉》GB/T3098.11 或《自攻螺钉》GB5282—5285 的规定。

5）焊接材料的选用应符合下列规定：

手工焊接用的焊条，应符合现行国家标准《非合金钢及细晶粒钢焊条》GB/T5117 或《热强钢焊条》GB/T5118 的规定。

选择的焊条型号应与主体结构的金属力学性能相适应。

当 Q235 钢和 Q345 钢相互焊接时，应采用与 Q235 钢相适应的焊条。

2. 木材

（1）树种的选择

1）模板结构或构件的树种应根据各地的实际情况选择质量好的材料，不得使用有腐朽、霉变、虫蛀、折裂、枯节的木材。

2）对树种的选用应符合现行行业标准《建筑施工模板安全技术规范》JGJ162 的要求，主要承重构件应选用针叶材；重要的木制连接件应采用细密、直纹、无节疤和其他缺陷的耐腐蚀的硬质阔叶材。

3）当采用不常用树种木材作模板体系的主楞、次楞（小梁）、支架立杆等承重结构或构件时，应按现行国家标准《木结构设计规范》GB5005 的要求进行设计。对速生林材还应进行防腐、防虫处理。

（2）材质等级及标准的选择

1）模板结构设计应根据受力种类和用途，按照现行行业标准《建筑施工模板安全技术规范》JGJ162 的规定选用木材材质等级。

2）木材材质标准应符合现行国家标准《木结构设计规范》GB50005 的规定。

3）用于模板体系的原木、方木和板材可采用目测法进行分级。选材应符合现行国家标准《木结构设计规范》GB50005 的规定，不得利用商品材的等级标准替代。

（3）对进口木材的规定

模板工程中所使用的进口木材应符合下列规定：

1）应选择天然缺陷和干燥缺陷少、耐腐蚀性较好的树种木材。

2）每根木材上应有经过认可的认证标识，认证等级应附有说明，并应符合商检规定；进口的热带木材，还应附有无活虫虫孔的证书。

3）进口木材应有中文标识，并应按国别、等级、规格分批堆放，不得混淆；储存期间应防止木材霉变、腐朽和虫蛀。

4）对首次采用的树种，必须先进行试验，达到设计要求后方可使用。

（4）对木材含水率的规定

施工现场制作的木构件，其木材含水率应符合下列规定：

1）制作的原木、方木结构，不应大于 25%。

2）板材和规格材，不应大于 20%。

3）受拉构件的连接板，不应大于 18%。

4）连接件，不应大于 15%。

3. 铝合金型材

（1）材质要求

当建筑模板结构或构件采用铝合金型材时，应采用纯铝加入锰、镁等合金元素构成的铝合金型材，并应符合相关规定。

（2）材质和性能要求相关标准

铝合金型材的化学成分、尺寸偏差、力学性能、外观质量等应符合现行国家标准《铝合金建筑型材第 1 部分：基材》GB5237.1 和现行行业标准《建筑施工模板安全技术规范》JGJ162 的有关规定。

4. 竹、木胶合模板板材

（1）外观质量要求

1）进场的胶合模板除应具有出厂质量合格证外，还应保证其外观及尺寸合格。

2）胶合模板板材的表面应平整光滑，具有防水、耐磨、耐酸碱的保护膜，并应有保温性能好、易脱模和可两面使用等特点。

3）板材厚度不应小于 12mm，并应符合现行国家标准《混凝土模板用胶合板》GB/T17656 的规定。

（2）含水率要求

胶合模板各层板的原材含水率不应大于 15%，且同一胶合模板各层原材间的含水率差别不应大于 5%。

（3）黏合剂要求

胶合模板应采用耐水胶，其胶合强度不应低于木材或竹材顺纹抗剪和横纹抗拉的强度，并应符合环境保护的要求。

（4）技术性能

① 竹胶合模板的静曲强度、弹性模量、冲击强度、胶合强度和握钉力应符合现行国家标准《胶合板》GB/T9846.1～8 和现行行业标准《建筑施工模板安全技术规范》JGJ162 的相关要求。

② 常用木胶合模板的厚度一般为 12mm、15mm、18mm，其在不浸泡、不蒸煮，室温水浸泡，沸水煮 24h 时的剪切强度，以及其含水率、密度和弹性模量等技术性能应符合现行国家标准《胶合板》GB/T9846.1～8 和现行行业标准《建筑施工模板安全技术规范》JGJ162 的有关要求。

③ 常用复合纤维模板的厚度一般为 12mm、15mm、18mm，其静曲强度、垂直表面抗拉强度、72h 吸水率、72h 吸水膨胀率、耐酸碱腐蚀性、耐水汽性能和弹性模量等技术性能应符合现行国家标准《胶合板》GB/T9846.1～8 和现行行业标准《建筑施工模板安全技术规范》JGJ162 的有关要求。

二、模板支撑体系的搭设和使用及专项施工方案

（一）搭设和使用

随着高层、超高层建筑的发展，现浇结构数量越来越大，相应模板工程发生的事故也

在增加，主要原因多发生在模板的支撑和立柱的强度及稳定性不够。模板工程的安全管理及安全有关技术方法，应遵守《建筑施工模板安全技术规范》JGJ162—2008的要求。

1. 搭设

（1）搭设模板时人员必须站在操作平台或脚手架上作业，禁止站在模板、支撑、脚手杆、钢筋骨架上作业和在梁底模上行走。

（2）搭设模板必须按照施工设计要求进行，模板设计时应考虑安装、拆除、安放钢筋及浇捣混凝土的作业方便与安全。

（3）整体式钢筋混凝土梁，当跨度大于等于4m时，安装模板应起拱，当无设计要求时，可按照跨度的3/1000～1/1000起拱。

（4）单片柱模吊装时，应采用卡环和柱模连接，严禁用钢筋钩代替，防止脱钩。待模板立稳并支撑后，方可摘钩。

（5）搭设墙模扳时，应从内、外角开始，向相互垂直的两个方向拼装，同一道墙（梁）的两侧模板采用分层支模时，必须待下层模板采取可靠措施固定后，方可进行上一层模板安装。

（6）大模板组装或拆除时，指挥及操作人员必须站在可靠作业处，任何人不得随大模板起吊，安装外模板时作业人员应挂牢安全带。

（7）混凝土施工时，应按施工荷载规定，严格控制模板上的堆料及设备，当采用人工小推车运输时，不准直接在模板或钢筋上行驶，要用脚手架钢管等材料搭设小车运输道将荷载传递给建筑结构。

（8）当采用钢管，扣件等材料搭设模板支架时，实际上相当于搭设一钢管扣件脚手架，应由经培训的架子工指导搭设，并应满足钢管扣件脚手架规范的相关规定。

2. 使用

（1）在模板上运输混凝土，必须铺设垫板，设置运输专用通道。走道垫板应牢固稳定。

（2）走道悬空部分必须在两侧设置1.2m高防护栏及30m高挡脚板。

（3）浇筑混凝土的运输通道及走道垫板，必须按施工组织设计的构造要求搭设。

（4）作业面孔洞防护，在墙体、平板上有预留洞时，应在模板拆除后，随时在洞口上做好安全防护栏，或将洞口盖严。

（5）临边防护，模板施工应有安全可靠的工作面和防护栏杆。圈梁，过梁施工应设马凳或简易脚手架；垂直交叉作业上下应有安全可靠的隔离措施。

（6）在钢模板上架设的电线和使用的电动工具，应采用36V的低压电源或采取其他的有效安全措施。

（7）登高作业时，连接件必须放在箱内或工具袋中，严禁放在模板或脚手板上，扳和各类工具必须系持在身上或置放于工具袋内以防掉落。

（8）钢模板用于高层建筑施工时，应有防雷措施。

（二）专项施工方案

施工组织设计中应当包含有模板工程的相关要求，制订相应的安全技术措施，对危险性较大的模板工程应当编制独立的专项施工方案，同时，对超过一定规模的还应对方案进行专家论证。

按照《建设工程高大模板支撑系统施工安全监督管理导则》建质〔2009〕254 号的规定，建设工程施工现场混凝土构件模板支撑高度超过 8m，或搭设跨度超过 18m，或施工总荷载大于 15kN/m²，或集中线荷载大于 20kN/m 的模板支撑系统为高大模板支撑系统，其专项施工方案应进行专家论证。

专项施工方案应根据施工组织设计、勘察设计文件和工程建设标准，并结合模板工程的形式、施工特点及使用情况进行编制。专项施工方案应包括以下主要内容：

1. 工程概况

包括模板工程特点、施工平面及立面布置、施工要求和技术保证条件，明确支模区域、支模标高、支模高度和支模范围内的梁截面尺寸、跨度、板厚、支撑地基情况，以及模板支架的周边情况等。

2. 编制依据

列举专项施工方案编制所依据的规范性文件、安全技术标准的名称、编号等。采用电算软件的，还应说明所使用的软件名称、版本。

3. 施工计划

包括开工日期、施工进度计划、材料与设备计划等。

4. 施工工艺技术

包括模板支撑系统的基础处理、主要搭设方法、工艺要求、材料的力学性能指标、构造设置以及检查与验收要求等。

5. 施工安全保证措施

包括模板支撑体系搭设及混凝土浇筑区域管理人员组织机构、施工技术措施、模板安装和拆除的安全技术措施、施工应急救援预案，模板支撑系统在搭设、钢筋安装、混凝土浇捣过程中及混凝土终凝前后模板支撑体系位移的监测监控措施等。

6. 劳动力计划

（1）明确对专职安全生产管理人员，特种作业人员，如高大模板支撑体系搭设、材料吊运、司索、信号指挥等人员的配置要求和数量；

（2）明确模板工程施工作业时，对诸如材料搬运、加工制作、安装等辅助作业人员的配置要求和数量。

7. 计算书

验算项目及计算主要包括：

（1）模板、模板支撑系统的主要结构强度和截面特征及各项荷载设计值和荷载组合；

（2）梁、板模板支撑系统的强度和刚度计算；

（3）梁板下立杆稳定性计算；

（4）立杆基础承载力验算，支撑系统支撑层承载力验算，转换层下支撑层承载力验算等。每项验算均应列出计算简图和截面构造大样图，并注明材料的尺寸、规格，以及纵横支撑间距等。

8. 相关图纸

（1）支模区域结构平面图、剖面图；

（2）立杆、纵横向水平杆平面布置图；

（3）支撑系统立面图、剖面图；

（4）水平剪刀撑布置平面图及竖向剪刀撑布置投影图；

（5）梁板支模大样图、特殊部位节点图；

（6）支撑体系监测平面布置图、连墙件布设位置及节点大样图等。

所有图纸均应标明建筑物的轴线、位置、标高和尺寸等。

（三）安全技术交底

模板工程施工前，总承包单位的项目技术人员应当向作业班组的每位作业人员进行安全技术交底。

模板工程安全技术交底应由总承包单位的项目技术人员编制，由项目技术负责人审核批准，作业班组的每位作业人员均应在书面的安全技术交底上签字确认。搭设、使用及拆除模板支架时，现场专职安全管理人员应当依据交底的要求进行监督，及时发现隐患及时督促整改。

以扣件式钢管满堂模板支架的搭设为例，模板工程安全技术交底应当包含以下主要内容：

1. 模板工程概况

包括模板工程特点、施工平面及立面布置、施工要求和技术保证条件，明确支模区域、支模标高、支模高度、支模范围内的梁截面尺寸、跨度、板厚、支撑地基情况，以及模板支架的周边情况等。

2. 对人员资格的要求

对施工作业人员的资格提出具体要求，如要求模板支架搭设人员必须为健康查体合格，并经过了专业技能培训的架子工等。

3. 构造要求

（1）明确支架的设计尺寸，如支架步距、立杆间距、最终搭设高度及支架的高宽比等；

（2）依据节点详图、大样图，对底座、垫板、可调托撑的设置，可调底座、可调托撑的螺杆伸出长度和插入立杆长度，以及立杆、水平杆、扫地杆的搭设位置和连接方式等提出具体要求；

（3）依据水平剪刀撑布置平面图及竖向剪刀撑布置投影图，对架体外侧四周及内部纵、横向竖向剪刀撑，水平剪刀撑，之字斜撑的搭设位置和连接方式提出具体要求；

（4）依据平面图、立面图及与建筑结构连接位置的节点详图、大样图，对在支架四周和中部与建筑结构刚性连接的连墙件设置位置、数量、方式及竖向、水平间距等搭设参数提出具体要求；

（5）依据立面图及节点详图，对临时防倾覆装置的设置位置和方式提出具体要求；

（6）依据平面图、立面图及节点详图，对登高设施的设置位置、构造及安全防护设施的设置位置、方式等提出具体要求。

4. 支架搭设

（1）施工准备

1）对作业人员必需的劳动防护用品及器具的配备、使用提出具体要求；

2）对构成模板支架的各种材料，如钢管、扣件、可调托撑、底座和垫板等材料的检查验收提出具体要求；

3）对搭设模板支架所需材料的运输及堆场提出具体要求；

4）对搭设场地的清理、平整及排水等提出具体要求。

（2）地基与基础

1）对支架搭设场地的地基与基础施工提出具体要求；

2）对立杆底部底座或垫板的标高提出具体要求；

3）对支架搭设前的放线定位提出具体要求。

（3）搭设顺序及要求

1）配合工程进度计划，对支架的搭设进度安排提出具体要求；

2）明确支架的一次搭设高度及与临时防倾覆装置间的位置关系，并提出具体要求；

3）对在每步支架搭设完成后，如何校正其步距、纵距、横距及立杆的垂直度等提出具体要求；

4）对底座及垫板的安放位置提出具体要求；

5）对立杆、扫地杆、水平杆、连墙件的搭设顺序及相互间的进度安排提出具体要求；

6）对扣件的安装、操作层安全通道、防高处坠落设施的设置等工作提出具体要求，并明确工作进度及设置标准。

5.检查验收标准

（1）构配件检查与验收

1）针对进场的新钢管制订检查与验收标准；

2）针对进场的旧钢管制订检查与验收标准；

3）针对进场的扣件制订检查与验收标准，并制订扣件抽样复查标准；

4）针对进场的底座、垫板、可调托撑制订检查与验收标准。

（2）支架的检查与验收

1）明确对地基基础检查验收的时段；

2）对地基基础，连墙件的设置，垂直度偏差，架体沉降，步距、立杆间距，水平杆高差，剪刀撑斜杆与地面的倾角，扣件安装及安全防护措施等关键环节和部位，制订搭设技术要求、允许偏差与检验方法，制订检查验收的方式和方法。

6.支架搭设中的危险部位和危险因素

根据现场的具体情况，以及施工人员的自身素质、能力和水平，对支架搭设过程中可能发生的事故类型进行分析，确定危险部位和危险因素。举例如下：

（1）因高处作业人员未按照要求系挂安全带、架体作业层未按照要求设置安全通道或未铺设脚手板、现场未按照要求搭设上下作业层的斜道、架体作业层下方未挂设安全平网等危险因素的存在，支架搭设过程中，可能会导致高处坠落事故的发生。

（2）因支架的地基基础发生超过允许偏差范围的不均匀沉降、支架立杆发生超过允许偏差范围的倾斜、支架的数根立杆悬空、支架超荷载使用、使用了大量的不合格扣件或扣件的拧紧力矩严重不满足要求等危险因素的存在，支架搭设过程中，可能引发架体局部或整体失稳，导致架体坍塌事故的发生。

（3）因架体搭设作业附近的外电高压线路未按照要求进行防护或防护不符合要求，以及在材料吊装、运输过程中操作不当等危险因素的存在，模板支架搭设过程中，也可能导致触电事故的发生。

对于现场所存在的危险因素，项目技术人员应认真分析，尽可能地把各种危险因素逐一辨识出来，并在安全技术交底中详细列出，以告知现场作业人员。

7. 支架搭设中需采取的防范措施

针对辨识出来的危险因素制订相应的防范措施，防范措施应从物的状态、人的行为、环境的因素和管理的缺陷等四个方面加以规范和制定，并应具有针对性，确保使辨识出来的危险因素处于受控状态。

8. 支架搭设中主要应注意的安全事项

（1）劳动防护用品的配备要求，提出作业人员必须按照规定戴安全帽、系安全带、穿防滑鞋的要求；

（2）构配件与搭设质量要求，提出确保使构成架体的各类构配件以及搭设完成的模板支架满足相关规范要求；

（3）施工荷载要求，提出确保使作业层上的施工荷载符合设计要求，并严禁在架体上集中堆物，对放置混凝土布料机等设备设施处的模板支架应有加固措施的要求；

（4）施工环境要求，提出在5级及以上强风、浓雾、雨或雪天气时停止支架搭设作业，并确保在雨、雪后作业时采取必要防滑措施的要求；

（5）水平防护要求，提出在施工操作层的下方及时采取诸如张挂安全平网等防坠落措施的要求；

（6）架体维护要求，提出确保在架体搭设阶段不因其他因素影响而随意拆除主要受力杆件，或者在相关杆件拆除时应采取相应弥补措施的要求；

（7）其他安全要求，根据现场的具体情况，提出对在模板支架搭设过程中应注意的其他安全事项。

9. 支架搭设人员应遵守的安全操作规程

将工种安全操作规程作为安全技术交底的附件资料一并书面下发至作业人员，同时交底人与被交底人应履行签字手续；或者组织模板支架搭设人员学习本工种安全操作规程，现场应保留相应的记录资料。

10. 现场操作人员发现隐患应采取的措施

《中华人民共和国安全生产法》第五十六条规定："从业人员发现事故隐患或者其他不安全因素，应当立即向现场安全生产管理人员或者本单位负责人报告。"因此，模板支架搭设工程安全技术交底中应将该规定书面告知施工作业人员，以确保使"三不伤害"真正落到实处，并对施工作业人员的行为起到约束作用。

11. 现场发生事故后应采取的避险和急救措施

《中华人民共和国安全生产法》第五十二条规定："从业人员发现直接危及人身安全的紧急情况时，有权停止作业或者在采取可能的应急措施后撤离作业场所。"因此，模板支架搭设工程安全技术交底中应将该规定书面告知作业人员，以确保施工作业人员在紧急危险发生时能够采取应急措施，主动避险。同时，现场技术人员还应针对现场可能发生的事故类型，在安全技术交底中逐一介绍相关的常识性急救措施，以确保使受伤人员能够得到及时救治，防止事故的进一步蔓延和损失的进一步扩大。

（四）检查验收

模板支架工程施工完成后，现场应组织对其进行检查和验收，否则，不得进行混凝土浇筑。

1. 验收时段

对模板支架工程的验收须在模板支架工程全部施工完成达到设计要求后，以及混凝土浇筑前进行，当遇有 5 级及以上强风或大雨后，冻结地区解冻后，以及停用超过一个月时，应当对模板支架工程的安全性进行重新验收。

2. 验收方式

（1）对一般模板支架工程的验收

1）验收组成人员：由总承包单位的项目技术负责人组织，下列单位和人员参加，填写验收意见，履行签字手续：

① 总承包单位：项目施工管理人员、质量管理人员、专职安全管理人员。

② 监理单位：专业监理工程师。

③ 模板工程专业施工单位：现场负责人、施工班组负责人、质量管理人员、专职安全管理人员。

④ 下一道工序的施工单位：现场负责人、施工班组负责人、质量管理人员、专职安全管理人员。

2）验收结论的确认：由总承包单位的项目技术负责人和项目监理工程师对模板支架工程验收合格与否作出最终结论，签字确认，并对验收结果负责。

模板工程专业施工单位的现场负责人应督促其施工班组对存在的事故隐患落实整改，未经验收合格的模板工程不得转入下一道施工工序。

3）验收记录资料的确认：验收内容应涵盖相关技术标准所要求的内容，验收标准应以当地建设主管部门的规定或要求为准，当地方建设主管部门没有对验收标准作出相应规定或要求时，总承包单位的项目技术负责人应当依据相关技术标准或专项施工方案的要求，组织有关人员制订相应的验收标准。

4）验收资料的保存：总承包单位、监理单位、模板工程专业施工单位应责成专人对验收记录资料归档并保存。

（2）对危险性较大模板支架工程的验收

1）验收组成人员：由总承包单位项目负责人组织，下列单位和人员参加，填写验收意见，履行签字手续：

① 总承包单位：项目技术负责人、施工管理人员、质量管理人员、专职安全管理人员。

② 监理单位：专业监理工程师。

③ 模板工程专业施工单位：现场负责人、施工班组负责人、质量管理人员、专职安全管理人员。

④ 下一道工序的施工单位：现场负责人、施工班组负责人、质量管理人员、专职安全管理人员。

2）验收结论的确认：由总承包单位的项目负责人和项目监理工程师对模板支架工程验收合格与否作出最终结论，签字确认，并对验收结果负责。

模板工程专业施工单位的现场负责人应督促其施工班组对存在的隐患落实整改，未经验收合格的模板支架工程不得转入下一道施工工序。

3）验收记录资料的确认：验收内容应涵盖相关技术标准所要求的内容，验收标准应以当地建设主管部门的规定或要求为准，当地方建设主管部门没有对验收作出相应规定或要求时，总承包单位的项目技术负责人应当依据相关技术标准或专项施工方案的要求组织有关人员制订相应的验收标准。

4）验收资料的保存：总承包单位、监理单位、模板工程专业施工单位应责成专人对验收记录资料归档并保存。

（3）对超过一定规模的危险性较大模板支架工程的验收

1）验收组成人员：由总承包单位的技术负责人组织，下列单位和人员参加，填写验收意见，履行签字手续。

① 总承包单位：质量部门负责人、安全部门负责人，项目负责人、项目技术负责人、项目施工管理人员、项目质量管理人员，项目专职安全管理人员。

② 监理单位：项目总监，专业监理工程师。

③ 模板工程专业施工单位：技术负责人、质量部门负责人、安全部门负责人，现场负责人、施工班组负责人、现场质量管理人员、现场专职安全管理人员。

④ 下一道工序的施工单位：技术负责人、质量部门负责人、安全部门负责人，现场负责人、现场质量管理人员、现场专职安全管理人员。

2）验收结论的确认：由总承包单位的技术负责人和监理单位的项目总监对模板工程验收合格与否作出最终结论，签字确认，并对验收结果负责。

模板工程专业施工单位的技术负责人应督促其现场负责人对存在的隐患落实整改未经验收合格的模板工程不得转入下一道施工工序。

3）验收记录资料的确认：验收内容应涵盖相关技术标准所要求的内容，验收标准应以当地建设主管部门的规定或要求为准，当地建设主管部门没有对验收作出相应的规定或要求时，总承包单位的技术负责人应当依据相关技术标准或专项施工方案的要求，组织有关人员制订相应的验收标准。由总承包单位制订相应验收表格标准时，应把专家组对专项施工方案论证时的意见和建议一并纳入验收标准中。

4）验收资料的保存：总承包单位、监理单位、模板工程专业施工单位应责成专人对相关的验收记录资料归档并保存。

三、模板支撑体系的监测

高大模板支撑系统在混凝土浇筑过程中和浇筑后一段时间内，由于受压可能发生一定的沉降和位移，如变化过大可能发生垮塌事故。为及时反映高支模支撑系统的变化情况，预防事故的发生，需要撑系统进行沉降和位移监测。

（一）监测内容及监测频率

1. 监测内容

支架在承受六级大风、大暴雨后以及停工超过 14 天必须进行全面检查，高大模板日常检查，巡查重点部位：

（1）杆件的设置和连接、支撑、剪刀撑等构件是否符合要求；

（2）地基是否积水，底座是否松动，立杆是否悬空；

（3）连接扣件是否松动；

（4）架体是否有不均匀的沉降、垂直度；

（5）施工过程中是否有超载现象；

（6）安全防护措施是否符合规范要求。

2. 监测频率

浇筑混凝土前监测一次，并记录下监测点数据，本数据作为以后监测的基准值，混凝土浇筑时作为重点监测。在浇筑混凝土过程中应实时监测，一般监测频率不宜超过 20～30min 一次，在混凝土初凝前后及混凝土终凝前至混凝土 7 天龄期应实施实时监测，终凝后至架体拆除的监测频率为每天一次。监测过程控制要求每次观测采用相同的观测方法和观测线路；观测期间使用同一仪器，同一人操作，不能更换监测控制值、预警值。

根据规范要求，当验算模板及其支架的刚度时，其最大变形值不得超过下列容许值：

（1）对结构表面外露的模板，为模板构件计算跨度的 1/400；

（2）对结构表面隐蔽的模板，为模板构件计算跨度的 1/250；

（3）支架的压缩变形或弹性挠度，为相应的结构计算跨度的 1/1000。

若接近限值，则立刻向现场管理人员汇报，并要求暂停混凝土浇筑施工，对变形量大的部位进行钢管加固，加固完成后再进行混凝土浇筑施工。

（二）监测方法、计划及措施

1. 监测方法

（1）监测点的布置

支架垂直度监测点的布设：

垂直度的监测利用架体立杆自身设置，一般设置在主次梁交界处以及大梁中部位置。

支架沉降监测点的布设：

支架沉降监测点一般选在截面积较大的大梁中部，且为汇交梁受力较大的位置。在排架搭设过程中将坐标纸（1mm×1mm 见方）裁成长条状粘贴在钢管上，粘贴高度宜为 1.2～1.5m。

（2）监测的主要方法

支架垂直度监测：首先水平安置经纬仪，使经纬仪十字丝对准立杆最左侧，将该位置利用竖向十字丝传递至地面并做好标记，调整经纬仪使十字丝对准立杆最右侧，按照上述方法在地面上做好标记，然后利用铜卷尺测量两点之间的直线距离即为该立杆的垂直度偏差。

支架沉降监测：坐标纸固定好之后在视线开阔位置架设水准仪（待混凝土浇筑完毕后方可移走水准仪），在十字丝中点做好基准点标记，在混凝土浇筑过程中观测基准点沉降值 λ 经过换算即为架体的沉降位移。换算后架体沉降 $\delta = \lambda \times H \div L$（其中 H 为架体搭设高度，L 为观测基准点距地面距离）。

（3）辅助监测方法

高支模是工程的标高控制线 $H+1.000\text{m}$，引测至高支模搭设区域周围竖向构件（框架柱、剪力墙）上用于观测支撑体系基础的沉降的控制高程。

混凝土浇筑前先在梁跨中距支撑立杆一定距离（约 200mm）处设置一个线坠，从梁底一直吊到立杆基础上部，吊锤尖离基础面的高度控制在 20mm 以内，并记录好线坠与立杆及地面之间的相对距离，在线座附近用红蓝笔做好十字标记，在混凝土浇筑过程中派专人跟踪监测线坠与地面及立杆的相对距离的变化情况，每次监测均分别读出 10 组数据，并记录求其平均值，与原始数据比较求出差值，即可得出架体的水平位移及竖向变形。

浇筑混凝土前，采用水准仪及标高控制线测出线坠附近十字标记点标高，并记录数据作为基础高程对比数据，浇筑过程中测量十字标记点的高程，与原始数据对比求出差值，即为支撑体系基础沉降值。

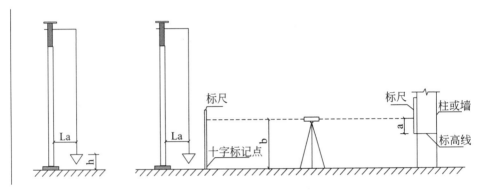

图 2-71　变形观测及沉降观测示意图

2. 监测计划及措施

（1）监测要贯穿在模板支撑系统搭设、钢筋安装、混凝土浇捣过程中及混凝土终凝前后。

（2）混凝土浇筑前，监测人员在架外设置观测点，架内在相应纵横立杆中部用钢筋焊上被观测点涂上反光且有刻度的标志以利观测。

（3）在浇筑混凝土时，用两台经纬仪，分别对纵横立杆和支撑体系的水平杆进行变形观测，发现实测挠度值接近，立即向监测组同时向现场施工人员示警。接警后，监测小组立即调动相关人员和设备进行加固处理。

（4）在浇筑混凝土时，安全员要跟班作业，加强对支撑体系变形的巡视，支撑系统内不得有人施工作业。

（三）其他安全监控内容

1. 搭设过程监控

满堂脚手架顶部施工操作层应满铺脚手板，并采取可靠连接方式与支撑架横梁固定，搭设用的钢管规格、间距、扣件应符合设计要求，每根立杆底部应设置垫板或者垫木，立杆底部的垫板应有足够的强度和支承面积，且应中心承载。

模板支架安装过程中，设置连墙件、抱柱等有效的防倾覆临时固定设施。

2. 使用时的监控

现场操作人员不得赤脚、穿硬底鞋、拖鞋或高跟鞋，必须戴安全帽。

浇筑同时应控制混凝土出料时不成堆，泵管设置严禁与支撑架连接且不得与外架连接，泵管设置应另外进行加固以防碰到架体使架体变形失稳。

支撑架上堆料限制：支撑架的操作层应保持畅通，不得堆放超载的材料。工作前应检查脚手架的牢固性和稳定性。

模板和支撑承载安全：模板在支撑系统未钉稳牢前不得上人；在未安装好的梁底板或平台上不得放物或行走。在安装好的模板上，不得堆放超载的材料和设备等。

恶劣天气限制：凡遇到恶劣天气，如大雨、大雾及 6 级以上的大风时，应停止露天高空作业。风力 5 级时，不得进行高支模板的露天吊装和支撑作业。

3. 拆除时的监控

在模板上架设的电线和使用的电动工具，应采用 36V 的低压电源，或采取其他有效的安全措施。在架空的高压输电线路下作业时，应停电作业或采取隔离防护措施。

拆除的木模板，应将板上的朝天钉子向下，并及时运至堆放地点。然后应拔除钉子再分类堆放整齐装拆组合模板时，上下应有人接应，模板及配件应随装拆随转运；严禁从高向下抛掷，已松动件必须拆卸完毕方可吊运。

四、模板支撑体系的拆除

（一）一般规定

（1）模板拆除作业时，应严格按照专项施工方案的要求组织实施，拆除前应做好以下准备工作：

1）应对将要拆除的模板支架进行拆除前的检查；全面检查模板支架的基础沉降情况，连接件的拧紧、锁紧情况，连墙件设置情况，以及其他加固情况等是否符合构造要求。

2）应根据拆除前的检查结果，补充完善专项施工方案中有关支架拆除的顺序和安全术措施，经审批后方可实施。

3）拆除前应对施工操作人员进行安全技术交底。

4）应清除模板支架上的材料、杂物及地面障碍物。

（2）拆除模板的时间应按照现行国家标准《混凝土结构工程施工质量验收规范》GB50204 的规定执行，即在混凝土强度能够保证其表面及棱角不因拆除模板而受损坏时（大于 $1N/mm^2$），可以拆除不承重的侧模板。承重模板的拆除，应根据构件的受力情况、气温、水泥品种及振捣方法等确定。冬期施工的拆模，应符合专门规定。

（3）当混凝土未达到规定强度或已达到设计规定强度，需提前拆模或承受部分超设计荷载时，必须经过计算和项目技术负责人确认其强度能够承受此荷载后，方可予以拆除。

（4）拆模时的混凝土强度应以同龄期的、同养护条件的混凝土试块试压强度为准。当楼板上有施工荷载时，应对楼板及模板支架的承载能力和变形进行验收。

（5）在承重焊接钢筋骨架作配筋的结构中，承受混凝土重量的模板应在混凝土达到设计强度的 25% 后方可拆除。当在已拆除模板的结构上加置荷载时，应另行核算。

（6）大体积混凝土的拆模时间除应满足混凝土强度要求外，还应使混凝土内外温差降低到25℃以下，否则应采取有效措施，使拆模与养护措施密切配合，如边拆除边用草袋子覆盖，或边拆除边回填土方覆盖等，防止产生温度裂缝。

（7）后张预应力混凝土结构的侧模宜在施加预应力之前拆除，底模应在施加预应力之后拆除。当设计有规定时，应按规定执行。

（8）当楼板上遇有后浇带时，其受弯构件的底模应在后浇带混凝土浇筑完成并达到规定强度后方可拆除。如需在后浇带浇筑之前拆模，必须对后浇带两侧进行支顶。

（9）模板的拆除工作应设专人指挥。多人同时操作时，应明确分工、统一行动，且应具有足够的操作面。作业区应设围栏，非拆模人员不得入内，并有专人负责监护。

（10）拆模的顺序应与支模顺序相反，应先拆非承重模板，后拆承重模板，自上而下逐层拆除，严禁上下同时作业。

（11）拆除钢楞、木楞、钢桁架时，应在其下面临时搭设防护支架，拆下的楞梁及桁架应先落在临时防护支架上。

（12）拆模过程中，若发现混凝土有较大的孔洞、夹层、裂缝，以及影响结构或构件安全等质量问题时，应暂停拆除作业，在与项目技术负责人研究处理后方可继续拆除。

（13）模板拆除作业过程中严禁用大锤和撬棍硬砸、硬撬。拆下的模板构配件严禁向下抛掷。应做到边拆除、边清理、边运走、边码堆。

（14）连墙件、剪刀撑等杆件必须随模板支架逐层拆除，严禁先将连墙件、剪刀撑整层或数层拆除后再拆其他模板支架；分段拆除的模板支架高差大于两步时，应增设连墙杆或剪刀撑等杆件，首先对架体进行加固。

（15）当模板支架拆至下部最后一根立杆的高度时，水平杆与立杆应同时拆除，或者先在适当位置搭设临时抛撑进行加固，然后再拆除连墙件。

（16）当模板支架采取分段拆除时，对不拆除的模板支架应按照现场情况及相关规定，在未拆除部分的架体上补设连墙件、竖向剪刀撑、水平剪刀撑及横向斜撑等。拆模时，应逐块拆卸，不得成片撬落或拉倒。

（17）对已拆除的模板、支架及构配件等应及时运走或妥善堆放，严防操作人员因扶空、踏空而发生事故。模板拆除后，其临时堆放处距离楼层边沿的距离不得小于1m，且堆放高度不得超过1m。楼层边口、通道口、脚手架边缘处，严禁堆放任何拆下的物件。

（18）拆模过程中如遇中途停歇，应将已松动、悬空、浮吊的模板或支架进行临时支撑牢固或相互连接稳固；对于已松动又很难临时固定的构配件必须一次拆除。

（19）已拆除了模板的结构，应在混凝土强度达到设计强度值后方可承受全部设计荷载。若在未达到设计强度以前，需在结构上加置施工荷载时，应另行核算，强度不足时，应加设临时支撑。

（20）拆模的架子应与模板支架分开架设，不能拉结在一起，作业前及作业过程中应及时进行检查，及时将拆模架与准备拆除的模板支架之间的拉结解除，防止因拆除模板支撑而影响脚手架的安全性。

（21）遇5级及以上大风时，应暂停室外的高处作业。雨、雪、霜后应先清扫施工现场，然后方可进行模板拆除工作。

（22）对有芯钢管立杆运出前应先将芯管抽出或用销卡固定。

（23）对有钉子的模板要及时拔掉其上面的钉子，或使其钉子尖朝下。对已拆下的钢楞、木楞、桁架、立杆及其他零配件等，应及时运到指定地点，及时清除板面上粘结的灰浆，对变形和损坏的钢模板及配件应及时修复。对暂不使用的钢模板，板面应刷防锈油（钢模板隔离剂），背面补涂防锈漆，并应按规定及时检查、整修与保养，按品种、规格分别存放。

（24）拆除作业面遇有预留洞口、管沟、电梯井口、楼梯口或临边等高低差较大处时，应按照现行行业标准《建筑施工高处作业安全技术规范》JGJ80 的有关要求及时盖好拦好并处理好，防止发生坠落事故。

（二）普通模板拆除

1. 条形基础、杯形基础、独立基础或设备基础的模板拆除

（1）拆除前，应先检查基槽（坑）土壁的安全状况，发现有松软、龟裂等不安全因素时，应在采取安全防范措施后，方可进行作业。

（2）拆下的模板及支架等应随拆随运，不得在离槽（坑）上口边缘 1m 以内堆放。

（3）模板拆除过程时，施工人员必须站在安全的地方。

（4）拆除楞梁及模板应由上而下，由表及里，按照先拆内外楞梁、再拆木面板的顺序实施拆除，作业过程中应避免上下交叉作业；对钢模板的拆除应先拆钩头螺栓和内外钢楞，再拆 U 形卡和 L 形插销，拆下的钢模板应稳妥地传递到地面上，不得随意抛掷。

（5）对拆下的小型零配件应随手装入工具袋内或小型箱笼内，不得随处乱扔。

（6）基础模板拆除完毕后，应安排专人彻底清理一次，当基础四周散落的零配件全部清理干净后，方可进行防水及回填等工作。

2. 柱模板拆除

柱模板的拆除可采用分散拆除和分片拆除两种方法。

（1）分散拆除的顺序为：拆除拉杆或斜撑→自上而下拆除柱箍或横楞→拆除竖楞→自上而下拆除配件及模板→运走→分类堆放→清理→拔钉→钢模维修→刷防锈油或隔离剂→入库备用。

（2）分片拆除的顺序为：拆除全部支撑系统→自上而下拆除柱箍及横楞→拆除柱角 U 形卡→分 2 片或 4 片拆除模板→原地清理→刷防锈油或脱模剂→分片运至新支模地点备用。

（3）分片拆除柱模板时，一般应在拆除四角 U 形卡前做好四边临时支撑，待吊钩挂好后，方可拆除临时支撑，并脱模起吊。

（4）柱模板拆除作业时，拆下的模板及配件不得向地面抛掷。

3. 墙模板拆除

（1）单块组拼墙模板的拆除：拆除斜撑或斜拉杆→自上而下拆除外楞及对拉螺栓→分层自上而下拆除木楞或钢楞及零配件和模板→运走分类堆放→拔钉清理→清理检修后刷防锈油或脱模剂→入库备用。

（2）预组拼墙模板的拆除：拆除全部支撑系统→拆卸大块墙模接缝处的连接型钢及零配件→拧去固定埋设件的螺栓及大部分对拉螺栓→挂上吊装绳扣并略拉紧吊绳→拧下剩余对拉螺栓→用方木均匀敲击大块墙模立楞及钢模板使其脱离墙体→用撬棍轻轻外撬大块墙

模板使全部脱离→指挥起吊→运走→清理→刷防锈油或隔离剂备用。

（3）拆除每一大块墙模的最后2个对拉螺栓后，作业人员应撤离到大模板的下侧，也可在大模板底部安设支腿，防止大模板倾倒。对个别大块模板拆除后产生局部变形者，应及时进行整修。

（4）大块模板起吊时速度要慢，应保持垂直，严禁模板碰撞墙体。

4. 梁、板模板拆除

（1）梁、板模板应先拆梁侧模，再拆板底模，最后拆除梁底模，并应分段分片进行，严禁成片撬落或成片拉拆。

（2）拆除跨度较大的梁下支架时，应从跨中依次向两端对称地拆除；拆除跨度较大的挑梁下支架时，应从外侧向里侧逐步拆除。

（3）立杆拆除时，严禁将梁底板与立杆连在一起向一侧整体拉倒。

（4）拆除时，作业人员应站在安全的地方进行操作，严禁站在已拆或松动的模板上进行拆除作业，严禁站在悬臂结构边缘敲拆下面的底模。

（5）拆除模板时，严禁用铁棍或铁锤乱砸，已拆下的模板应妥善传递或用绳钩放至地面。

（6）对于多层楼板模板支架的拆除，当上层及以上楼板正在浇筑混凝土时，下层楼板上的模板支架拆除，应根据下层楼板结构混凝土强度的实际情况，经过计算确定。跨度在4m及以上的梁，支柱需予以保留，且间距不应大于3m。

（7）待分片、分段的模板全部拆除后，方允许将模板、支架、零配件等按指定地点运出堆放，并进行拔钉、清理、整修、刷防锈油或隔离剂，入库备用。

（三）其他类型模板拆除

1. 爬升模板拆除

（1）拆除爬升模板时应有拆除方案，且应由技术负责人签署意见，应向有关人员进行安全技术交底后，方可实施拆除。

（2）拆除时要设置警戒区。要有专人统一指挥，专人监护，严禁交叉作业。拆下的物件，要及时清理运走。

（3）拆除时应先清除脚手架上的垃圾杂物，拆除连接杆件，经检查安全可靠后，方可大面积拆除。

（4）拆除爬升模板的顺序为：拆除悬挂脚手架→拆除爬升设备→拆除大模板→拆除爬升支架。

（5）折拆除爬升模板的设备可利用施工用起重机械设备。

（6）已拆除的物件应及时清理、整修和保养，并运送至指定地点备用。

（7）遇5级以上大风应停止拆除作业。

2. 飞模拆除

（1）脱模时，梁、板混凝土强度等级应符合相关规范及专项施工方案的设计要求。

（2）飞模的拆除顺序、行走路线和运到下一个支模地点的位置，均应按飞模设计的有关规定进行。

（3）拆除时，应先用千斤顶顶住下部水平连接管，再拆去木楔或砖墩（或拔出钢套管连接螺栓，提起钢套管）。推入可任意转向的四轮台车，松千斤顶使飞模落在台车上，随后推运至主楼板外侧搭设的平台上，用塔式起重机吊至上层重复使用。若不需重复使用时，应按普通模板的方法拆除。

（4）飞模拆除时必须有专人指挥，飞模尾部应绑安全绳，安全绳的另一端应套在坚固的建筑结构上，且应在推运时徐徐放松。

（5）飞模推出后，飞模出口处应根据需要安设外挑操作平台，楼层外边缘应立即搭设临边防护栏杆。

（6）当飞模运抵外挑操作平台上时，可利用起重机械将飞模吊至下一流水施工段就位，同时撤出升降运输车。

3. 隧道模拆除

（1）拆除前应对作业人员进行安全技术交底和技术培训。

（2）拆除导墙模板时，应在新浇混凝土强度达到 $1.0N/mm^2$ 后，方准拆模。

（3）拆除隧道模应按下列顺序进行：

1）新浇混凝土强度应在达到承重模板拆模要求后，方准拆模。

2）应采用长柄手摇螺帽杆将连接顶板的连接板上的螺栓松开，并应将隧道模分成2个半隧道模。

3）拔除穿墙螺栓，并旋转垂直支撑杆和墙体模板的螺旋千斤顶，让滚轮落地，使隧道模脱离顶板和墙面。

4）放下支卸平台防护栏杆，先将一边的半隧道模推移至支卸平台上，然后再推另边半隧道模。

5）为使顶板不超过设计允许荷载，经设计核算后，应加设临时支撑系统。

4. 特殊模板拆除

（1）对于拱、薄壳、圆穹屋顶和跨度大于8m的梁式结构，应按设计规定的程序和方式从中心沿环圈对称地向外或从跨中对称地向两边均匀放松模板支架立杆。

（2）拆除圆形屋顶、筒仓下漏斗模板时，应从结构中心处的支架立杆开始，按同心圆层次对称地拆向结构的周边。

（3）拆除带有拉杆拱的模板时，应在拆除前预先将拉杆拉紧。

第五节　临时用电

一、临时用电及现场临时用电管理

（一）临时用电及施工组织安排

1. 临时用电及其申请与审批

（1）临时用电的定义

因施工、检验需要，凡在正式运行的供电系统上加接或拆除如电缆线路、变压器、配电箱等设备以及使用电动机、电焊机、潜水泵、透风机、电动工具、照明用具等一切临时性用电负荷，统称为临时用电。

（2）临时用电申请与审批程序

运行的生产装置、罐区和具有火灾爆炸危险场所等区域的临时用电均属用火治理范围，一般不答应接临时用电源。确属施工、检验必须时，应先到各级用火审批单位办妥用火作业许可证。用电申请人还应持电工作业证向供电治理部分办理临时用电作业许可证。

临时用电应严格确定用电时限，超期前需按程序重新办理临时用电作业许可证，在未办妥时，供电执行单位应到期停电。

对于禁火区内的临时用电作业许可证有效期限不得超过用火作业许可证所规定的期限。

对于非禁火区内临时用电的有效期限最长不超过 1 个月。

2. 临时用电施工组织设计

施工现场用电设备在 5 台及以上或设备总容量在 50kW 及以上者，应编制用电组织设计。

临时用电组织设计及变更时，必须履行"编制、审核、批准"程序，由电气技术人员负责编制，经相关部门审核及具有法人资格企业的技术负责人批准后实施。变更用电组织设计时应补充有关图纸资料。

临时用电工程必须经编制、审核、批准部门和使用单位共同验收，合格后方可投入使用。

编制用电组织设计的目的是用以指导建造适应施工现场特点和用电特性的用电工程，并且指导所建用电工程的正确使用。用电组织设计应由电气工程技术人员组织编写。

施工现场用电组织设计的基本内容：

（1）现场勘测

（2）确定电源进线、变电所或配电室、配电装置、用电设备位置及线路走向

电源进线、变电所或配电室、配电装置、用电设备位置及线路走向的确定要依据现场勘测资料提供的技术条件综合确定。

（3）进行负荷计算

负荷是电力负荷的简称，是指电气设备（例如变压器、发电机、配电装置、配电线路、用电设备等）中的电流和功率。

负荷在配电系统设计中是选择电器、导线、电缆，以及供电变压器和发电机的重要依据。

（4）选择变压器

施工现场电力变压器的选择主要是指为施工现场用电提供电力的 10/0.4kV 级电力变压器的型式和容量的选择。

（5）设计配电系统

配电系统主要由配电线路、配电装置和接地装置三部分组成。其中配电装置是整个配电系统的枢纽，经过配电线路、接地装置的连接，形成一个分层次的配电网络，这就是配电系统。

（6）设计防雷装置

施工现场的防雷主要是防止雷击，对于施工现场专设的临时变压器还要考虑防感应雷

的问题。施工现场防雷装置设计的主要内容是选择和确定防雷装置设置的位置、防雷装置的型式、防雷接地的方式和防雷接地电阻值。所有防雷冲击接地电阻值均不得大于 30Ω。

（7）确定防护措施

施工现场在电气领域里的防护主要是指施工现场外电线路和电气设备对易燃易爆物、腐蚀介质、机械损伤、电磁感应、静电等危险环境因素的防护。

（8）制订安全用电措施和电气防火措施

安全用电措施和电气防火措施是指为了正确使用现场用电工程，并保证其安全运行，防止各种触电事故和电气火灾事故而制订的技术性和管理性规定。对于用电设备在 5 台以下和设备总容量在 50kW 以下的小型施工现场，可以不系统编制用电组织设计，但仍应制订安全用电措施和电气防火措施，并且要履行与用电组织设计相同的"编、审、批"程序。

3. 现场用电人员及档案管理

（1）建筑电工及用电人员

1）建筑电工。电工属于特种作业人员，必须按国家现行标准考核合格后，持证上岗工作；其他用电人员必须通过相关安全教育培训和技术交底，考核后方可上岗工作。

2）用电人员。用电人员是指施工现场操作用电设备的人员，诸如各种电动建筑机械和手持式电动工具的操作者和使用者。各类用电人员必须通过安全教育培训和技术交底，掌握安全用电基本知识，熟悉所用设备性能和操作技术，掌握劳动保护方法，并且考核合格。

（2）安全技术档案

1）内容。用电组织设计的全部资料，修改用电组织设计的资料，用电技术交底资料，用电工程验收表，电器设备的试、检验凭单和调试记录，接地电阻、绝缘电阻和剩余电流动作保护器漏电动作参数测定记录，顶起检（复）查表；电工安装、巡检、维修、拆除工作记录。

2）建档与管理。安全技术档案应由主管该现场的电气技术人员负责建立与管理。其中"电工安装、巡检、维修、拆除工作记录"可指定电工代管，每周由项目经理审核认可，并应在临时用电工程拆除后统一归档。

3）检查。临时用电工程应定期检查。定期检查时，应按分部、分项工程进行，对安全隐患必须即使处理，并应旅行复查验收手续；应复查接地电阻值和绝缘电阻值。

图 2-72　绝缘电阻测试仪示意图

图 2-73　接地电阻测试仪示意图

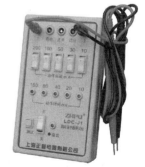

图 2-74　漏电保护器测试仪示意图

（二）用电环境及用电设备的安全使用

用电设备是配电系统的终端设备，是最终将电能转化为机械能、光能等其他形式能量的设备。在施工现场中，用电设备就是直接服务于施工作业的生产设备。施工现场的用电设备基本上可分四大类：电动建筑机械、手持式电动工具、照明器和消防水泵等。

1. 用电环境

通常以触电危险程度来考虑，施工现场的环境条件可分为三大类：

（1）一般场所

相对湿度不大于75％的干燥场所，无导电粉尘场所，气温不高于30℃场所，有不导电地板（干燥木地板、塑料地板、沥青地板等）场所等均属于一般场所。

（2）危险场所

相对湿度长期处于75％以上的潮湿场所，露天并且能遭受雨、雪侵袭的场所，气温高于30℃的炎热场所，有导电粉尘场所，有导电泥、混凝土或金属结构地板场所，施工中常处于水湿润的场所等均属于危险场所。

（3）高度危险场所

相对湿度接近100％场所，蒸汽环境场所，有活性化学媒质放出腐蚀性气体或液体场所，具有两个及以上危险场所特征（如导电地板和高温，或导电地板和有导电粉尘）场所等均属于高度危险场所。

2. 电动建筑机械的使用

（1）起重机械

起重机械主要指塔式起重机、外用电梯、物料提升机及其他垂直运输机械等。起重机械使用的主要电气安全问题是防雷、运行位置控制、外电防护、电磁感应防护等。

1）塔式起重机

① 塔式起重机的机体必须作防雷接地，同时必须与配电系统 PE 线相连接。除此以外，PE 线与接地体之间还必须有一个直接独立的连接点。

轨道式塔式起重机的防雷接地可以借助于机轮和轨道的连接，但应附加措施：轨道两端各设一组接地装置；轨道接头处作电气连接，两条轨道端部作环形电气连接；轨道较长时每隔不大于 30m 加装一组接地装置。

② 塔式起重机运行时注意与外电架空线路或防护设施保持安全距离。

2）施工升降机

施工升降机通常包含客、货两用电梯，梯笼内、外均应安装紧急停止开关，应有完备的驱动、制动、行程、限位、紧急停止控制，每日工作前必须进行空载检查。

3）物料提升机

物料提升机是只允许运送物料，不允许载人的垂直运输机械，应有完备的驱动、制动、行程、限位、紧急停止控制，每日工作前必须进行空载检查。

（2）桩工机械的使用

桩工机械主要有潜水式钻孔机、潜水电机等。桩工机械是一种与水密切接触的机械，因此其使用的主要安全问题是防止水和潮湿引起的漏电危害。

1）潜水式钻孔机的漏电保护要符合配电系统关于潮湿场所选用漏电保护器的要求。

2）潜水电机的负荷线应采用防水橡皮护套铜芯软电缆，电缆保护套不得有裂纹和破损。长度不应小于1.5m，且不得承受外力。

（3）夯土机械的使用

夯土机械是一种移动式、振动式机械，工作场所较潮湿，所以其使用的主要电气安全问题是防止潮湿、震动、机械损伤引起的漏电危害。

1）夯土机械PE线的连接点不得少于2处；其开关箱中的漏电保护器必须符合潮湿场所选用漏电保护器的要求。

2）夯土机械的负荷线应采用耐气候性橡皮护套铜芯软电缆。

3）夯土机械的操作手必须绝缘，使用时必须按规定穿戴绝缘物品，使用过程应有专人调整电缆，电缆长度不应大于50m。电缆严禁缠绕、扭结和被夯土机械跨越。

4）多台夯土机械并列工作时，其间距不得小于5m；前后工作时，其间距不得小于10m。

（4）焊接机械的使用

电焊机械属于露天半移动、半固定式用电设备。各种电焊机基本上都是靠电弧、高温工作的，所以防止电弧、高温引燃易燃易爆物是其使用应注意的首要问题；其次，电焊机空载时，其二次侧具有50～70V的空载电压，已超出安全电压范围，所以其二次侧防触电成为其安全使用的第二个重要问题；除此以外，还须考虑到电焊机常常是在钢筋网间露天作业的环境条件，注意其一次侧防触电问题。为此，其安全使用要求可综合归纳如下：

1）电焊机械应放置在防雨、干燥和通风良好的地方。

2）交流弧焊机变压器的一次侧电源线长度不应大于5m，其电源进线处必须设置防护罩，防护端不得裸露。

3）发电机式直流电焊机的换向器要经常检查、清理、维修，以防止可能产生的异常换向电火花。

4）电焊机开关箱的漏电保护器必须采用额定漏电动作参数符合规范规定的二极二线型产品。交流电焊机应配装二次侧触电保护器。

5）电焊机械的二次线应采用防水橡皮护套铜芯软电缆，电缆长度不应大于30m，不得跨越道路；其护套不得破裂，其接头必须绝缘、防水包扎防护好，不应有裸露带电部分，电焊机械的二次线的地线不得采用金属构件或结构钢筋代替。

6）使用电焊机械焊接时必须穿戴防护用品。严禁露天冒雨从事电焊作业。

（5）其他电动建筑机械的使用

1）混凝土机械使用的主要电气安全问题是防止电源进线机械损伤引起的触电危害和停电检修时误启动引起的机械伤害，其负荷线必须采用耐气候型橡皮护套铜芯软电缆，并不得有任何破损和接头。

2）对混凝土搅拌、钢筋加工机械、土木机械、盾构机械等设备进行清理、检查、维修时，必须首先将其开关箱分闸断电，呈现可见电源分段点，并关门上锁。

3. 手持式电动工具的使用

施工现场使用的手持式电动工具主要指电钻、冲击钻、电锤、射钉枪及手持式电锯、电刨、切割机、砂轮等。手持式电动工具按其绝缘和防触电性能可分为三类，即Ⅰ类工具、Ⅱ类工具、Ⅲ类工具。

（1）一般场所手持式电动工具的选用

一般场所（空气湿度小于75%）可选用Ⅰ类或Ⅱ类手持式电动工具。

1）金属外壳与PE线的连接点不应少于2处；

2）开关箱中的漏电保护器应按潮湿场所对漏电保护的要求设置；

3）其负荷线插头应具备专用的保护触头，所用插座和插头在结构上应保持一致，避免导电触头和保护触头混用。

（2）潮湿场所手持式电动工具的选用

在潮湿场所或金属构架上操作时，必须选用Ⅱ类或由安全隔离变压器供电的Ⅲ类手持式电动工具。严禁使用Ⅰ类手持式电动工具。使用金属外壳Ⅱ类手持式电动工具时，其金属外壳可与PE线相连接，并设漏电保护。

（3）狭窄场所手持式电动工具的选用

狭窄场所（锅炉、金属容器、地沟、管道内等）作业时，必须选用由安全隔离变压器供电的Ⅲ类手持式电动工具。

（4）开关箱和控制箱设置的要求

除一般场所外，在潮湿场所、金属构架上及狭窄场所使用Ⅱ、Ⅲ类手持式电动工具时，其开关箱和控制箱应设在作业场所以外，并有人监护。

（5）负荷线选择的要求

手持电动工具的负荷线应采用耐气候型橡皮护套铜芯软电缆，并且不得有接头。

（6）手持式电动工具的外壳、手柄、插头、开关、负荷线等必须完好无损，使用前必须做绝缘检查和空载检查，在绝缘合格、空载运转正常后方可使用。绝缘电阻不应小于表2-16中规定的数值。

手持式电动工具绝缘电阻限值　　　　　　　　　　　表2-16

测量部位	绝缘电阻（MΩ）		
	Ⅰ类	Ⅱ类	Ⅲ类
带电零件与外壳之间	2	7	1

注：绝缘电阻用500V兆欧表测量。

（7）使用手持式电动工具时，必须按规定穿、戴绝缘防护用品。

4. 照明器的使用

（1）一般规定

1）在坑、洞、井内作业、夜间施工或厂房、道路、仓库、办公室、食堂、宿舍、料具堆放场及自然采光差等场所，应设一般照明、局部照明或混合照明。在一个工作场所内，不得只设局部照明。

2）停电后，操作人员需及时撤离的施工现场，必须装设自备电源的应急照明。

3）对于夜间影响行人和车辆安全通行的在建工程，如开挖的沟、槽、孔洞等，应在其临边设置醒目的红色警戒照明。对于夜间可能影响飞机及其他飞行器安全通行的高大机械设备或设施，如塔式起重机、外用电梯等，应在其顶端设置醒目的警戒照明。

4）根据需要设置不受停电影响的保安照明。

5）现场照明应采用高光效、长寿命的照明光源。对需大面积照明的场所，应采用高压汞灯、高压钠灯或混光用的卤钨灯等。

（2）照明器的选择

1）正常湿度一般场所，选用开启式照明器。

2）潮湿或特别潮湿场所，选用密闭型防水照明器或配有防水灯头的开启式照明器。

3）含有大量尘埃但无爆炸和火灾危险的场所，选用防尘型照明器。

4）有爆炸和火灾危险的场所，按危险场所等级选用防爆型照明器。

5）存在较强振动的场所，选用防振型照明器。

6）有酸碱等强腐蚀介质场所，选用耐酸碱型照明器。

（3）照明供电的选择

1）一般场所宜适用额定电压为 220V 的照明器。

2）隧道、人防工程、高温、有导电灰尘、比较潮湿或灯具离地面高度低于 2.5m 等场所的照明，电源电压不应大于 36V。

3）潮湿和易触及带电体场所的照明，电源电压不得大于 24V。

4）特别潮湿场所、导电良好的地面、锅炉或金属容器内的照明，电源电压不得大于 12V。

5）使用行灯应符合下列要求：

① 电源电压不大于 36V；

② 灯体与手柄应坚固、绝缘良好并耐热耐潮湿；

③ 灯头与灯体结合牢固，灯头无开关；

④ 灯泡外部有金属保护网；

⑤ 金属网、反光罩、悬吊挂钩固定在灯具的绝缘部位上。

6）远离电源的小面积工作场地、道路照明、警卫照明或额定电压为 12～36V 照明的场所，其电压允许偏移值为额定电压值的 -10%～5%；其余场所电压允许偏移值为额定电压值的 ±5%。

7）照明变压器必须使用双绕组型安全隔离变压器，严禁使用自耦变压器。

8）照明系统宜使三相负荷平衡，其中每一单相回路上，灯具和插座数量不宜超过 25 个，负荷电流不宜超过 15A。

9）携带式变压器的一次侧电源线应采用橡皮护套或塑料护套铜芯软电缆，中间不得有接头，长度不宜超过 3m，其中绿/黄双色线只可用 PE 线使用，电源插销应有保护触头。

（4）照明装置的设置

1）照明灯具的金属外壳必须与 PE 线相连接，照明开关箱内必须装设隔离开关、短路与过载保护电器和漏电保护器。

2）室外 220V 灯具距地面不得低于 3m，室内 220V 灯具距地面不得低于 2.5m。普通灯具与易燃物距离不宜小于 300mm；聚光灯、碘钨灯等高热灯具与易燃物距离不宜小于 500mm，且不得直接照射易燃物。达不到规定安全距离时，应采取隔热措施。

3）路灯的每个灯具应单独装设熔断器保护。灯头线应做防水弯。

4）荧光灯管应采用管座固定或用吊链悬挂，荧光灯镇流器不得安装在易燃的结构物上。

5）碘钨灯及钠、铊、铟等金属卤化物灯具的安装高度宜在 3m 以上，灯线应固定在接线柱上，不得靠近灯具表面。

6）投光灯的底座应安装牢固，应按需要的光轴方向将枢轴拧紧固定。

7）螺口灯头的绝缘外壳无损伤、无漏电，相线接在与中心触头相连的一端，零线接在与螺纹口相连的一端。

8）灯具的相线必须经开关控制，不得将相线直接引入灯具；灯具内的接线必须牢固，灯具外的接线必须做可靠的防水绝缘包扎。

9）暂设工程的照明灯具宜采用拉线开关控制，拉线开关距地面高度为 2～3m，与出入口的水平距离为 0.15～0.2m，拉线的出口向下；其他开关距地面高度为 1.3m，与出入口的水平距离为 0.15～0.2m。

10）对夜间影响飞机或车辆通行的在建工程及机械设备，必须设置醒目的红色信号灯，其电源应设在施工现场总电源开关的前侧，并应设置外电线路停止供电时的应急自备电源。

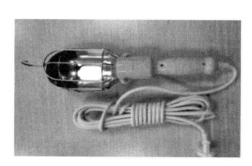

图 2-75　低压手把灯示意图

图 2-76　固定式 LED 灯塔示意图

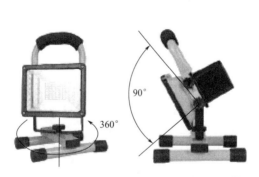

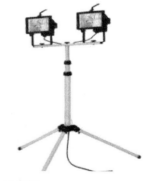

图 2-77　移动式 LED 照明灯示意图

5. 消防水泵的使用

（1）消防水泵的漏电保护要符合配电系统关于潮湿场所选用漏电保护器的要求。

（2）消防水泵电机的负荷线应采用防水橡皮护套铜芯软电缆，长度不应小于 1.5m，且不得承受外力。

图 2-78　低压照明灯示意图

图 2-79　特殊部位防爆照明灯示意图

（3）施工现场的消防水泵应采用专用消防配电线路，专用消防配电线路应自施工现场总配电箱的总断路器上端接入，且应保持不间断供电。

二、配电系统及其安全规定

施工现场用电工程的基本供配电系统应当按三级设置，即采用三级配电。

（一）系统的基本结构

图 2-80　塔式起重机 LED 灯具示意图

三级配电是指施工现场从电源进线开始至用电设备之间，应经过三级配电装置配送电力。即由总配电箱（一级箱）或配电室的配电柜开始，依次经由分配电箱（二级箱）、开关箱（三级箱）到用电设备。这种分三个层次逐级配送电力的系统就称为三级配电系统。它的基本结构形式可用一个系统框图来形象化地描述，如图 2-81 所示。

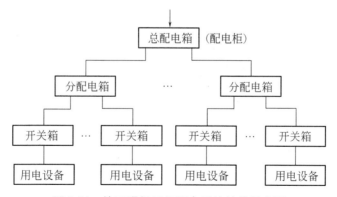

图 2-81　施工现场三级配电系统结构示意图

（二）系统的设置原则

三级配电系统应遵守四项规则，即分级分路规则、动照分设规则、压缩配电间距规则和环境安全规则。

1. 分级分路

（1）从一级总配电箱（配电柜）向二级分配电箱配电可以分路。即一个总配电箱（配电柜）可以分若干分路向若干分配电箱配电；每一分路也可分支支接若干分配电箱。

（2）从二级分配电箱向三级开关箱配电同样也可以分路。即一个分配电箱也可以分若干分路向若干开关箱配电，而其每一分路也可以支接或链接若干开关箱。

（3）从三级开关箱向用电设备配电实行所谓"一机一闸"制，不存在分路问题。即每一开关箱只能连接控制一台与其相关的用电设备（含插座），包括一组不超过30A负荷的照明器，或每一台用电设备必须有其独立专用的开关箱。

按照分级分路规则的要求，在三级配电系统中，任何用电设备均不得越级配电，即其电源线不得直接连接于分配电箱或总配电箱。任何配电装置不得挂接其他临时用电设备，否则，三级配电系统的结构形式和分级分路规则将被破坏。

2. 动照分设

（1）动力配电箱与照明配电箱宜分别设置。若动力与照明合置于同一配电箱内共箱配电，则动力与照明应分路配电。

（2）动力开关箱与照明开关箱必须分箱设置，不存在共箱分路设置问题。

3. 压缩配电间距

压缩配电间距规则是指除总配电箱、配电室（配电柜）外，分配电箱与开关箱之间，开关箱与用电设备之间的空间间距尽量缩短。压缩配电间距规则可用以下三个要点说明：

（1）分配电箱应设在用电设备或负荷相对集中的区域。

（2）分配电箱与开关箱的距离不得超过30m。

（3）开关箱与其供电的固定式用电设备的水平距离不宜超过3m。

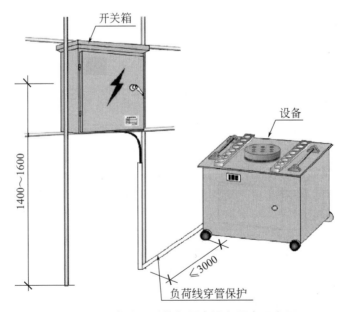

图 2-82　固定式开关箱与用电设备距离示意图

4. 环境安全

环境安全规则是指配电系统对其设置和运行环境安全因素的要求，主要包括对易燃易爆物、腐蚀介质、机械损伤、电磁辐射、静电等因素的防护要求，防止由其引发设备损坏、触电和电气火灾事故。

（三）基本保护系统

施工现场的用电系统，不论其供电方式如何，都属于电源中性点直接接地的220/380V三相四线制低压电力系统。为了保证用电过程中系统能够安全、可靠地运行，并对系统本身在运行过程中可能出现的接零、短路、过线、漏电等故障进行自我保护，在系统结构配置中必须设置一些与保护要求相适应的子系统，即接零保护系统、漏电保护系统、过载与短路保护系统等，他们的组合就是用电系统的基本保护系统。

1. TN-S 接零保护系统

（1）TN-S 系统的确定

1）在施工现场用电工程专用的电源中性点直接接地的220/380V三相四线制低压电力系统中，必须采用 TN-S 接零保护系统，严禁采用 TN-C 接零保护系统。如图 2-83 所示。

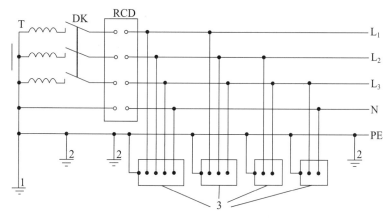

图 2-83　专用变压器供电时 TN-S 接零保护系统示意图

1—工作接地；2—PE线重复接地；3—设备外壳

2）当施工现场与外电线路共用同一供电系统时，电气设备的接地、接零保护应与原系统保持一致。不得一部分设备作保护接零，另一部分设备作保护接地。

当采用 TN 系统作保护接零时，工作零线（N 线）必须通过总漏电保护器，保护零线（PE 线）必须由电源进线零线重复接地处或总漏电保护器电源侧零线处，引出形成局部 TN-S 接零保护系统。如图 2-84 所示。

3）供电方采用三相四线供电，且供电方配电室控制柜内有漏电保护器，此时从施工现场配电室总配电箱电源侧零线或总漏电保护器电源侧零线处引出保护零线（PE 线），如图 2-85 所示，供电方配电室内漏电保护器就会跳闸。于是，有的施工单位电工从施工现场配电室（总配电箱）处的重复接地装置引出 PE 线，如图 2-86 所示，这种做法是不恰当的，因为这样做，施工现场临时用电系统仍属于 TT 系统。正确的方法是从供电方配电室内控制柜电源侧零线上引出 PE 线，如图 2-87 所示。

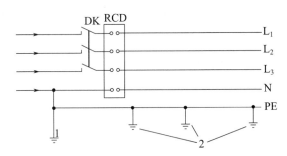

图 2-84　三相四线供电时局部 TN-S 接零保护系统保护零线引出示意图

1—NPE 线重复接地；2—重复接地

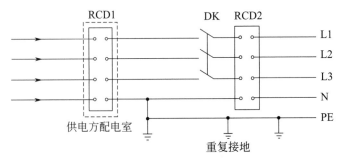

图 2-85　从总漏电保护器电源侧零线处引出保护零线示意图

DK—总电源隔离开关；RCD1—供电方配电室内总漏电保护器；RCD2—施工现场总漏电保护器

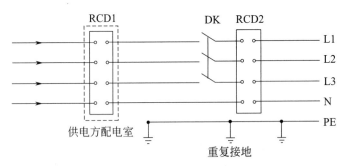

图 2-86　从重复接地引出 PE 线示意图

DK—总电源隔离开关；RCD1—供电方配电室内总漏电保护器；RCD2—施工现场总漏电保护器

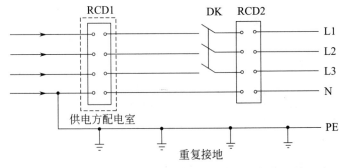

图 2-87　从供电方配电室控制柜电源侧零线上引出 PE 线示意图

DK—总电源隔离开关；RCD1—供电方配电室内总漏电保护器；RCD2—施工现场总漏电保护器

（2）PE 线的设置规则

采用 TN-S 和局部 TN-S 接零保护系统时，PE 线的设置应遵循下述规则：

1）PE 线的引出位置。对于专用变压器供电时的 TN-S 接零保护系统，PE 线必须由工作接地线、配电室（总配电箱）电源侧零线或总漏电保护器（RCD）电源侧零线处引出。对于共用变压器三相四线供电时的局部 TN-S 接零保护系统，PE 线必须由电源进线零线重复接地处或总漏电保护器电源侧零线处引出。

2）PE 线与 N 线的连接关系。经过总漏电保护器 PE 线和 N 线分开，其后不得再作电气连接。

3）PE 线与 N 线的应用区别。PE 线是保护零线，只用于连接电气设备外露可导电部分，在正常工作情况下无电流通过，且与大地保持等电位；N 线是工作零线，作为电源线用于连接单相设备或三相四线设备，在正常工作情况下会有电流通过，被视为带电部分，且对地呈现电压。所以，在实用中不得混用或代用。

4）PE 线的重复接地。重复接地的数量不少于 3 处，设置重复接地的部位可为：总配电箱（配电柜）处；各分路分配电箱处；各分部最远端用电设备开关箱处；塔式起重机、施工升降机、物料提升机、混凝土搅拌站等大型施工机械设备开关箱处。

重复接地必须与 PE 线相连接，严禁与 N 线相连接，否则 N 线中的电流将会流经大地和电源中性点工作接地处形成回路，使 PE 线对地电位升高而带电。PE 线重复接地的目的，一是降低 PE 线的接地电阻，二是防止 PE 线断线而导致接零保护失效。

5）PE 线的绝缘色。为了明显区分 PE 线和 N 线以及相线，按照国家统一标准，PE 线一律采用绿/黄双色绝缘线。

6）PE 线所用材质与相线、工作零线（N 线）相同时，其最小截面应符合表 2-17 的规定。

PE 线截面与相线截面的关系   表 2-17

相线芯线截面 $S(\text{mm}^2)$	PE 线最小截面（mm^2）
$S \leqslant 16$	5
$16 < S \leqslant 35$	16
$S > 35$	$S/2$

在施工现场用电工程的用电系统中，作为电源的电力变压器和发电机中性点直接接地的工作接地电阻值，在一般情况下都不大于 4Ω。

2. 漏电保护系统

（1）漏电保护系统的设置要点

1）漏电保护器的设置位置。在施工现场基本供配电系统的总配电箱（配电柜）和开关箱首、末二级配电装置中，设置漏电保护器。其中，总配电箱（配电柜）中的漏电保护器可以设置于总路，也可以设置于分路，但不必重叠设置。

2）实行分级、分段漏电保护原则。实行分级、分段漏电保护的具体体现是合理选择总配电箱（配电柜）、开关箱中漏电保护器的额定漏电动作参数。

（2）漏电保护器参数

漏电保护器应装设在总配电箱、开关箱靠近负荷额一侧，且不得用于启动电气设备的

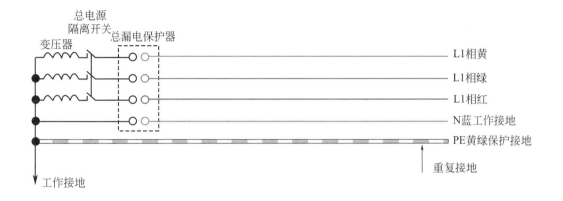

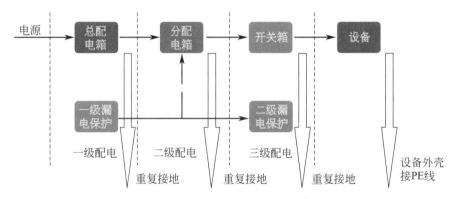

图 2-88　TN-S 接零保护系统效果图

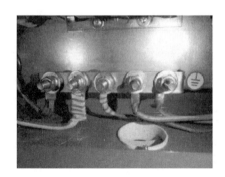

图 2-89　保护零线

图 2-90　工作零线

操作，《施工现场临时用电安全技术规范》从确保防止人体（间接接触）触电危害角度出发，对设置于总配电箱（配电柜）和开关箱的漏电保护器的漏电动作参数作出如下规定：

1）总配电箱中的漏电保护器，其额定漏电动作电流为 $I_\triangle > 30\text{mA}$，额定漏电动作时间为 $T_\triangle > 0.1\text{s}$，但其额定漏电动作电流与额定漏电动作时间的乘积 $I_\triangle \cdot T_\triangle$ 应不超过安全界限值 $30\text{mA} \cdot \text{s}$，即 $I_\triangle \cdot T_\triangle \leqslant 30\text{mA} \cdot \text{s}$。

2）开关箱中的漏电保护器，其额定漏电动作电流 $I_\triangle$ 在一般场所 $I_\triangle \leqslant 30\text{mA}$，潮湿与腐蚀介质场所 $I_\triangle \leqslant 15\text{mA}$；其额定漏电动作时间为 $T_\triangle \leqslant 0.1\text{s}$。

3）漏电保护器极数和线数必须与负荷的相数和线数保持一致。

4）漏电保护器必须与用电工程合理的接地系统配合使用，才能形成完备可靠的防触电保护系统。漏电保护器在 TN-S 系统中的配合使用接线方式、方法如图 2-91 所示。

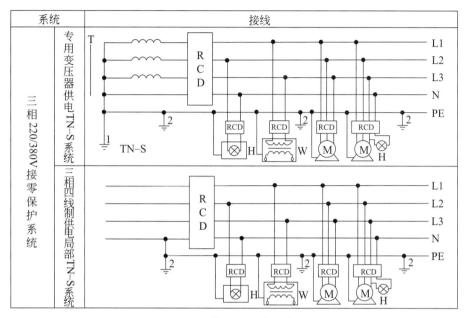

图 2-91　漏电保护器使用接线方法示意图

L1、L2、L3—相线；N—工作零线；PE—保持零线、保护线；1—工作接地；2—重复接地；

T—变压器；RCD—漏电保护器；H—照明器；W—电焊机；M—电动机

5）漏电保护器的电源进线类别（相线或零线）必须与其进线端标记一一对应，不允许交叉混接，更不允许将 PE 线当 N 线接入漏电保护器。

6）漏电保护器在结构选型时，宜选用无辅助电源（电磁式）产品，或选用辅助电源故障时能自动断开的辅助电源型（电子式）产品。不能选用辅助电源故障时不能断开的辅助电源型（电子式）产品。

3. 过载、短路保护系统

当电气设备和线路因其负荷（电流）超过额定值而发生过载故障，或因其绝缘损坏而发生短路故障时，就会因电流过大而烧毁绝缘，引起漏电和电气火灾。

过载和短路故障使电气设备和线路不能正常使用，造成财产损失，甚至使整个用电系统瘫痪，严重影响正常施工，还可能引发触电伤害事故。所以对过载、短路故障的危害必须采取有效的预防性措施。

预防过载、短路故障危害的有效措施就是在基本供配电系统中设置过载、短路保护系统。过载、短路保护系统可通过在总配电箱、分配电箱、开关箱中设置过载、短路保护电器中实现。这里需要指出，过载、短路保护系统必须按三级设置，即在总配电箱、分配电箱、开关箱及其各分路中都要设置过载、短路保护电器，并且其过载、短路保护动作参数应逐级合理选取，以实现三级保护的选择性配合。用作过载、短路保护的电器主要有各种类型的断路器和熔断器。其中，断路器以塑壳式断路器为宜；熔断器则应选用具有可靠灭弧分段功能的产品，不得以普通熔丝替代。

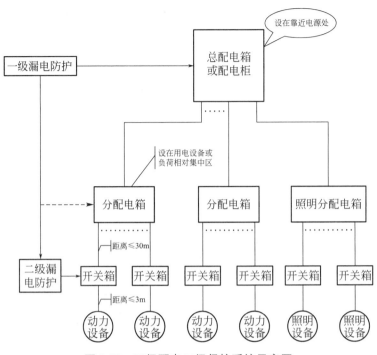

图 2-92　三级配电二级保护系统示意图

（四）配电设备

1. 配电室

（1）配电室的位置

1）靠近电源。

2）靠近负荷中心。

3）进、出线方便。

4）周边道路畅通。

5）周围环境灰尘少、潮气少、振动小、无腐蚀介质、无易燃易爆物。

6）避开污染源的下风侧和易积水场所的正下方。

（2）配电室的布置

配电室的布置主要是指配电室内配电柜的空间排列。

1）配电柜正面操作通道宽度，单列布置或双列背对背布置时不小于 1.5m；双列面对面布置时不小于 2m。

2）配电柜后面维护通道宽度，单列布置或双列面对面布置时不小于 0.8m；双列背对背布置时不小于 1.5m；个别地点有建筑物结构凸出的空地，则此点通道宽度可减少 0.2m。

3）配电柜侧面的维护通道宽度不小于 1m。

4）配电室的顶棚与地面的距离不低于 3m。

5）配电室内设值班室或检修室时，该室边缘距配电柜的水平距离大于 1m，并采取屏障隔离。

6）配电室内的裸母线与地面垂直距离小于 2.5m 时，采用遮拦隔离，遮拦下面通道的高度不小于 1.9m。

7）配电室围栏上端与其正上方带电部分的净距不小于 0.075m。

8）配电装置上端距顶棚不小于 0.5m。

9）配电室内的母线涂刷有色油漆，以标志相序；以柜正面方向为基准，其涂色符合表 2-18 规定。

配电室内的母线涂色规定   表 2-18

相别	颜色	垂直排列	水平排列	引下排列
Ll（A）	黄	上	后	左
L2（B）	绿	中	中	中
L3（C）	红	下	前	右
N	淡蓝	—	—	—

10）配电室的建筑物和构筑物的耐火等级不低于 3 级，室内配置砂箱和可用于扑灭电气火灾的灭火器。

11）配电室的门向外开，并配锁。

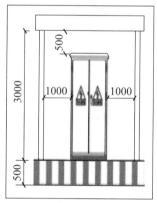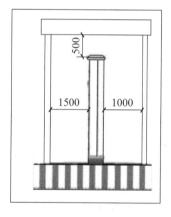

图 2-93 配电室示意图

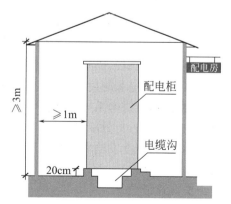

图 2-94 配电室内布置示意图

（3）配电室的照明

配电室的照明应包括两个彼此独立的照明系统，一是正常照明，二是事故照明。

（4）配电柜

1）配电柜应装设电源隔离开关及短路、过载、漏电保护电器。电源隔离开关分断时应有明显可见分断点。

2）配电柜或配电线路停电维修时，应挂接地线，并应悬挂"禁止合闸有人工作"停电标志牌。停送电必须由专人负责。

3）配电室应保持整洁，不得堆放任何妨碍操作、维修的杂物。

图 2-95　配电柜内布局实例图

2. 自备电源

施工现场设置的自备电源，即是指自备的 230/400V 发电机组。

（1）需设置自备电源的情况

1）正常用电时，由外电线路电源供电，自备电源仅作为外电线路电源停止供电时的后备持续供电电源；

2）正常用电时，无外电线路电源可供取用、自备电源即作为正常用电的电源。

（2）自备电源使用安全要求

1）发电机组及其控制、配电、修理室等可分开设置，在保证电气安全距离和防火要求情况下可合并设置；

2）发电机组的排烟管道必须伸出室外，发电机组及其控制、配电室内必须配置可用于扑灭电气火灾的灭火器，严禁存放贮油桶；

3）发电机组电源必须与外电线路电源连锁，严禁并列运行；

4）发电机组的供配电系统应采用具有专用保护零线的三相四线制中性点直接接地系统，发电机组电源的接零系统应独立设置，与外电线路隔离，不得有电气连接；

5）发电机供电系统应设置隔离开关及短路、过载、漏电保护电器，电源隔离开关分断时应有明显可见分断点；

6）两台以上发电机组并列运行时，必须装设同期装置，并在机组同步运行后再向负载供电。

3. 配电装置

施工现场的配电装置是指施工现场用电工程配电系统中设置的总配电箱（配电柜）分配电箱和开关箱。

（1）箱体结构

1）箱体材料。箱体一般应采用冷轧钢板或阻燃绝缘材料制作。采用冷轧钢板制作时，厚度应为1.2～2.0mm。其中，开关箱箱体钢板厚度应不小于1.2mm，配电箱箱体钢板厚度应不小于1.5mm。箱体钢板表面应做防腐处理并涂面漆。采用阻燃绝缘板，例如环氧树脂纤维木板、电木板等。其厚度应保证适应户外使用，具有足够的机械强度。

2）电器安装板。配电箱、开关箱内应配置电器安装板，用以安装所配置的电器和接线端子板等。电器安装板应采用金属或非木质阻燃绝缘电器安装板。配电箱、开关箱内的电器（含插座）应先安装在金属或非木质阻燃绝缘电器安装板上，然后方可整体紧固在配电箱、开关箱箱体内。不得将所配置的电器、接线端子板等直接装设在箱体上。

3）N、PE接线端子板

① 配电箱、开关箱的电器安装板上必须加装N线端子板和PE线端子板。N线端子板必须与金属电器安装板绝缘，PE线端子板必须与金属电器安装板作电气连接。

进出线中的N线必须通过N线端子板连接，PE线必须通过PE线端子板连接。

② 配电箱、开关箱的金属箱体，金属电器安装板以及电器正常不带电的金属底座、外壳等必须通过PE线端子板与PE线作电气连接，金属箱门与金属箱体必须通过采用编织软铜线作电气连接。

③ N、PE端子板的接线端子数应与箱的进、出线路数保持一致。

④ N、PE端子板应采用紫铜板制作。

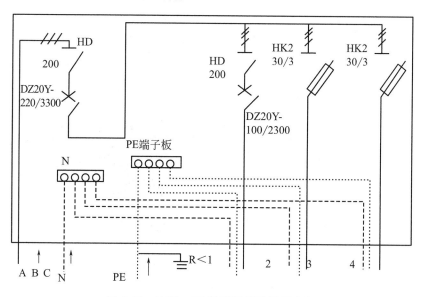

图2-96 N线、PE线端子板连接示意图

4）进、出线口

① 配电箱、开关箱导线的进、出线口应设置在箱体正常安装位置的下底面，并设固定线卡。

② 进、出线口应光滑，以圆口为宜，加绝缘护套。

③ 导线不得与箱体直接接触。进、出线口应配置固定线卡，将导线加绝缘保护套成束卡固在箱体上。

④ 移动式配电箱、开关箱的进、出线应采用橡皮护套绝缘电缆，不得有接头。

⑤ 进、出线口数应与进、出线总路数保持一致。

5）门锁。配电箱、开关箱箱体应设箱门并配锁，以适应户外环境和用电管理要求。

6）防雨、防尘。配电箱、开关箱的外形结构应具有防雨、防雪、防尘功能，以适应户外环境和用电安全要求。

（2）电器配置原则

1）总配电箱的电器配置原则。总配电箱的电器应具备电源隔离、正常接通与分断电路，以及短路、过载、漏电保护功能。

① 当总路设置总漏电保护器时，还应装设总隔离开关、分路隔离开关以及总断路器、分路断路器或总熔断器、分路熔断器。若总漏电保护器是同时具备短路、过载、漏电保护功能的漏电断路器，则可不设总断路器或总熔断器。

② 当各分路设置分路漏电保护器时，还应装设总隔离开关、分路隔离开关以及总断路器、分路断路器或总熔断器、分路熔断器。若分路所设漏电保护器是同时具备短路、过载、漏电保护功能的漏电断路器，则可不设分路断路器或分路熔断器。

③ 隔离开关应设置于电源进线端，应采用分断时具有可见分断点并能同时断开电源所有极或彼此靠近的单极的隔离电器，不得采用分断时不具有可见分断点的电器。当采用具有可见分断点的断路器时，可不另设隔离开关。

④ 熔断器应选用具有可靠灭弧分断功能的产品。

⑤ 总开关电器的额定值、动作整定值应与分路开关电器的额定值、动作整定值相适应。

此外，总配电箱应装设电压表、总电流表、电度表及其他需要的仪表。装设电流互感器时，其二次回路必须与保护零线有一个连接点，且严禁断开电路。

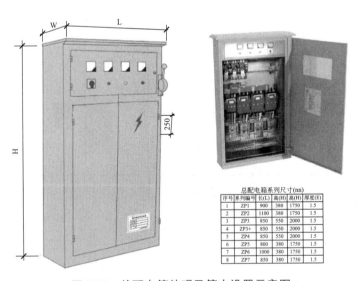

总配电箱系列尺寸(nn)

序号	系列编号	长(L)	高(H)	高(H)	厚度(E)
1	ZP1	900	380	1750	1.5
2	ZP2	1100	380	1750	1.5
3	ZP3	850	550	2000	1.5
4	ZP3+	850	550	2000	1.5
5	ZP4	850	550	2000	1.5
6	ZP5	800	380	1750	1.5
7	ZP6	1000	380	1750	1.5
8	ZP7	850	380	1750	1.5

图 2-97　总配电箱外观及箱内设置示意图

2）分配电箱的电器配置原则。分配电箱的电器配置在采用二级漏电保护的配电系统中，分配电箱中不要求设置漏电保护器，但电源隔离开关、过载与短路保护电器必须设置。

① 总路应设置总隔离开关，以及总断路器或总熔断器。

② 分路应设界分路隔离开关，以及分路断路器或分路熔断器。

③ 隔离开关应设置于电源进线端，并采用分断时具有可见分断点且能同时断开电源所有极或彼此靠近的单极的隔离电器，不得采用分断时不具有可见分断点的电器。当采用分断时具有可见分断点的断路器时，可不另设隔离开关。

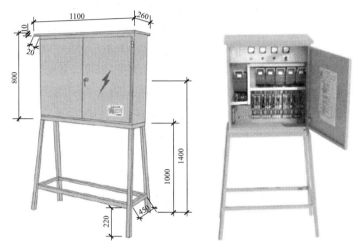

图 2-98　分配电箱外观及箱内设置示意图

3）开关箱的电器配置原则。每台用电设备必须有各自专用的开关箱，严禁用同一个开关箱直接控制 2 台及 2 台以上用电设备（含插座）。

① 开关箱必须装设隔离开关、断路器或熔断器以及漏电保护器。

② 当漏电保护器是同时具有短路、过载、漏电保护功能的漏电断路器时，可不装设断路器或熔断器。

③ 隔离开关应采用分断时具有可见分断点，能同时断开电源所有极的隔离电器，并应设置于电源进线端。当断路器具有可见分断点时，可不另设隔离开关。

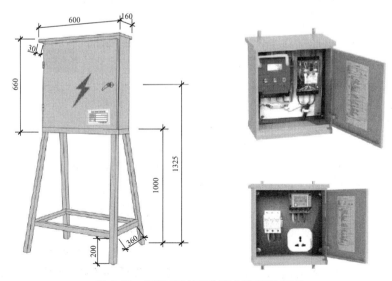

图 2-99　开关箱外观及箱内设置示意图

（3）电器选择

1）配电箱内的开关电器必须是合格产品，不论是选用新电器，还是延用旧电器，必须完整、无损、动作可靠、绝缘良好。严禁使用任何破损电器。

2）配电箱、开关箱内必须设置在任何情况下能够分断、隔离电源的开关电器。手动隔离开关一般用作空载情况下通断电路，接触器等则用作正常负载和故障情况下通断电路。

3）配电箱内的开关电器应与配电线路一一对应配合，作分路设置，以确保专路专控。总开关电器与分路开关电器的额定值，动作整定值应当相适应，以确保在故障情况下分级动作。

4）开关箱与用电设备之间实行"一机一闸"制。防止"一闸多机"带来意外伤害事故。开关箱的开关电器的额定值应与用电设备额定容量相适应。

5）总配电箱、开关箱内设置的漏电保护器，其额定漏电动作电流和额定漏电动作时间应安全可靠，并具有合理的分级配合。

6）手动开关电器只可用于直接控制小容量（3.0kW以下）动力电路和照明电路。大容量的动力电路，尤其是电动机电路，由于手动开关通断速度慢，容易产生较强电弧，灼伤人或电器，故应采用自动开关或接触器等进行控制。

7）总配电箱和开关箱中漏电保护器的极数和线数必须与其负荷侧负荷的相数和线数一致。

8）配电箱、开关箱中的漏电保护器宜选用无辅助电源型（电磁式）产品，或选用辅助电源故障时能自动断开的辅助电源型（电子式）产品。当选用辅助电源故障时不能自动断开的辅助电源型（电子式）产品时，应同时设置缺相保护。

9）漏电保护器应装设在总配电箱、开关箱靠近负荷的一侧，且不得用于启动电气设备的操作。

（4）使用与维护

1）配电装置的使用

① 各级配电装置的箱（柜）门处均应有名称、用途、分路标记及内部电气系统接线图。

② 各级配电装置均应配锁，并由专人负责开启和关闭锁具。

③ 电工和用电人员工作时，必须按规定穿戴绝缘防护用品，使用绝缘工具。

④ 配电装置送电和停电时，必须严格遵循下列操作顺序：

送电操作顺序为：总配电箱（配电柜）—分配电箱—开关箱；

停电操作顺序为：开关箱—分配电箱—总配电箱（配电柜）。

如遇发生人员触电或电气火灾的紧急情况，则允许就近迅速切断电源。

⑤ 施工现场下班停止工作时，必须将班后不用的配电装置分闸断电并上锁。班中停止作业一小时及以上时，相关动力开关箱应断电上锁。暂时不用的配电装置也应断电上锁。

⑥ 配电装置必须按其正常工作位置安装牢固、稳定、端正。固定式配电箱、开关箱的中心点与地面的垂直距离应为1.4~1.6m，立式配电箱支脚不低于120mm；移动式配电箱、开关箱的中心点与地面的垂直距离宜为0.8~1.6m。

⑦ 配电箱、开关箱内的电气配置和接线严禁随意改动，并不得随意挂接其他用电设备.配电箱、开关箱的电源进线端严禁采用插头和插座作活动连接。熔断器的熔体更换时，严禁采用不符合原规格的熔体代替。

⑧ 配电装置的漏电保护器应于每次使用前用试验按钮试跳一次，只有试跳正常才可继续使用。

2）配电装置的维护

① 配电装置设置场所应保持干燥、通风、常温。应及时清除易燃易爆物、腐蚀介质、积水和杂物，并留有足够两人同时工作的空间和通道。

② 配电装置内不得放置任何杂物，尤其是易燃易爆物、腐蚀介质和金属物，并经常保持清洁。

③ 配电装置的进出线应防止受腐蚀、拉力和机械损伤，不得被杂物掩埋。

④ 对配电箱、开关箱进行定期检查、维修时，必须将其前一级相应的电源隔离开关分闸断电，并悬挂"禁止合闸有人工作"停电标志牌，严禁带电作业。停送电必须由专人执行。检查、维修人员必须是专业电工，并穿戴绝缘、防护用品，使用绝缘工具。

⑤ 更换配电装置内电器时，必须与原规格、性能保持一致，不得使用与原规格、性能不一致的代用品。

4. 配电设备的防护

（1）配电室应采取防止雨雪侵入和动物进入的措施。

（2）在塔式起重机回转半径之内或结构主体外延 6m 范围之内的配电箱，需按要求搭设双层防砸、一层防雨防护棚。电箱防护围栏主框架采用 40 方钢焊制，方钢间距按 15cm 设置，高度 2.4m，长宽 1.5~2m，正面设置栅栏门。

（3）装配式防护棚宜采用方钢焊接网片，拼装制作可周转使用，粉刷黄、黑相间（300~400mm）安全色标。

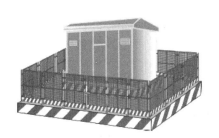 

图 2-100　配电室防护示意图　　　　图 2-101　配电箱防护棚示意图

（五）配电线路

在供配电系统中，除了有配电装置作为配电枢纽以外，还必须有连接配电装置和用电设备，传输、分配电能的电力线路，这就是配电线路。施工现场的配电线路，按其敷设方式和场所的不同，主要有架空线路、电缆线路、室内配线三种。设有配电室时，还应包括配电母线。

1. 配电线的选择

配电线的选择，实际上就是架空线路导线，电缆线路电缆，室内线路导线、电缆，以及配电母线的选择。

（1）架空线路的选择

架空线路的选择主要是选择架空线路导线的种类和导线的截面，其选择依据主要是线路敷设的要求和线路负荷计算的电流。架空线中各导线截面与线路工作制的关系为：三相四线制工作时，N线和PE线截面不小于相线（L线）截面的50%；单相线路的零线截面与相线截面相同。架空线的材质为：绝缘铜线或铝线，优先采用绝缘铜线。架空线的绝缘色标准为：当考虑架空线相序排列时：L1（A相）—黄色；L2（B相）—绿色；L3（C相）—红色。另外，N线—淡蓝色；PE线—绿/黄双色。

（2）电缆的选择

电缆的选择主要是选择电缆的类型、截面和芯线配置，其选择依据主要是线路敷设的要求和线路负荷计算的电流。电缆中必须包含全部工作芯线和用作保护零线或保护线的芯线。需要三相四线制配电的电缆线路必须采用五芯电缆。五芯电缆必须包含淡蓝、绿/黄二种颜色绝缘芯线。淡蓝色芯线必须用作N线，绿/黄双色芯线必须用作PE线，严禁混用。其中，N线和PE线的绝缘色规定，同样适用于四芯、三芯等电缆。而五芯电缆中相线的绝缘色则一般由黑、棕、白三色中两种搭配。

（3）室内配线的选择

室内配线必须采用绝缘导线或电缆。其选择要求基本与架空线路或电缆线路相同。

除以上三种配线方式外，在配电室里还有一个配电母线问题。由于施工现场配电母线常常采用裸扁铜板或裸扁铝板制作成所谓裸母线，因此其安装时，必须用绝缘子支撑固定在配电柜上，以保持对地绝缘和电磁（力）稳定。母线规格主要由总负荷计算电流确定。考虑到母线敷设有相序规定，母线表面应涂刷有色油漆，三相母线的相序和色标依次为L1（A相）—黄色；L2（B相）—绿色；L3（C相）—红色。

2. 配电线路的敷设

（1）架空线路的敷设

架空线路的组成一般包括四部分，即电杆、横担、绝缘子和绝缘导线。架空线相序排列顺序：

1）动力、照明线在同一横担上架设时，导线相序排列顺序是：面向负荷从左侧起依次为L1、N、L2、L3、PE。

2）动力、照明线在2层横担上分别架设时，导线相序排列顺序是：上层横担面向负荷从左侧起依次为L1、L2、L3；下层横担面向负荷从左侧起依次为L（L1或L2或L3）、N、PE。

架空线路电杆、横担、绝缘子、导线的选择和敷设方法应按现行《施工现场临时用电安全技术规范》KJGJ465的相关规定。严禁集束缠绕，严禁架设在树木、脚手架及其他设施上或从其中穿越。

架空线路与邻近线路或固定物的防护距离应符合现行《施工现场临时用电安全技术规范》的相关规定。

（2）电缆线路的敷设

电缆线路应采用埋地或架空敷设，严禁沿地面明设，并应避免机械损伤和介质腐蚀。埋地电缆路径应设方位标志。

1）埋地电缆的敷设

埋地电缆的敷设需要注意以下几点：

埋设方式。埋地电缆宜采用直埋方式。电缆直埋有很多优点，主要是施工简单，投资省，散热好，防护好，不易受损。

埋设位置。电缆埋设路径应保证电缆不受机械损伤，不受热源辐射，应尽量避开建筑物、构筑物和交通要道；与邻近外电电缆和管沟的平行间距不小于2m，交叉间距不小于1m。电缆埋设路径应设方位标志。

埋设深度和方法。电缆直埋时，应开挖深度不小于0.7m、断面为梯形的沟槽。敷设时，应在电缆紧邻上、下、左、右侧均匀敷设不小于50mm厚的细砂，然后回填原土，并于地表面覆盖砖、混凝土板等硬质保护层。

电缆接头。直埋电缆的接头应设在地面上的接线盒内，在地下不得有接头。

电缆防护。直埋电缆在穿越建筑物、构筑物、道路、易受机械损伤、介质腐蚀场所及引出地面从2m高到地下0.2m处，必须加设防护套管，防护套管内径不应小于电缆外径的1.5倍。电缆接线盒应能防水、防尘、防机械损伤，并远离易燃、易爆、易腐蚀场所。

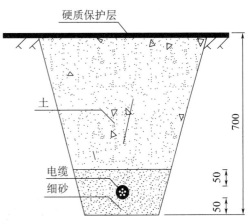

图2-102　直埋电缆示意图

2）架空电缆的敷设

架设方式。架空电缆应沿电杆、支架或墙体敷设，不得沿树木、屋面敷设，严禁沿脚手架敷设。

架设位置。电缆架设路径应保证电缆不受机械损伤和介质腐蚀。

架设高度和方法。电缆架空敷设高度符合架空线路敷设高度的要求。电缆架空敷设时，宜用绝缘子固定，用绝缘线绑扎，相邻固定点间距应保证电缆能承受自重带来的荷载，以防芯线被拉伸、变形或拉断。

电缆接头。架空电缆接头应连接牢固、可靠，并做绝缘、防水包扎，不得承受张力。

3）在建工程内电缆的敷设

引入方式。在建工程内的临时电缆线路必须采用埋地穿管方式引入，严禁穿越脚手架架空引入和沿地面门口引入。

敷设位置和方法。电缆垂直敷设时，应充分利用在建工程的竖井、垂直孔洞等，并应尽量靠近负荷中心。固定点每楼层不少于一处，以分解和削弱电缆自重带来的张力，并避免电缆晃动。电缆水平敷设时，宜沿门口和墙体刚性固定，且其相对作业地面垂直高度不小2m。电缆敷设应采用埋地或架空两种方式，严禁沿地面明设，以防机械损伤和介质腐蚀。直埋电缆在穿越建筑物、构筑物、道路、易受机械损伤、介质腐蚀场所及引出地面从2m高到地下0.2m处必须加设防护套管，防护套管内径不应小于电缆外径的1.5倍。电缆接线盒应能防水、防尘、防机械损伤，并远离易燃、易爆、易腐蚀场所。

（3）室内配线的敷设

安装在现场办公室、生活用房、加工厂房等暂设建筑内的配电线路，通称为室内配电线路，简称室内配线。室内配线分为明敷设和暗敷设两种。

1）明敷设可采用瓷瓶、瓷（塑料）夹配线，嵌绝缘槽配线和钢索配线三种方式，不得悬空乱拉。明敷干线的距地高度不得小于 2.5m。

2）暗敷设可采用绝缘导线穿管埋墙或埋地方式和电缆直埋墙或直埋地方式。

暗敷设线路部分不得有接头。

暗敷设金属穿管应作等电位连接，并与 PE 线相连接。

潮湿场所或埋地非电缆（绝缘导线）配线必须穿管敷设，管口和管接头应密封。严禁将绝缘导线直埋墙内或地下。

3. 线路的防护

（1）外电线路防护

1）在建工程不得在外电架空线路下方施工、搭设作业棚、建造生活设施或堆放构件、架具、材料及其他杂物等。

2）在建工程（含脚手架）的周边与外电架空线路的边线之间的最小安全操作距离应符合规范要求。当安全距离达不到规范要求时，必须采取绝缘隔离防护措施。

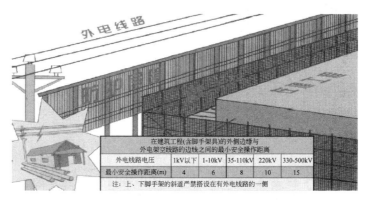

图 2-103　安全距离及外电防护示意图

3）在施工现场一般搭设防护架，其材料应使用木质等绝缘线材料。防护架距外电线路一般不小于 1m，必须停电搭设（拆除时也要停电）。防护架距作业面较近时，应用硬质绝缘材料封严，防止脚手架、钢筋等穿越触电。

图 2-104　防护架示意图

4）当架空线路在塔式起重机等起重机械的作业半径范围内时，其线路上方也应有防护措施，应计算考虑风荷载、雪荷载。为警示起重机作业，可在防护架上端间断设置小彩旗，夜间施工应有彩灯（或红色灯泡），其电源电压应为 36V。

图 2-105　起重机械作业范围内防护架示意图

（2）配电线路防护

1）架空线路的档距不得大于 35m，架空线路的线距不得小于 0.3m，靠近电杆的两导线的间距不得小于 0.5m；架空线最大弧垂与地面的最小垂直距离为 4m。

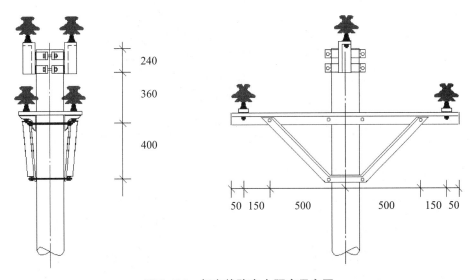

图 2-106　架空线路安全距离示意图

2）电缆线路应采用埋地、桥架或架空敷设，严禁沿地面明设。埋地电缆路径应设方位标志；电缆直接埋地敷设的深度应大于 0.7m，并应在电缆周围均匀敷设不小于 50mm 厚的细砂，然后覆盖砖或混凝土板凳保护。架空敷设时，应拉设钢索，固定间隔一定距离用绝缘线将电缆附着在钢索上。

3）楼层分配电中，电缆垂直敷设应利用工程中的竖井、垂直孔洞，宜靠近用电负荷中心，垂直布置的电缆每层楼固定点不得少于一处，电缆固定宜采用角钢做支架，瓷瓶做绝缘子固定。楼层电缆严禁穿越脚手架引入。

4）埋地电缆穿越建筑物、道路、易受到机械损伤，引出地面从 2.0m 高到地下 0.2m 处，必须加设防护套管，防护套管内径不应小于电缆外径的 1.5 倍。

5）配电线路必须采用绝缘导线或电缆。潮湿场所或埋地非电缆配线必须穿管敷设，管口管接头应密封；当采用金属管敷设时，金属管必须做等电位连接，必须与 PE 线相连接。

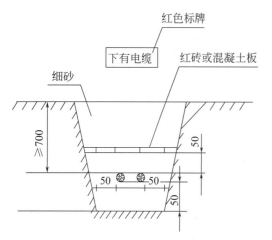

图 2-107　埋地电缆防护示意图

图 2-108　桥架敷设实例图

图 2-109　架空电缆钢索敷设实例图

图 2-110　楼层配电线路实例图

图 2-111　作业面电缆架空实例图

（六）接地与防雷

1. 接地

（1）接地装置

设备与大地作电气连接或金属性连接，称为接地。电气设备的接地，通常的方法是将

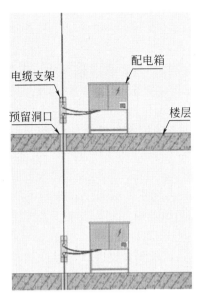

图 2-112 楼层配电及电缆敷设图

图 2-113 电缆敷设实例图

金属导体埋入地中，并通过导体与设备作电气连接（金属性连接）。这种埋入地中直接与地接触的金属物体称为接地体，而连接设备与接地体的金属导体称为接地线，接地体与接地线的连接组合就称为接地装置。

1）接地体。接地体一般分为自然接地体和人工接地体两种。

① 自然接地体。自然接地体是指原已埋入地下并可兼作接地用的金属物体。例如原已埋入地中的直接与地接触的钢筋混凝土基础中的钢筋结构、金属井管、非燃气金属管道、铠装电缆（铅包电缆除外）的金属外皮等，均可作为自然接地体。

② 人工接地体。人工接地体是指人为埋入地中直接与地接触的金属物体，简言之，即人工埋入地中的接地体。用作人工接地体的金属材料通常可以采用圆钢、钢管、角钢、扁钢，及其焊接件，但不得采用螺纹钢和铝材。

2）接地线。接地线可以分为自然接地线和人工接地线。

① 自然接地线。自然接地线是指设备本身原已具备的接地线。如钢筋混凝土构件的钢筋、穿线钢管、铠装电缆（铅包电缆除外）的金属外皮等。自然接地线可用于一般场所

各种接地的接地线，但在有爆炸危险场所只能用作辅助接地线。自然接地线各部分之间应保证电气连接，严禁采用不能保证可靠电气连接的水管和既不能保证电气连接又有可能引起爆炸危险的燃气管道作为自然接地线。

② 人工接地线。人工接地线是指人为设置的接地线。人工接地线一般可采用圆钢、钢管、角钢、扁钢等钢质材料，但接地线直接与电气设备相连的部分以及采用钢接地线有困难时，应采用绝缘铜线。

3）接地装置的敷设。接地装置的敷设应遵循下述原则和要求：

① 应充分利用自然接地体。当无自然接地体可利用，或自然接地体电阻不符合要求，或自然接地体运行中各部分连接不可靠，或有爆炸危险场所，则需敷设人工接地体。

② 应尽量利用自然接地线。当无自然接地线可利用，或自然接地线不符合要求，或自然接地线运行中各部分连接不可靠，或有爆炸危险场所，则需要敷设人工接地线。

③ 人工接地体可垂直敷设或水平敷设。垂直敷设时，如图 2-114 所示，接地体相互间距不宜小于其长度的 2 倍，顶端埋深一般为 0.8m；水平敷设时，接地体相互间距不宜小于 5m，埋深一般不小于 0.8m。

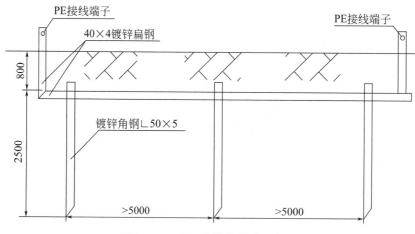

图 2-114 人工接地体做法示意图

④ 人工接地体和人工接地线的最小规格分别见表 2-19 和表 2-20。

人工接地体最小规格   表 2-19

材料名称	规格项目	最小规格
圆钢	直径/mm	4
钢管	壁厚/mm	3.5
角钢	板厚/mm	4
扁钢	截面/mm²	48
	板厚/mm	6

注：敷设在腐蚀性较强的场所或土壤电阻率 $\rho \leqslant 100\Omega \cdot m$ 的潮湿土壤中的接地体，应适当加大规格或热镀锌。

材料名称	规格项目	地上敷设		地下敷设
		室内	室外	
圆钢	直径/mm	5	6	8
钢管	壁厚/mm	2.5	2.5	3.5
角钢	板厚/mm	2	2.5	3.5
扁钢	截面/mm²	24	48	48
	板厚/mm	3	4	8
绝缘铜线	截面/mm²		1.5	

人工接地线最小规格　　　　　　　　　　　　　表 2-20

注：敷设在腐蚀性较强的场所或土壤电阻率 $\rho \leqslant 100\Omega \cdot m$ 的潮湿土壤中的接地体，应适当加大规格或热镀锌。

⑤ 接地体和接地线之间的连接必须采用焊接。扁钢与钢管（或角钢）焊接时，搭接长度为扁钢宽度的 2 倍，且至少 3 面焊接；圆钢与钢管（或角钢）焊接时，搭接长度为圆钢直径的 6 倍，且至少 2 个长面焊接。

⑥ 接地线可用扁钢或圆钢。接地线应引出地面，在扁钢上端打孔或在圆钢上焊钢板打孔用螺栓加垫与保护零线（或保护零线引下线）连接牢固，要注意除锈，保证电气连接。

⑦ 接地线及其连接处如位于潮湿或腐蚀介质场所，应涂刷防潮、防腐蚀油漆。

⑧ 每一组接地装置的接地线应采用两根及以上导体，并在不同点与接地体焊接。

⑨ 接地体周围不得有垃圾或非导体杂物，且应与土壤紧密接触。应当特别注意，金属燃气管道不能用作自然接地体或接地线，螺纹钢和铝板不能用作人工接地体。

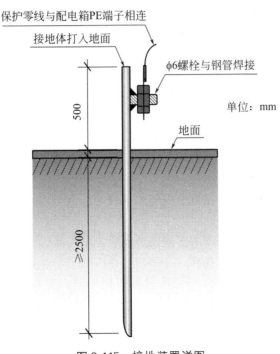

图 2-115 接地装置详图

（2）接地的类型

施工现场临时用电工程中，接地主要包括工作接地、保护接地、重复接地和防雷接地四种。

1）工作接地。施工现场临时用电工程中，因运行需要的接地（例如三相供电系统中，电源中性点的接地）称为工作接地。在工作接地的情况下，大地作为一根导线，而且能够稳定设备导电部分的对地电压。

2）保护接地。施工现场临时用电工程中，因漏电保护需要，将电气设备正常情况下不带电的金属外壳和机械设备的金属构件（架）接地，称为保护接地。在保护接地的情况下，能够保证工作人员的安全和设备的可靠工作。

3）重复接地。在中性点直接接地的电力系统中，为了保证接地的作用和效果，除在中性点处直接接地外，还须在中性线上的一处或多处再作接地，称为重复接地。电力系统的中性点，是指三相电力系统中绕组或线圈采用星形连接的电力设备（如发电机、变压器等）各相的连接对称点和电压平衡点，其对地电位在电力系统正常运行时为零或接近于零。

4）防雷接地。防雷装置（避雷针、避雷器、避雷线等）的接地，称为防雷接地。防雷接地的设置主要是用作雷击时将雷电流泄入大地，从而保护设备、设施和人员等的安全。

2. 防雷

（1）防雷装置

雷电是一种破坏力、危害性极大的大自然现象，要想消除它是不可能的，但消除其危害却是可能的。即可通过设置一种装置，人为控制和限制雷电发生的位置，并使其不至于危害到需要保护的人、设备或设施。这种装置称作防雷装置或避雷装置。

（2）防雷部位的确定

参照现行国家标准《建筑物防雷设计规范》GB50057，施工现场需要考虑防止雷击的部位主要是塔式起重机、物料提升机、外用电梯等高大机械设备及钢脚手架、在建工程金属结构等高架设施，并且其防雷等级可按三类防雷对待。防感应雷的部位则是设置现场变电所的进、出线处。

首先应考虑邻近建筑物或设施是否有防止雷击装置，如果有，它们是在其保护范围以内，还是在其保护范围以外。如果施工现场的起重机、物料提升机、施工升降机等机械设备，以及钢管脚手架和正在施工的在建工程等的金属结构，在相邻建筑物、构筑物等设施的防雷装置保护范围以外，则应按规定安装防雷装置。

（3）防雷保护范围

防雷保护范围是指接闪器对直击雷的保护范围。接闪器防止雷击的保护范围是按"滚球法"确定的，所谓滚球法是指选择一个半径为 hr 由防雷类别确定的一个可以滚动的球体，沿需要防直击雷的部位滚动，当球体只触及接闪器（包括被利用作为接闪器的金属物），或只触及接闪器和地面（包括与大地接触并能承受雷击的金属物），而不触及需要保护的部位时，则该未被触及部分就得到接闪器的保护。

3. 接地电阻要求

（1）单台容量超过 100kVA 或使用同一接地装置并联运行且总容量超过 100kVA 的电

力变压器或发电机的工作接地电阻值不得大于4Ω。

（2）单台容量不超过100kVA或使用同一接地装置并联运行且总容量不超过100kVA的电力变压器或发电机的工作接地电阻值不得大于10Ω。

（3）在土壤电阻率大于1000Ω·m的地区，当达到上述接地电阻值有困难时，工作接地电阻值可提高到30Ω。

（4）在TN系统中，保护零线每一处重复接地装置的接地电阻值不应大于10Ω。在工作接地电阻值允许达到10Ω的电力系统中，所有重复接地的等效电阻值不应大于10Ω。

（5）在有静电的施工现场内，对集聚在机械设备上的静电应采取接地泄漏措施。每组专设的静电接地体的接地电阻值不应大于100Ω，高土壤电阻率地区不应大于1000Ω。

（6）施工现场内所有防雷装置的冲击接地电阻值不得大于30Ω。

4. 接地与防雷要求

（1）在TN系统中，保护零线除必须在配电室或总配电箱处做重复接地外，还必须在配电系统的中间处和末端处做重复接地。下列电气设备不带电的外露可导电部分应做保护接零：

1）电机、变压器、电器、照明器具、手持式电动工具的金属外壳；

2）电气设备传动装置的金属部件；

3）配电柜与控制柜的金属框架；

4）配电装置的金属箱体、框架及靠近带电部分的金属围栏和金属门；

5）电力线路的金属保护管、敷线的钢索、起重机的底座和轨道、滑升模板金属操作平台等；

6）安装在电力线路杆（塔）上的开关、电容器等电气装置的金属外壳及支架。

（2）城防、人防、隧道等潮湿或条件特别恶劣施工现场的电气设备必须采用保护接零。

（3）在TN系统中，下列电气设备不带电的外露可导电部分，可不做保护接零：

1）在木质、沥青等不良导电地坪的干燥房间内，交流电压380V及以下的电气装置金属外壳（当维修人员可能同时触及电气设备金属外壳和接地金属的件的除外）；

2）安装在配电柜、控制柜金属框架和配电箱的金属箱体上，且与其可靠电气连接的电气测量仪表、电流互感器、电器的金属外壳。

（4）在TN系统中，严禁将单独敷设的工作零线再做重复接地。

（5）每一接地装置的接地线应采用2根及以上导体，在不同点与接地体做电气连接。不得采用铝导体做接地体或地下接地线。垂直接地体宜采用角钢、钢管或光面圆钢，不得采用螺纹钢，垂直接地体的间距一般不小于5m，接地体顶面埋深不应小于0.5m。接地可利用自然接地体，但应保证其电气连接和热稳定。

（6）移动式发电机供电的用电设备，其金属外壳或底座应与发电机电源的接地装置有可靠的电气

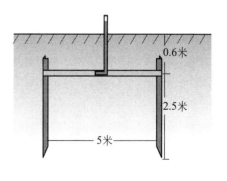

图2-116　重复接地示意图

连接。移动式发电机系统接地应符合电力变压器系统接地的要求。下列情况可不另做保护接零：

1）移动式发电机和用电设备固定在同一金属支架上，且不供给其他设备用电时。

2）不超过2台的用电设备由专用的移动式发电机供电，供、用电设备间距不超过50m，且供、用电设备的金属外壳之间有可靠的电气连接时。

（7）在土壤电阻率低于200Ω·m区域的电杆可不另设防雷接地装置，但在配电室的架空进线或出线处应将绝缘子铁脚与配电室的接地装置相连接。

（8）当最高机械设备上避雷针（接闪器）的保护范围能覆盖其他设备，且又最后退出于现场，则其他设备可不设防雷装置。施工现场内的起重机、井字架、龙门架等机械设备，以及钢脚手架和正在施工的在建工程等的金属结构，当在相邻建筑物、构筑物等设施的防雷装置接闪器的保护范围以外时，应按下表规定装防雷装置。

施工现场内机械设备及高架设施需安装防雷装置的规定　　　　表2-21

地区年平均雷暴日（d）	机械设备高度（m）
≤15	≥50
>15，<40	≥32
≥40，<90	≥20
≥90，及雷害特别严重地区	≥12

（9）机械设备或设施的防雷引下线可利用该设备或设施的金属结构体，但应保证电气连接。

（10）机械设备上的避雷针（接闪器）长度应为1～2m。塔式起重机可不另设避雷针（接闪器）。

（11）安装避雷针（接闪器）的机械设备，所有固定的动力、控制、照明、信号及通信线路，宜采用钢管敷设。钢管与该机械设备的金属结构体应做电气连接。

（12）做防雷接地机械上的电气设备，所连接的PE线必须同时做重复接地，同一台机械电气设备的重复接地和机械的防雷接地可共用同一接地体，但接地电阻应符合重复接地电阻值的要求。

第六节　安全防护

一、安全防护一般规定

（一）承揽工程的施工单位必须具备相应的建筑业资质和安全生产许可证。

（二）施工作业人员入场前必须接受安全生产教育培训，考核合格后方可上岗作业。

（三）施工单位必须在危险性较大的分部分项工程施工前编制专项方案并按照专项方案组织施工。

（四）对于超过一定规模的危险性较大的分部分项工程，施工单位必须组织专家对专项方案进行论证。

（五）施工现场应按照相关要求编制应急救援预案，发生该事故及突发事件应立即启动应急救援预案。在险情处置过程中，应严格按照应急预案组织救援。

（六）安全帽质量应符合现行国家标准《安全帽》GB2811规定。进入施工区域的所有人员，必须正确佩戴安全帽，系好下颌带。

（七）安全带应符合现行国家标准《安全带》GB6095规定。凡在坠落高度距基准面2m（含2m）以上施工作业，在无法采取可靠防护措施的情况下，必须正确使用安全带。

（八）安全网应符合现行国家标准《安全网》GB5725规定。阻燃型平（立）网续燃、阻燃时间不应大于4s，外观要求缝线无跳针，无断纱缺陷。

（九）施工现场使用的密目式安全立网应选用绿色或蓝色，安全网应定期清理，保持整齐、清洁。

二、洞口防护

（一）水平洞口防护

1. 桩（井）口防护

桩（井）开挖深度超过2m时，应设临边防护。临边防护可采用钢管扣件式、网片式、格栅式或组装式，且符合相应要求。高度不应低于1.2m，距离桩（井）边距离不应小于1.0m。桩（井）口设置盖板进行覆盖，盖板四周宜采用∟30mm×30mm×1.6mm角钢设置，中间采用$\phi16$钢筋焊接，间距不应大于110mm，盖板尺寸大于桩（井）口300mm。

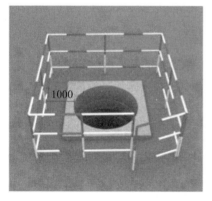

图2-117 桩（井）开挖阶段洞口防护

图2-118 桩（井）成孔后或混凝土浇筑后洞口防护

2. 短边尺寸≤1500mm

（1）第一种方式

1）主体结构施工阶段，洞口内应布设钢筋。

2）采用$\phi6@200mm$单层双向钢筋作为防护网，在混凝土浇筑前预设于模板内。

3）模板拆除后，在洞口上部采用硬质材料封闭，并穿孔用铁丝绑扎于预留钢筋上。

4）当洞口安装管线时，可切割相应尺寸的钢筋网片，余留部分作为安装阶段的防护措施。

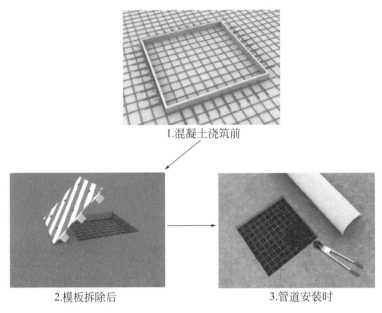

1.混凝土浇筑前

2.模板拆除后　　　　　　　3.管道安装时

图 2-119　短边尺寸≤1500mm 防护示意图（一）

（2）第二种方式

1）根据洞口尺寸大小，锯出相当长度木枋卡固在洞口，然后将硬质盖板用铁钉钉在木枋上，作为硬质防护。

2）盖板承载力应满足使用要求，四周应大于洞口 200mm，要求均匀搁置，刷红白警示漆。

3）洞口盖板应能承受不小于 1kN 的集中荷载和不小于 2kN/m² 的均布荷载，有特殊要求的盖板应另行设计。

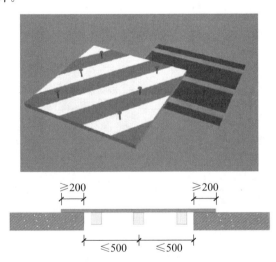

图 2-120　短边尺寸≤1500mm 防护示意图（二）

3. 短边尺寸＞1500mm

（1）洞口四周搭设工具式防护栏杆，可选用网片式、格栅式和组装式，下口设置挡脚板并张挂水平安全网。

（2）防护栏杆距离洞口边不得小于200mm。

（3）栏杆表面刷红白相间警示油漆。

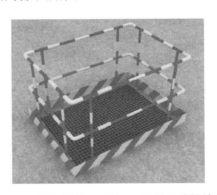

图 2-121　短边尺寸＞1500mm 的洞口防护效果图

4. 后浇带

后浇带用模板封闭隔离，两侧设挡水坎，粉刷平直，刷红白或黄黑色警示漆。

图 2-122　后浇带防护效果图

5. 电梯井内

（1）电梯井钢平台提升后，采用钢管穿墙搭设网格进行防护。

（2）在预留孔中穿 2 根 $\phi48.3\times3.6$mm 钢管，钢管外端用钢管扣件链接固定，以防脱落。

（3）在钢管平台上铺设 50mm×100mm 木方，上铺硬质材料进行封闭或张挂安全平网防护。

（4）作业层下方应张挂安全平网，下部应按每两层且不大于 10m 设置一道安全平网，防护边缘与墙体间距不应大于 25mm，拉结应牢固。

（5）层高小于 5m 时，采用一层硬防护一层软防护，交错布置。

图 2-123　电梯井水平防护效果图

（二）竖向洞口防护

1. 室内电梯井口

（1）三件套式防护

1）三件套式防护，由防护门、水平杆、"L"型卡固件（通过套筒贯穿于水平杆），卡固件向外滑移卡固于井道内侧。

2）装饰施工阶段可采取临时防护措施，待该部位抹灰完成后可重新安装恢复。

防护门可选用网片式或格栅式。防护栏高度不低于1500mm，宽度根据电梯井口尺寸选定。防护门地段距离地面高度不大于50mm，在防护门底部安装180mm高挡脚板。防护门外侧张挂"当心坠落"等安全警示牌。

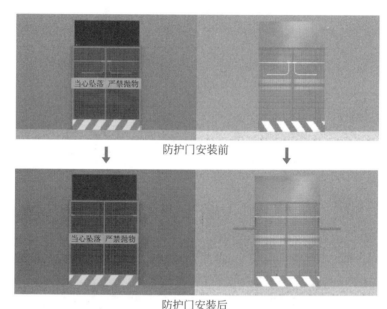

防护门安装前

防护门安装后

图 2-124　三件套式防护效果图

（2）上翻式防护

1）防护栏高为1.5m，宽度为1.5m和2.1m两种规格，根据建筑物井口尺寸选定。

2）在防护门上口两端设置ϕ16钢筋作为翻转轴，以使门上下翻转。

3）在防护门底部安装200mm高挡脚板，防护门外侧张挂"当心坠落　严禁抛物"安全警示牌。

2. 施工升降机平台出口

（1）施工升降机平台出口安装高1800mm对开式防护门。防护门可采用方管和钢板网焊接而成，外框采用角钢，门与门框采用合页连接。门框的下沿设置扁钢同角钢焊接，高度不应超过楼层平台，门扇下口距离平台小于100mm。

（2）门扇外框采用方钢管制作，门框两侧焊接钢管，与外架横杆采用管箍连接。门扇锁扣设在防护门靠电梯笼一侧。

（3）升降机接料平台设置防护栏杆（高1200mm），在高度范围内满铺密目网，下部设置挡脚板。防护栏杆均刷红白或黄黑相见警戒色。

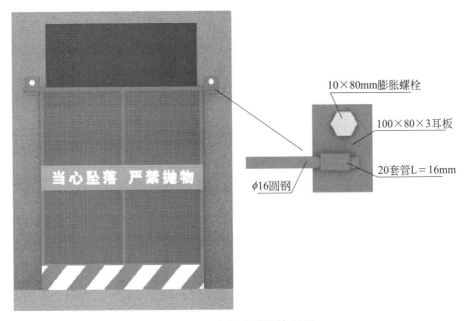

图 2-125　上翻式防护效果图

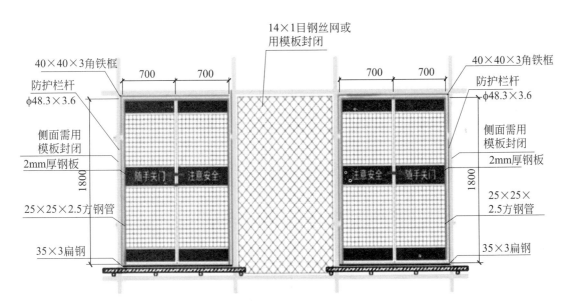

图 2-126　电梯接料平台做法

三、临边防护

（一）钢管、扣件式防护

基坑边、楼层边、阳台边、屋面边等防护栏杆采用钢管、扣件搭设时应符合下列要求：

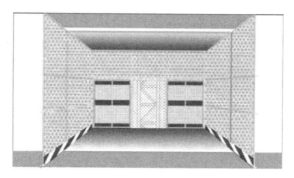

图 2-127　电梯接料平台效果图（自楼内向外看）

1. 防护栏杆应为两道横杆，上杆距地面高度应为 1.2m，下杆应在上杆和挡脚板中间设置。防护栏杆立杆间距不应大于 2m，内侧满挂密目安全网，下设不小于 180mm 高挡脚板。

2. 基坑临边时，立杆与基坑边坡的距离不应小于 500mm，基坑周边砌筑 200～300mm 高挡水墙。

3. 坡度大于 1∶2.2 的屋面临边时，防护栏杆上杆离防护面高度不低于 1500mm，并增设一道横杆，满挂密目安全网。

4. 防护栏杆内侧满挂密目安全网，防护栏杆及挡脚板刷红白或黄黑警示漆。

5. 防护栏杆的设置、固定及连接应牢固，任何处均能承受任何方向的最小 1kN 外力作用。

6. 防护栏杆和密目安全网内侧悬挂安全警示标识，每面至少挂两个。基坑周边宜设置夜间警示灯。

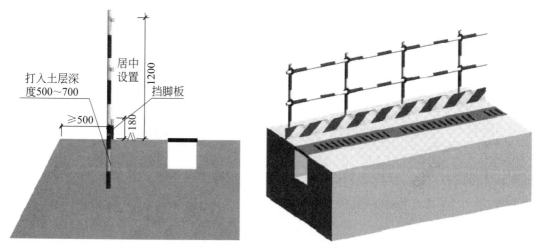

图 2-128　基坑临边防护示意图

（二）窗台临边防护

1. 对于窗台、竖向洞口高度低于 1000mm 的临边，可以采用横杆进行防护，其端部采

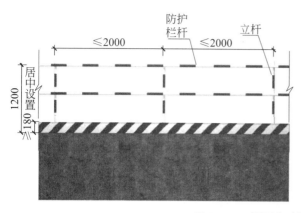

图 2-129　楼层临边防护示意图

用专用连接件（单边扣件或铸铁式防护配件）进行固定。

2. 防护采用一道栏杆形式，栏杆离地 1200mm。

3. 钢管表面涂刷红白相间油漆警示，并张挂"当心坠落"安全警示标志牌。

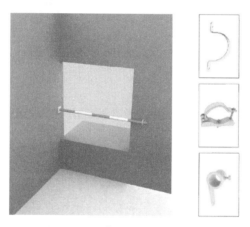

图 2-130　窗洞口防护示意图

（三）工具化钢管防护

工具化钢管防护宜使用在建筑楼梯、临边、洞口、基坑边、楼层边、阳台边、屋面边，防护栏杆采用钢管、扣件搭设时应符合下列要求：

1. 楼梯临边防护宜采用定型化、工具式，杆件的规格及连接固定方式应符合规范要求。

2. 立柱间距不应大于 2000mm。底部应设置不低于 180mm 高的挡脚板。

3. 栏杆及挡脚板宜刷红白相间油漆。

（四）网片式防护

1. 第一种类型

适用于加工车间围护、塔式起重机基础处围护、消防泵围护、室内电梯井门等。

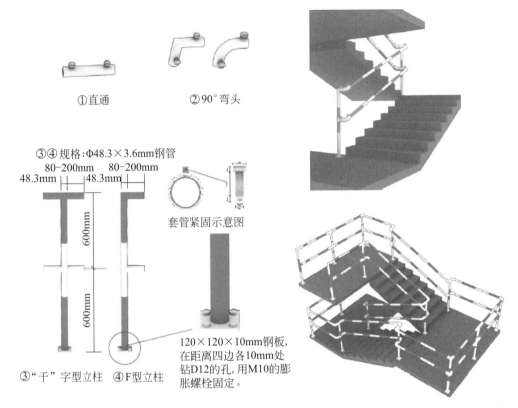

①直通　　②90°弯头

③④ 规格：Φ48.3×3.6mm钢管

套管紧固示意图

③"干"字型立柱　④F型立柱

120×120×10mm钢板，在距离四边各10mm处钻D12的孔，用M10的膨胀螺栓固定。

图 2-131　定型化杆件及楼梯边防护示意图

（1）立柱采用 40mm×40mm 方钢，在上下两端 250mm 处及中间各焊接 50mm×50mm×6mm 的钢板，三道连接板均采用 10mm 螺栓固定连接，或用三道承插式连接。

（2）防护栏外框采用 30mm×30mm 方钢，每片高 1800mm，宽 1500mm，底下 200mm 处加设钢板作为挡脚板，中间采用钢板网，钢丝直径或截面不小于 2mm，网孔边长不大于 20mm。

（3）立柱和挡脚板表面刷红白相间油漆警示，钢板网刷红色油漆，并张挂安全警示标牌。

（4）立柱底部采用 120mm×120mm×10mm 钢板底座，并用四个 M10 膨胀螺栓与地面固定。

2. 第二种类型

适用于地面施工区域分隔，基坑周边防护，首层（或上部楼层）结构临边防护。

（1）立柱采用 40mm×40mm 方钢，在上下两端 250mm 处各焊接 50mm×50mm×6mm 的钢板，两道连接板均采用 10mm 螺栓固定连接，或用两道承插式链接。

（2）防护栏外框采用 30mm×30mm 方钢，每片高 1200mm，宽 1900mm，底下 200mm 处加设钢板作为挡脚板，中间采用钢板网，钢丝直径或截面不小于 2mm，网孔边长不大于 20mm。

（3）立柱和挡脚板表面刷红白相间油漆警示，钢板网刷红色油漆，并张挂"当心坠落"安全警示标牌。

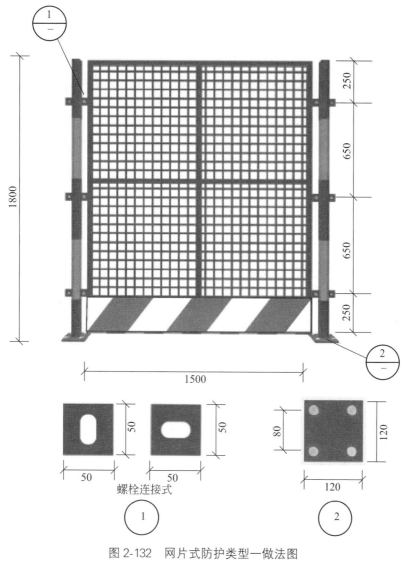

图 2-132　网片式防护类型一做法图

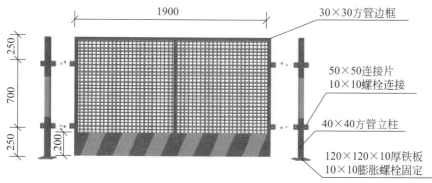

图 2-133　网片式防护类型二做法图

149

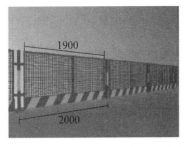

图 2-134　楼层、基坑临边网片式防护效果图

（五）格栅式防护

适用于基坑边、楼层边、阳台边、屋面边等临边防护

1.采用 30mm×30mm×1.5mm 方钢管制作，立柱采用 50mm×50mm×2.5mm 方钢管，底座为 150mm×100mm×8mm 钢板并使用 M10 膨胀螺栓与地面固定牢靠。

2.立柱高度 1.2m，栏杆高度 1.17m，每片 2m。刷红白或黄黑警示漆并在中间设置 180mm 高警示标语牌。底部设 180mm 高档脚板。

3.防护栏杆内侧满挂密目安全网。

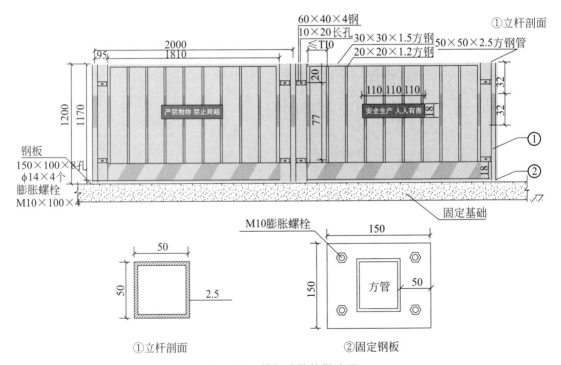

图 2-135　格栅式防护做法图

四、有限空间防护

有限空间作业是指封闭或者部分封闭，与外界相对隔离，出入口较为狭窄，作业人员

不能长时间在内工作，自然通风不良，易造成有毒有害、易燃易爆物质积聚或者氧含量不足的空间。生产区域内的各种筒仓、罐、锅筒、管道、容器以及地下室、窖井、地坑、下水道或其他封闭场所内的作业均属于有限空间作业。

图 2-136　格栅式防护效果图

（一）一般规定

1. 在深基坑的肥槽、隧道、管道、雨污水井、人孔挖（扩）孔桩配、地下工程、容器等有限空间作业时，应严格执行"先检测，后作业"的原则，配备相应的检测和报警仪器，对作业场所中危害气体进行持续或定时检测，符合安全要求方可进入。

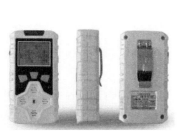

图 2-137　检测仪及气体监测报警系统

2. 有限空间作业场所应设置信息公示牌、设置警戒线，现场监护人员应佩戴袖标，严禁无关人员进入有限空间危险作业场所，作业人员应佩戴包含信息公示牌相关信息公示牌相关内容的工作证件。

3. 有限空间作业应办理有限空间施工作业证，作业证有效期限为一天，应注明作业起始时间，严格履行审批手续，写明危险源及对应措施。

4. 有限空间作业施工单位应制定有限空间作业专项应急救援预案，现场配备应急救援物资，并组织教育培训。

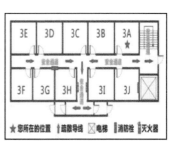

图 2-138　有限空间标识标牌　　　　图 2-139　现场应急物资及疏散图

（二）通风安全要求

1.有限空间作业前和作业过程中，应采取强制性持续通风措施，保持空气流通。

2.通风量及通风管道的大小，因有限空间作业方案而定。

3.有限空间作业方案应明确通风量及通风管道尺寸。

4.严禁使用纯氧进行通风换气。

图 2-140　通风设备实例图

（三）用电安全要求

1.存在可燃性气体的作业场所，严禁使用明火照明和非防爆设备，所有的电器设备设施及照明应符合现行国家标准《爆炸性环境第1部分：设备通用要求》GB 3836.1 中的有关规定。

2.有限空间内的照明灯光应使用 36V 以下的安全电压。锅炉、金属容器、管道、密闭舱室等狭窄、特别潮湿场所的照明，电源电压不得大于 12V。

3.隧道内用电线路应使用防潮绝缘导线，并按规定的高度用瓷瓶悬挂牢固。

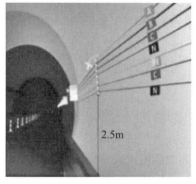

图 2-141　电缆敷设示意图

五、大模板作业防护

（一）大模板堆放

1.大模板存放区应设不低于 1.2m 高围栏封闭管理。

2.施工现场禁止使用单腿模板。模板支腿的上支点高度应不低于模板高度的 2/3。

3.大模板存放场地必须平整夯实。有支腿大模板必须对面码放整齐，两模板间距不小于 600mm，并保证 70～80°的自稳角。长期存放的大模板必须采取拉杆连接、绑牢等可靠的防倾倒措施。

4.无支腿大模板和角模模板必须放入专门设计的模板插放架内，插放架应使用钢管搭设，应设有行走马道和防护栏杆，架体高度不得低于大模板高度的 80%。

5.筒模可用拖车整体运输，也可拆成平模用拖车水平叠放运输，平模地方运输时垫木必须上下对齐，绑扎牢固，车上严禁坐人。

6.平模存放时，必须满足地区条件要求的自稳角。大模板存放在施工楼层上，必须有可靠的防倾倒措施，并垂直于外墙存放。在地面存放模板时，两块大模板应采用板面对板面的存放方法，长期存放应将模板连成整体。对没有支撑或自稳角不足的大模板，应存放在专用的堆放架上，或者平卧堆放，严禁靠放到其他模板或构件上，以防下脚滑移倾翻伤人。

图 2-142　大模板堆放架示意图

（二）大模板安装

1.木质大模板吊环应采用可重复周转使用的配件，连接应牢固可靠，严禁使用铁丝或钢筋焊接制作吊环。

2.大模板吊装入位之后和拆除之前，必须使用钢丝绳索（保险钩）固定，严禁使用铁丝或火烧丝固定大模板。

3.大模板组装或拆除时，指挥、拆除和挂钩人员，必须站在安全可靠的地方才可操作，严禁任何人员随大模板起吊，安装外模板的操作人员应配挂安全带。

4.大模板必须设有操作平台、上下梯道、防护栏杆等附属设施。如有损坏，应及时修好。大模板安装就位后为便于浇筑混凝土，两道墙模板平台间应搭设临时走道或其他安全措施，严禁操作人员在外墙板上行走。

5.大模板起吊前，应将起吊机的位置调整适当，并检查吊装用绳索、卡具及每块模板上的吊环是否牢固可靠，然后将吊钩挂好，拆除一切临时支撑，经检查无误后方可起吊。模板起吊前，应将吊车的位置调整适当，做到稳起稳吊不得斜牵起吊，就位要准确，禁止用人力搬动模板。吊运安装过程中，严防模板大幅度摆动或碰到其他模板。

6.吊装大模板时，如有防止脱钩装置，可吊运同一房间的两块板，但禁止隔着墙同时吊运另一面的一块模板。

7.大模板安装时，应先内后外，单面模板就位后，应用支架固定并支撑牢固。双面模板就位后用拉杆和螺栓固定，未就位和固定前不得摘钩。

8.组装平模时，用卡或花篮螺栓将相邻模板连接好，防止倾倒；安装外墙模板时，必须将悬挑扁担固定，位置调好方可摘钩。外墙外模板安装好后要立即穿好销杆，紧固螺栓。

9.有平台的大模板起吊时，平台上禁止存放任何物料、里外角模和临时摘挂的板面与大模板必须连接牢固,防止脱开和断裂坠落。

10.模板安装就位后,要采取防止触电的保护措施,应设专人将大模板串联起来,并与避雷网接通,防止漏电伤人。

11.清扫模板和刷隔离剂时,必须将模板支撑牢固,两板中间保护不应少于60cm的走道。

12.严禁大雨、4级以上大风、大雾等恶劣天气条件进行大模板吊运作业。

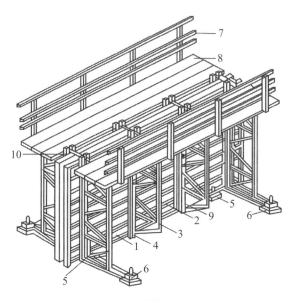

图2-143 大模板组成示意图

1—板面;2—水平加劲肋;3—支撑桁架;4—竖楞;5—调整水平度的螺旋千斤顶;
6—调整垂直度的螺旋千斤顶;7—栏杆;8—脚手架;9—穿墙螺栓;10—固定卡具

图2-144 大模板作业平台示意图

(三) 大模板拆除

1.在大模板拆装区域周围,应设置围栏,并挂明显的标志牌,禁止非作业人员入内。

2.拆模起吊前,应复查穿墙销杆是否拆净,在确无遗漏且模板与墙体完全脱离后方可起吊，拆除外墙模板时，应先挂好吊钩，紧绳索，再行拆除销杆和担。吊钩应垂直模板，不得斜吊，以防碰撞相邻模板和墙体。摘钩时手不离钩，待吊钩吊起超过头部方可松手，超过障碍物以上的允许高度，才能行车或转臂。模板就位和拆除时，必须设置揽风绳，以利模板吊装过程中的稳定性。在大风情况下，根据安全规定，不得作高空运输，以免在拆除过程中发生模板间或与其他障碍物之间的碰撞。

3.起吊时应先稍微移动一下，证明确属无误后，方可正式起吊。

4.大模板的外模板拆除前，要用起吊机事先吊好，然后才准备拆除悬挂扁担及固定件。

5.大模板拆除后，及时清除木板上的残余混凝土，并涂刷脱模剂，在清扫和涂刷隔离剂时，模板要临时固定好，板面相对停放的模板间，应留出人行道，模板上方要用拉杆固定。

六、人工挖孔桩作业防护

人工挖孔灌注桩是指桩孔采用人工挖掘方法进行成孔，然后安放钢筋笼，浇注混凝土而成的桩。作业时安全防护应符合下列要求：

1.孔口应设置井圈，井圈顶面应高于场地地面150～200mm。

2.人工挖孔桩混凝土护壁的厚度不应小于100mm；每节高度应根据岩土层条件确定，且不宜大于1000mm。

3.孔内必须设置应急软爬梯供人员上下；使用的电动葫芦、吊笼等应安全可靠，并配有自动卡紧保险装置，不得使用麻绳和尼龙绳吊挂或脚踏井壁凸缘上下。电控葫芦宜用按钮式开关，使用前必须检验其安全起吊能力。

4.每日开工前必须检测井下的有毒、有害气体，并应有足够的安全防范措施。当桩孔开挖深度超过10m时，应有专门向井下送风的设备，风量不宜少于25L/s。

5.挖出的土石方应及时运离孔口，不得堆放在孔口周边1m范围内，机动车辆的通行不得对井壁的安全造成影响。

6.施工现场的一切电源、电路的安装和拆除必须遵守现行行业标准《施工现场临时用电安全技术规范》JGJ 46 的规定，抽排水电源线路应安全可靠。孔内应采用低压照明设备，提倡采用充电式 LED 灯等光源。

7.孔口四周必须设置护栏。

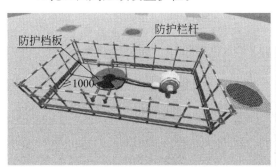

图 2-145　人工挖孔桩开挖防护示意图

第七节　其他

由于篇幅有限，房屋建筑工程的建筑幕墙、钢结构、网架、索膜结构以及装配式建筑预制混凝土构件安装作业和市政工程的道路、桥梁、隧道工程涉及的基坑工程、脚手架工程、起重机械、临时用电等现场安全控制内容参照其他章节要求设置。

一、房屋建筑专业工程

（一）建筑幕墙安装作业

1. 安装施工前，幕墙安装厂商应会同土建承包商检查现场清洁情况、脚手架和起重运输设备，确认是否具备幕墙施工条件。

2. 安装施工机具在使用前，应进行严格检查。电动工具应进行绝缘电压试验；手持玻璃吸盘机应进行吸附重量和吸附持续时间试验。

3. 采用外脚手架施工时，脚手架应经过设计，并应与主体结构可靠连接。采用落实式脚手架时，应双排布置。

4. 当高层建筑的幕墙安装作业与主体结构施工交叉作业时，在主体结构的施工层下方应设置防护网；在距离地面约 3m 高度处，应设置挑出宽度不小于 6m 的水平防护网。

5. 单元吊装机具准备

（1）应根据单元板块选择适当的吊装机具，并与主体结构安装牢固；

（2）吊装机具使用前，应进行全面安全检查；

（3）吊装设计应使其在吊装中与单元板块之间不产生水平方向分力；

（4）吊具运行速度应可控制，并有安全保护措施；

（5）吊装机具应具有防止单元板块摆动的措施。

6. 起吊和就位

（1）吊点和挂点应符合设计要求，吊点不应少于 2 个，必要时可增设吊点加固措施并试吊；

（2）起吊单元板块时，应使各吊点均匀受力，起吊过程应保持单元板块平稳；

（3）吊装升降和平移应使单元板块不摆动、不撞击其他物体；

（4）吊装过程应采取措施保持装饰面不受磨损和挤压；

（5）单元板就位时，应先将其挂到主体结构的挂点上，板块未固定前，吊具不得拆除。

7. 采用吊篮施工

（1）吊篮应进行设计，使用前应进行安全检查；

（2）吊篮不应作为竖向运输工具，并不得超载；

（3）不应在空中进行吊篮检修；

（4）吊篮上的施工人员必须配系安全带。

8. 现场焊接作业时，应采取防火措施。

图 2-146 单元板块示意图

图 2-147 框架式幕墙安装示意图

（二）钢结构、网架、索膜结构安装作业

1. 钢结构安装作业

（1）钢柱、钢梁吊装安装

1）起重吊装作业前，检查起重设备、吊索具确保其完好、符合安全要求，钢结构吊装应使用专用索具。

2）钢柱吊装前应装配钢爬梯和防坠器。钢柱就位后柱脚处使用垫铁垫实，柱脚螺栓初拧，钢柱四个方向上使用缆风绳拉紧，锁好手动葫芦，拧紧柱脚螺栓后方可松钩。形成稳定框架结构后方可拆除缆风绳。

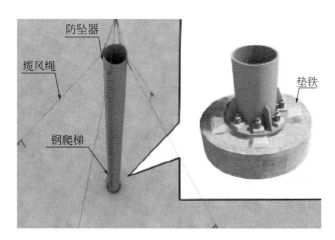

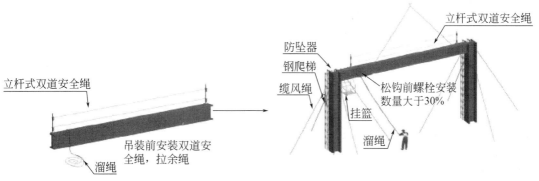

图 2-148 钢柱、钢梁吊装示意图

3）钢梁吊装前必须安装好立杆式双道安全绳。钢梁就位后使用临时螺栓进行栓接，临时连接螺栓数量不少于安装孔的数量的1/3，且不少于2个，临时螺栓安装完毕后方可松钩。

（2）钢结构整体吊装

钢结构整体吊装除遵守钢梁、钢柱吊装安装的安全要求外，还应符合以下规定：

1）整体吊装前，检查起重设备、吊索具及吊点可靠性，在计算的吊点位置做出标记。

2）整体就位后，螺栓连接数量符合方案要求后方可松钩。

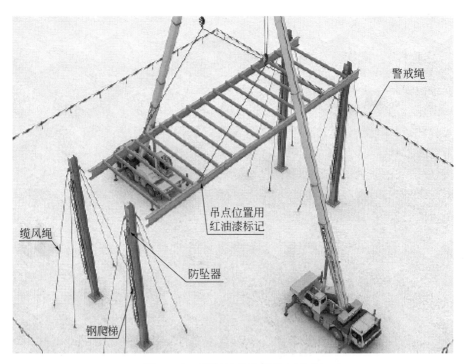

图2-149　整钢结构体吊装示意图

2. 网架、连廊整体提升

（1）提升前应按照方案仔细检查提升装置、牛腿、焊缝等的可靠性，确认无误后方可进行提升。

（2）正式提升前应进行预提升，分级加载过程中，每一步分级加载完毕，均应暂停并检查，如提升平台、连接桁架及下吊点加固杆件等加载前后的应力变形的情况，以及主框架柱的稳定性等。

（3）分级加载完毕，连体钢结构提升离开拼装胎架约10cm后暂停，停留12h全面检查各设备运行及结构体系的情况。

（4）后装杆件全部安装完成后，方可进行卸载工作，卸载按照方案缓慢分级进行，并根据现场卸载情况调整，直至钢绞线彻底松弛。

（5）在提升过程中，应指定专人观察钢绞线的工作情况，密切观察结构的变形情况。若有异常，直接通知指挥控制中心。

（6）提升作业时，禁止交叉作业。提升过程中，未经许可不得擅自进入施工现场。

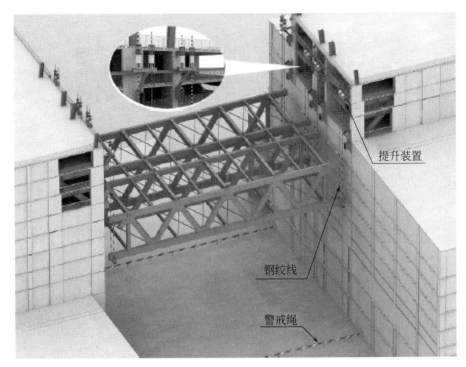

图 2-150　整体提升作业示意图

3. 索膜安装作业

索膜结构是用高强度的柔性薄膜材料（PVC 或 PTFE）与一定的支撑及张拉系统（钢架、钢柱或钢索等）相结合，通过预张力使膜形成具有一定刚度的空间稳定曲面，从而达到能承受一定外荷载，并满足造型效果和使用功能的一种空间结构形式。安装时应注意以下事项：

（1）吊装时要注意膜面的应力分布均匀，必要时可在膜上焊接连续的"吊装搭扣"，用两片钢板夹紧搭扣来吊装；焊接"吊装搭扣"时要注意其焊接的方向，以保证吊装时焊缝处是受拉，避免焊缝剥离。

（2）吊装时的移动过程应缓慢、平稳，并有工人从不同角度以拉绳协助控制膜的移动；大面积膜面的吊装应选择晴朗无风的天气进行，风力大于三级或气温低于 4℃时不宜进行安装，在安装过程中应充分注意风速和风向，避免发生颤动现象。同时应根据降雨的程度决定工程的中止和继续。

（3）吊装就位后，要及时固定膜边角；当天不能完成张拉的，也要采取相应的安全措施，防止夜间大风或因降雨积水造成膜面撕裂。

（4）张拉时应确定分批张拉顺序、量值，控制张拉速度，并根据材料的特性确定超张拉量值。

（5）应在膜面上安设爬用安全网，作业人员必须系安全带。在安装过程中，作业人员在膜面上行走应穿软底鞋，不应佩挂钥匙等硬物。

（6）整个安装过程要严格按照施工技术设计进行，做到有条不紊；作业过程中安装指导人员要经常检查整个膜面，密切监控膜面的应力情况，防止因局部应力集中或超张拉造成意外；高空作业，要确保人身安全。

图 2-151　索膜工程效果图

（三）装配式建筑预制构件安装作业

预制装配混凝土是以构件加工单位工厂化制作而形成的成品混凝土构件，其经装配、连接，结合部分现浇而形成的混凝土结构即为预制装配式混凝土结构。

1. 预制构件的吊装

（1）安装作业开始前，应对安装作业区进行维护并作出明显的标识，拉警戒线，根据危险源级别安排旁站，严禁与安装作业无关的人员进入。

（2）施工作业使用的专用吊具、吊索、定型工具式支撑、支架等，应进行安全验算，使用中进行定期、不定期检查，确保其安全状态。

（3）预制构件吊装前，应根据预制构件的单件重量、形状、安装高度、吊装现场条件来确定机械型号与配套吊具，回转半径应覆盖吊装区域，并便于安装与拆除。选择构件吊装机型，要遵循小车回转半径和大臂的长度距离；最大吊点的单件不利吨量与起吊限量的相符；建筑物高度与吊机的可吊高度一致。

（4）预制构件吊装应采用慢起、快升、缓放的操作方式，应避免小车由外向内水平靠放的作业方式和猛放、急刹等现象。预制外墙板就位宜采用由上而下插入式安装形式，保证构件平稳放置。

（5）预制构件吊装前应进行试吊，吊钩与限位装置的距离不应小于 1m。起吊应依次逐级增加速度，不应越档操作；预制构件起吊后，应先将预制构件提升 300mm 左右后，停稳构件，检查钢丝绳、吊具和预制构件状态，确认吊具安全且构件平稳后，方可缓慢提升构件。构件吊装下降时，构件根部应系好缆风绳控制构件转动，保证构件就位平稳。

（6）吊机吊装区域内，非作业人员严禁进入；吊运预制构件时，构件下方严禁站人，应待预制构件降落至距地面 1m 以内方准作业人员靠近，就位固定后方可脱钩。

2. 构件的临时固定

（1）采用吊装装置吊运墙板时，在没有对吊装构件就那些定位固定前，不准松钩，现场应配备足够的固定配件安装操作工具，构件就位后及时进行固定。

图 2-152　预制构件吊装示意图

（2）先行吊装的预制外墙板，安装时与楼层应有可靠安全的临时支撑。与预制外墙板连接的临时调节杆、限位器应在混凝土强度达到设计要求后方可拆除。

（3）预制叠合楼板、预制阳台板、预制楼梯需设置支撑时应经过计算，符合设计要求。支撑体系可采用钢管排架、单支顶或门架式等。支撑体系拆除应符合现行国家标准《混凝土结构工程施工质量验收规范》GB 50204 底模拆除时的混凝土强度要求。

图 2-153　PC 构件临时固定示意图

二、市政专业工程

（一）基本规定

1. 交通安全

（1）交通标志

市政工程施工现场应设置明显的交通标识牌，便于车辆、行人等安全通行。提示标牌应设置于施工道路路口，对过往车辆进行警示和提示。警示标牌应设置于施工道路路口、施工场所，应符合《道路交通标志和标线》GB 5768 要求。

（2）占道施工

占道施工作业区前方每隔 100m 设一道交通标志牌，施工区间前后各设置三道标志牌及相应的反光锥。城市快速路在作业区后 200m、100m、50m 处及作业区前方每隔 50m

交通指示牌　　　　　反光方锥

水马　　　　　　警示带　　　　　　警示灯

图 2-154　常用交通标志示意图

设一道交通标志牌，连续设置两道。标志牌区间设置相应的反光锥。一般道路在作业区前后 50m 处设置交通标志牌及相应的反光锥。

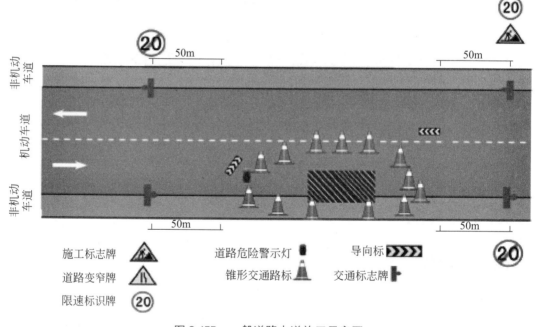

施工标志牌　　　　　　道路危险警示灯　　　　导向标
道路变窄牌　　　　　　锥形交通路标　　　　　交通标志牌
限速标识牌

图 2-155　一般道路占道施工示意图

2. 道路施工围挡

（1）市区施工路段应设置高度≥2.5m 的围挡，围挡挡板宜采用 PVC 或金属材质。

（2）占道打围区域，围挡上应设置交通指示牌，工程工期公示牌和温馨提示标语。围挡外侧根据市政管理要求张贴公益广告。围挡需连续设置，处于交通路段的围挡顶部需安装警示红灯，警示红灯间距应不大于 20m，围挡立柱上需贴设反光贴。

（3）围挡下部设高 50cm 的基脚，基脚厚度为 24cm，外侧水泥砂浆抹灰，刷黄黑相间警示漆，条纹宽 0.3m。

（4）围挡底部设置排水孔，排水孔的间距应不大于 6m，围挡设置不能影响现有道路的排水系统。

（5）为保证行车视距和安全要求，道路路口转角处应设通透式围挡，通透式围挡转角双向各 3m，内部要保证视野畅通，基脚部分按固定式围挡的要求设置，并悬挂安全文明施工责任牌。

（6）在转弯处，应设置转弯凸透镜和太阳能爆闪灯。

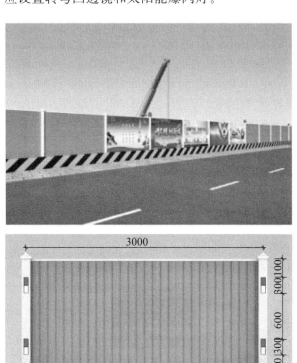

图 2-156　道路施工围挡示意图

3. 管线保护要求

（1）涉现有地下管网、地上电力线路的区间，施工前应先探明管线位置、电力线路的安全距离，落实保护措施或迁改完成接割后按方案进行施工。

（2）管线开挖时应先采用人工探挖，暴露出管线在开挖沟槽的具体位置后，方能进行机械挖掘。管线1m范围内不得使用机械挖掘，需采用人工开挖，避免挖掘机损伤管线。

（3）地下管线（电缆、通信、燃气、给水管等）标识牌应设置在管道正上方，并能正确、明显的指示管道的走向和地下设施。设置位置应为管道转弯处、三通、四通处、管道末端等，直线管段路面标志的设置间隔不宜大于200mm。

（4）地上电力线路防护应参照临时用电的线路防护内容。

4. 便道施工

（1）市政工程施工现场主便道宽度应不小于6.5m，其他施工便道宽度不得小于3.5m，复杂地段应适当加宽；错车道应设在视野良好地段，间距不宜大于400m，长度不小于20m，宽度不宜小于6.5m。

（2）在设置人行道的情况下，应用标准交通铁护栏进行人车分流，且人行道的宽度不得小于1.5m。

（3）场区进出口位置均应设置两道减速带，减速带宽度不宜超过30cm，厚度（高度）不宜超过5cm。

（4）便道两侧应设置安全警示柱或"U"型挡车器，间距不宜超过3m。

图 2-157　燃气保护标识牌

图 2-158　施工便道安全防护示意图

5. 爆破作业

（1）露天爆破作业应于施工前3d发布公告，并张贴公示牌，标明相关单位负责人及联系方式、爆破作业时限等。

（2）露天爆破起爆前应在安全距离以外设置警示标志和隔离围挡。爆破影响范围内的既有建（构）物和设施，以及不能撤离的施工机具等应有可靠的防护措施。

（3）长度小于300m的隧道，起爆站应设在洞口侧面50m以外，其余隧道洞口起爆站距爆破位置不得小于300m。

（4）爆破作业时，作业人员禁止穿戴易引起静电的衣物及携带手机和火机等物品。

（5）送药杆必须木杆或竹竿，不得采用易造成静电的金属杆。

（6）盲炮检查应在爆破15min后实施，发现盲炮应立即安全警戒，及时报告并由原爆破人员处理。电力起爆发生盲炮时应立即切断电源，爆破网络应置于短路状态。

（7）爆破后应对影响范围内的边坡、既有设施等进行检查，清理危石，确认其安全性。

（8）雷电、暴雨、雪天、能见度不足100m的雾天等恶劣天气，不得实施露天爆破作业。强电场区爆破作业不得使用电雷管。

图 2-159　爆破作业人员许可证和爆破作业示意图

（二）道路工程

1. 地基处理

（1）地基处理应根据运输荷载、使用功能、环境条件进行设计和施工，不得破坏原有水系、降低原有泄洪能力，不得影响既有建（构）筑物和设备的安全性。

（2）砍伐树木前，应做好防止树木伐倒后顺坡溜滑和撞落石块伤人的安全措施；清除的树木、丛草严禁放火焚烧，以防引起火灾。

图 2-160　地基处理安全防护示意图

（3）清除淤泥或处理空穴时，应查明地质情况，做好保证人员和机械安全的防护措施。清淤作业应防止人员陷入、中毒或窒息，软土地段机械作业应考虑地基承载力能否满足机械作业要求，不能满足应采取必要的安全措施。

（4）桩机等施工作业应采取警戒隔离、防雷、防倾覆等安全措施。

2. 滑坡地段

（1）距离滑坡地段5m以上应设置隔离区域，并设置截水沟与警示标识，截水沟应与原排水系统相衔接。

（2）滑坡地段的开挖，应从滑坡体两侧向中部自上而下进行，严禁全面拉槽开挖，弃土不得堆在主滑区内。

（3）施工过程中，必须对滑坡体进行全方位、全天候的监测。

（4）滑坡地段可采用种植措施进行防护，可根据不同的地质和坡度采用合理的植物，种植防护宜采用草、灌、乔结合。

（5）滑坡地段可采用减载措施进行防护，施工过程须先上后下，先高后低，均匀减重，且在滑坡前部的抗滑地段，须采取加载措施。

（6）滑坡地段可采用片石进行护坡（留设泄水孔），在稳定边坡上铺砌（浆砌、干砌）片石、块石或混凝土预制块等材料，防止地表径流或坡面水流对边坡冲刷。所有石料应分层砌筑，当分段施工时，相邻段砌筑高差不大于1.2m。

（7）岩石风化碎落面区，可采用表面喷锚进行防护，并设置泄水孔。

图 2-161　减载护坡和植草绿化防护示意图

图 2-162　片石挡墙和喷锚防护示意图

3. 管道施工

（1）涉交通安全的基坑、沟槽临边防护，还应增设夜间红色指示灯。

（2）高压油泵安装使用时，应注意保护压力表和油管，发现异常时应立即停止，特别是压力突然上升时，应检查排除故障后方可继续作业。

（3）长距离顶管施工，应监测顶管内的氧气、有毒有害气体浓度。不满足施工安全要求时应采取可靠的通风措施。

图 2-163　管道施工防护示意图

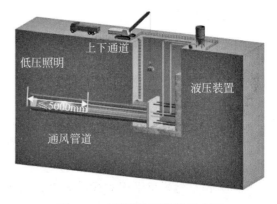

图 2-164　顶管施工防护示意图

（4）顶管工程内部作业时，应设置安全有效的低压照明。

（5）人工顶管作业时，应严格按照方案控制掘进量，防止塌方。管道、渣土吊运时应遵守起重机械作业安全规程。

4. 路基施工

（1）施工区域出入口设置安全警示标牌，非施工作业人员禁止入内。

（2）现场指挥人员不得站在行走机械设备视觉盲区，防止被碾压，碰撞。

（3）路基开挖需由上到下逐层开挖，严禁掏挖。边坡下严禁站人，边坡上方 1.5m 范围内严禁堆土。

5. 路面施工

（1）施工区域出入口设置安全警示标牌，施工人员穿反光服，非施工人员不得进入施工现场。

（2）机械设备工作时设专人指挥，施工作业人员严禁站在机械设备视觉盲区内。

（3）沥青路面摊铺过程中，防止烫伤。

图 2-165　路基填筑防护示意图

图 2-166　沥青路面施工防护示意图

（三）桥梁工程

1. 基础施工

（1）栈桥施工

1）通航水域搭设的栈桥应取得海事和航道管理部门批准，并应按要求设置航道警示标志。

2）栈桥应设置限载、行车限速、防船舶碰撞、防人员触电及落水等安全标志和救生器材。

3）栈桥上车辆和人员行走区域的面板应满铺，并与下部结构连接牢固。悬臂板应采取有效的加固措施。

4）栈桥两侧应设置高度不低于 1.2m 的防护栏杆，防护栏杆上杆任何部位能承受不小于 1000N 的外力，栈桥行车道两侧设置护轮坎。

5）长距离栈桥应设置会车、掉头区域，间隔不宜大于 500m。

6）通过栈桥的电缆应绝缘良好，并固定在栈桥的一侧，应设置满足施工安全的照明设施。

图 2-167　钢栈桥示意图

（2）水上施工

1）水上施工区域（栈桥、围堰、工作船等），应在四角设置警示灯，上下游设置涂黄黑反光警示漆的防撞墩，并挂设红色警示灯。

2）开工前，应根据施工需要设置安全作业区，并办理水上水下施工作业许可证，发布通航公告。

3）水上作业人员应正确穿戴救生衣等个人防护用品，工程船舶必须持有效的船检证书，船员必须持有与其岗位相适应的责任证书，船员配置必须满足最低安全配员要求。

4）遇雨、雾、霾等能见度不良天气时，工程船舶和施工区域应显示规定的信号，必要时停止航行或作业。

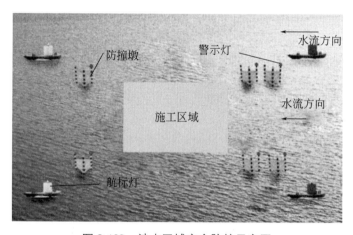

图 2-168　涉水区域安全防护示意图

（3）桩基施工

1）桩基成孔后或施工暂停时，应设置水平防护，四周进行隔离，并张挂安全警示标语。

2）桩孔水平防护可采用水平钢盖板进行防护，四周采用防护栏杆进行隔离，防护栏杆必须设置牢固。

3）桩基成孔检测时，孔口上须铺设跳板，并固定牢靠。

（4）围堰施工

1）围堰应经设计检算，围堰结构应能承受水、土和外来的压力，并防水严密。

2）围堰施工过程中，应加强对其变形、渗水和冲刷情况的监测，发现异常及时处理。

3）土石围堰、钢板桩围堰、双壁钢围堰、吊箱围堰应符合相关规范规定。

图 2-169　市政工程桩孔防护示意图

4）围堰施工作业应进行检查，对检查中发现的不符合规定的情况，应限期整改，并跟踪验证。

2. 下部结构

（1）墩柱施工

1）墩柱装配式防护架基础应水平、坚实、平整。连接螺栓须拧紧，内侧与模板间应满铺安全兜网，外侧铁丝网应满设。

2）墩柱模板操作平台由墩柱钢模板与型钢过道组成，采用螺栓连接。操作平台须

图 2-170　钢围堰示意图

设置防护栏杆、踢脚板和限载标志。平台高度大于 6m 或处于风力较大地区时，应设置防倾覆设施，宜采用不少于 3 根的缆风绳与地锚连接固定。

3）墩身高于 40m，宜设置施工电梯，电梯司机应按照有关规定经过专门培训，并取得相应资格证书。

4）墩身钢筋绑扎高度超过 6m 应采取临时固定措施。

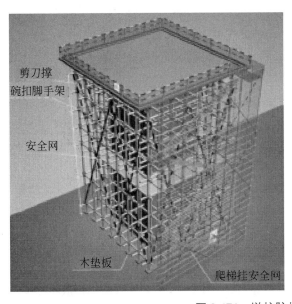

图 2-171　墩柱防护示意图

（2）盖梁施工

1）抱箍安拆、检查等施工宜采用扁担式吊篮，吊篮顶部装有"十字"保险钢丝绳。抱箍内部用橡胶皮等柔性材料环包，以增大墩身与抱箍间的摩擦力。

2）抱箍上下边沿的墩柱部位应设有定位标记，并定期进行监测，以防抱箍向下滑移。

3）操作平台主梁之间应有对拉连接措施，以防止主梁侧倾。

十字保险钢丝绳

图 2-172　抱箍操作平台示意图

（3）垫石施工

1）垫石施工安全防护可采用框架组合型防护，由方钢支架与防护网片组合形成，使用时吊装至盖梁上，形成盖梁临边防护。

2）固定支架高度不宜小于 1.8m，临边防护网片高度不小于 1.2m，下方支腿架设在盖梁两侧，长度不小于 0.6m，架体宽度根据盖梁实际尺寸调整。盖梁长度较大时，宜采用分段拼装方式设置。

3）垫石施工安全防护采用拉设钢丝绳并系挂安全带方式时，钢丝绳拉结点可采用预埋钢筋方式，或绑设在两侧挡墙上。

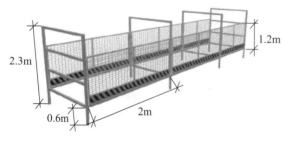

图 2-173　垫石施工安全防护示意图

3. 上部结构

（1）支架法制梁和零号块施工

1）支架安装完成后应检查验收，使用前应预压。预压荷载应不小于支架施工总荷载的 1.1 倍，使用砂（土）袋预压时应采取防雨措施，支架应设置可靠的接地装置。

2）桩、柱支架钢管桩的承载力应满足要求，纵梁之间应设置安全可靠的横向连接，搭设完成后应检查验收，跨通行道路、通航水域的支架应根据道路、水域通行情况设置防撞设施。

3）在架体搭设、钢筋安装、混凝土浇捣过程中及混凝土终凝前后应对基础沉降、模板支撑体系的位移进行监测监控。

4）支架承重期间，严禁拆除任何受力杆件。承重模板支架应在张拉完成后拆除。支架与模板拆除应遵循"先支后拆，后支先拆"的顺序，严禁强拉硬拽。拆除箱室内模板支架时应按照有限空间作业要求采取通风等安全措施。

5）支架拆除后应及时设置桥面临边防护，防护可采用打设膨胀螺栓、连接预埋钢筋等方式连接固定。相邻梁之间应满铺安全兜网，下方存在行车行人时，应铺设密目式安全网或采用硬质防护。

6）张拉施工时应设置明显警示标志，禁止无关人员进入。

图 2-174　支架制梁安全防护示意图

（2）挂篮施工

1）挂篮上下层必须设安全爬梯，四周设置临边防护，并设挡脚板，挂全封闭安全网。受力部位及危险部位设置明显的警示标志；有坠落危险的作业部位，作业人员必须系安全带。

2）混凝土浇筑前，须坚持挂篮锚固、水平限位、保险绳、吊带等部件。挂篮前移前，须检查梁体混凝土强度、锚固及各部件受力情况。

3）混凝土浇筑时，应保持挂篮对称平衡，偏载量不得超过设计规定。

4）挂篮前移必须保证行程一致，水平滑移，前移速度应不大于 0.1m/min。风速大于等于 6 级或雷雨天气时，挂篮禁止前移。

5）挂篮行走须设专人指挥，且撤离挂篮内的全部人员。挂篮行走过程中止或行走就位后，必须立即安装各项锚固受力装置。

（3）预制梁施工

1）预制梁吊运过程中，吊具与梁体接触部位应采取保护措施，存梁区梁板存放层数不得大于 2 层，堆放时应做好梁板的支撑。

2）运梁车上也设有专用支架，将梁体固定牢靠，防止倾覆、滑落。运梁车行驶速度应控制在 5km/h 以内。

3）当采用已架设的梁体作为运梁通道时，梁体必须临时固定成整体，并在两端接头处铺设钢板，运梁车轮迹须在梁肋的正上方。运梁车就位应设置限位装置，防止碰撞架桥机。

4）架桥机架梁时，应匀速缓慢进行，下方区域应设置警戒区域，并派专人看护。梁板就位后须及时连接固定，牢固后方可脱钩；未脱钩前，严禁移动设备。

5）预制梁架设完成后，湿接缝及桥面临边应及时设置安全防护。

图 2-175　挂篮示意图

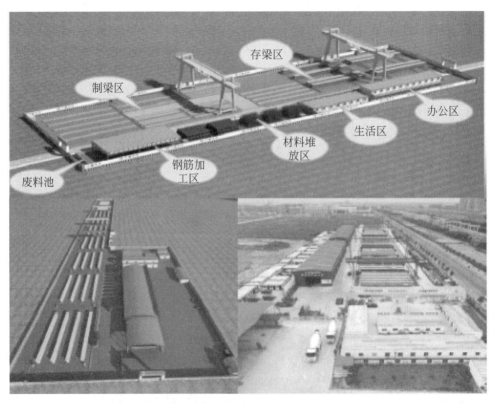

图 2-176　预制梁场布置示意图

（4）平移顶推施工

1）平移顶推施工应具有足够的预制场地，且应整平、无杂物，运输道路顺畅，桥墩上无工作面时，应预埋牛腿支撑，作为检查、更换滑板及其他作业所需的工作面并保证操作人员的作业安全。

2）钢梁平移顶推的下滑道铺设应平顺，支撑应牢固，接头不应有错牙，端部应设置限位装置。千斤顶位置应安放正确、稳妥，上下支撑面应垫平，且有防滑措施。

图 2-177　桥梁湿接缝安全防护示意图

3）钢梁平移顶推应缓慢平稳，速度应控制在 1m/min 以内，顶推过程中，必须统一指挥，信号明确并设专人对顶推设备进行检查。多点顶推、集中顶推时，同一墩台及各墩的顶推送设备应同步启动和同步纵向运行。

4）在顶推平台临边、施工区域周围、临时走道两边，必须设置全封闭安全防护围栏。

5）顶推作业时，应设专人对导梁、桥墩、临时墩、滑道、梁体位置等进行监测。顶推的钢梁上严禁人员站立或进行其他施工作业。

图 2-178　顶推平台及顶推作业示意图

图 2-179　预应力张拉防护示意图

（5）预应力张拉

1）预应力张拉应严格按照操作程序进行，严禁违章操作，张拉作业周边应设警戒区域。

2）张拉操作平台应设置硬质防护，张拉机械的前端必须设置厚度不小于 3mm 的铁板。

3）张拉作业时，操作人员严禁站立在千斤顶的前后，防止锚具、夹片、钢绞线等飞出伤人。

4）张拉时，应缓慢、均匀地进行，如有异常，应立即停止张拉。

（6）跨线施工

1）跨线施工前，应对交叉路口进行安全评价，划定"红线范围"，到道路管理部门办理施工许可或封锁道路相关手续，批准后方可施工。

2）少支点满堂支架通道两端须设限高、限宽、限速设施及标志。通道内应设置照明设施，照明方向顺车辆行驶方向照射。通道内钢立柱基础应设有防撞墩，并张贴反光警示标志。通道顶部应设有水平硬质防护。

3）转体施工前，应对平衡体重量及转体重心进行核对，采用临时配重，应设置锚固设施。正式转体前应进行试转，并在转体完成后应及时约束固定。恶劣天气不得进行转体施工。

4）采用悬浇方式跨线施工时，应设置安全通道，防止落物伤及保障行人和车辆安全。

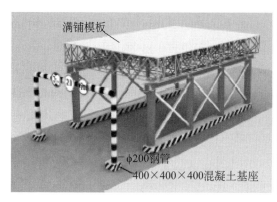

图 2-180　少支点支架通道示意图

图 2-181　挂篮作业平台及跨线安全通道示意图

图 2-182　索塔施工示意图

（7）索塔施工

1）索塔施工时，必须设置环绕索塔塔身的高空作业封闭式防护系统（防护外架或防护平台），地面通往索塔底部的人行通道顶部应设安全防护棚。

2）索塔施工作业应在施工平台、模板、塔式起重机等构筑物顶部设置有效的避雷设施，并应定期检测防雷接地电阻。

3）上下索塔设置临时上下通道，索塔施工高度超过 40m 时应设置施工升降机。

（8）斜拉桥施工

1）挂索施工平台应搭设牢固，平台四周及人员上下通道应设置防护栏杆，护栏外侧应挂满安全网。

2）当斜拉索位置与防护平台冲突时，必须采取相应的防护加固措施后方可拆除冲突部位。

3）斜拉索施工时，下方禁止其他作业，地面设置警戒区域，派专人看守。

图 2-183　斜拉桥施工示意图

（9）悬索桥猫道施工

1）猫道应单独成受力体系，并与索鞍和承重索固定连接。拉索与牵引绳之间必须固定牢靠。

2）猫道的线形宜与主缆空载时的线形平行。

3）猫道面层宜由阻风面积小的两层大、小方格钢丝网组成，其上每间隔 0.5m 设一根防滑条。

4）猫道面层顶部与主缆下沿的净距宜为 15m，猫道的净宽宜为 3~4m，两侧安全网高度不宜小于 1.5m。

5）上下游猫道承重绳架设应保持基本同步，数量差不宜超过 1 根。

6）猫道宜设抗风缆或适当增加猫道间横向天桥，以增强抗风稳定性。

7）猫道装拆时，下方设警戒区域，专人看守。

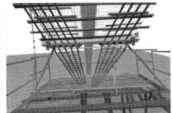

图 2-184　猫道安全防护示意图

4. 桥面附属工程

（1）防撞护栏施工

1）挂篮拼装完成后，应进行全面检查，并做静载试验。

2）挂篮配重应满足安全使用要求，配重表面应标明重量，且与架体间有可靠的固定措施。

3）挂篮操作平台底部必须全封闭，操作平台外立面设置不低于 1.5m 高的安全防护栏。

4）挂篮使用过程中，必须有可靠的固定防移动措施，底部轮子宜使用自锁装置锁定，可伸缩支腿应打开并处于受力状态。

5）作业时挂篮内不得超过2人，作业过程中，禁止随意移动挂篮和配重。挂篮移动前，挂篮上作业人员必须撤到桥面。

6）每日使用挂篮前，必须安排专人对挂篮进行全面检查，重点检查配重、受力杆件变形、焊接等情况，确保安全后方可施工。

7）挂篮施工的地面段应设置隔离防护，隔离区设专人监护。

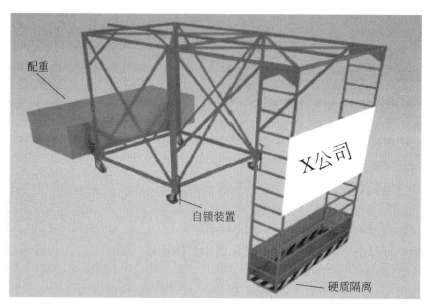

图2-185　防撞护栏施工用挂篮示意图

图2-186　桥面伸缩缝防护示意图

（2）桥面伸缩缝施工

1）桥面伸缩缝施工时，应封闭交通，分左右幅施工，做好安全警示标识。

2）伸缩缝施工宜在槽口两边加铺塑料布，以防污染桥面。

3）已完工的伸缩缝应安排专人守护，在伸缩缝装置两侧混凝土未达到设计强度前，禁止车辆通行。如若必须通行的话，应在伸缩缝上面设置临时行车跨越钢走道。

4）伸缩缝未施工前应采用钢板与木枋铺设封闭，或采用"U"型钢板铺设。

（四）隧道工程

1. 明挖隧道

（1）明挖隧道基坑施工可参照房建工程基坑工程要求进行施工。

（2）基坑周边应设置挡水墙，高度满足所在地段挡水要求且不宜低于300mm，应采用现浇混凝土结构，并刷油漆。

（3）基坑周边必须安装防护栏杆，防护栏杆与挡水墙的总高度不应低于 1.2m，防护栏杆应安装牢固，材料应有足够的强度；基坑内设置供施工人员上下的专用梯道。

（4）现场宜设置渣土内转临时堆场，其墙体应采用钢筋混凝土结构，上方设置防尘棚。

图 2-187　基坑临边防护及防尘棚示意图

2. 暗挖隧道

（1）洞口场地布设与管理

1）洞口外场地布置应综合考虑道路、供排水、料场、加工厂、通风设施、空压机站、火工品库、车辆临时停放点、油库、值班室、生活区等，应符合安全、文明施工、消防、环境保护等要求。

2）在洞口醒目处应设置进洞人员标识牌、每日重大危险源公示牌、进洞须知牌、应急救援流程图、提示牌、安全信息公示牌及安全警示牌等图牌。

3）隧道洞口设置值班房、栏杆、门禁，采取人车分流。值班室设在洞口侧面，距隧道洞口大于 30m，设值班人员，负责进出人员登记及材料、设备与爆破器材进出隧道记录和安全监控等工作。

4）洞口宜设置隧道人员登记系统，将进出洞口人员数量、工种、时间、洞内分布位置及洞内各工序施工情况等信息反映在电子显示屏上。长、特长及高风险隧道施工应配置人员定位系统。

5）隧道洞口应安装远程视频监控管理，设置数量应满足监控范围要求。

6）隧道开挖超过 100m 后，隧道内外需安装通信设备保证内外通信畅通。

7）隧道内严禁存放汽油、柴油、煤油、变压器油、雷管、炸药等易燃易爆物品。

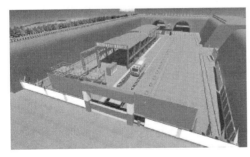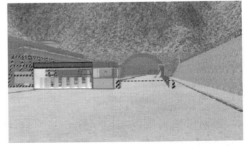

图 2-188　洞口场地布设管理示意图

（2）超前地质预报和监控量测

1）不良地质地段应进行超前地质预报。预报频次：地质素描随开挖宜每循环进行一次，包括掌子面、左右侧墙、拱顶和隧底；超前水平孔，宜每30～50m循环一次；地震反射波和超声波发射法连续预报时，前后次重叠长度应大于5m。

2）监控测量过程中应保证作业平台稳定牢固、安全防护到位，作业时应照明充足。

3）施工开挖中的实际地质情况与预报结果应对比分析、总结，如有异常及时上报，采取相应处理措施。

4）监控量测频次：开挖工作面观察应每次开挖后进行及时绘制地质素描图；已支护地段每天应观察；洞外重点观察洞口段、岩溶发育区段地表和洞身埋置深度较浅地段；周边位移、拱顶下沉和地表下沉等必测项目宜布置在同一断面，量测间距按方案布置；各量测作业应持续到变形基本稳定后15～20d结束。

5）施工监测信息应及时分析、反馈，多种预测预报方法综合分析，变化异常区段应强监测；监控量测位移值或位移速率超过极限时，及时上报，并提出相应的对策措施。

6）隧道附近有重要建筑物、设施设备和其他保护对象时，应对建筑物进行变形和沉降观测。

7）超前地质预报和监控测量要配备专业技术人员和设备，所有预报和监控测量资料要存档。

8）地质预报工作应在隧道找顶作业结束后进行，高地应力区隧道应待工作面支护完成后进行。

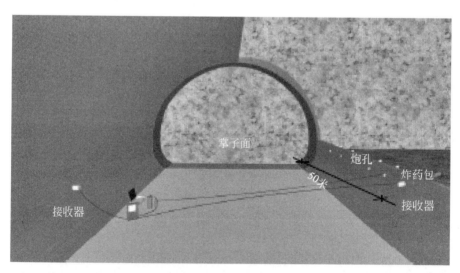

图 2-189 TSP 超前地质预报示意图

（3）竖井施工

1）竖井作业场地应设置截、排水设施，施工区域及周边应排水良好，不得有积水。

2）竖井开挖前应设置锁口圈。井口周围应设置高度不低于12m安全栅栏和安全门，挂设醒目的安全警示标识。

3）竖井内渣土应及时运输至弃土场，严禁在锁口周边堆放。

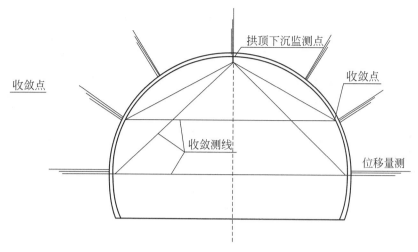

图 2-190　隧道变形监控量测示意图

4）竖井开挖应严格控制开挖进尺、及时进行施工初期支护，保证初期支护及时封闭。

5）做好竖井开挖面的超前地质预报和监控量测（主要是围岩的水平收敛和开挖面隆起）。

6）竖井内应设置集水井，防止积水对竖井底部浸蚀，造成竖井坍塌。

7）竖井作业面距离地面达到一定距离后应设置送风管，保证竖井内空气新鲜。

8）竖井底条件差、存在有害气体的地层，要按要求每环爆破后进行有害气体检测。

图 2-191　竖井安全防护示意图

9）竖井内潮湿时，施工照明应使用安全电压和应急照明灯。

10）当工作面附近或未衬砌地段发现落石、支撑响动、大量涌水时，施工人员应立即撤出，并进行事故报告。竖井内必须设置应急逃生通道，可设置绳梯。

（4）洞口工程

1）洞口施工前，先清理洞口上方及侧方可能滑塌的表土、灌木及山坡危石等。洞口截、排水系统应在进洞前完成，并与路基排水顺接。

2）洞口施工应采取措施保护周围建（构）筑物、既有线、洞口附近交通道路。

3）洞口边、仰坡上方应设防护栏杆，防护栏杆离开挖线距离不小于1m，并挂设安全警示标识标牌。洞口施工应对边、仰坡变形进行监测。

4）洞口开挖应先支护后开挖、自上而下分层开挖、分层支护；不得掏底开挖或上下重叠开挖。陡峭、高边坡的洞口应根据设计和现场需要设安全棚、防护栏杆或安全网，危险段应采取加固措施。

5）洞口开挖宜避开雨季、融雪期及严寒季节。

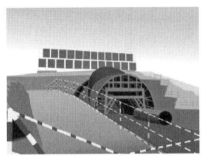

图 2-192　洞口边仰坡防护示意图

（5）洞身开挖

1）施工中须严控隧道开挖进尺及安全步距。台阶法施工上台阶每循环开挖进尺：Ⅴ、Ⅵ级围岩不应大于 1 榀钢架间距，Ⅳ级围岩不得大于 2 榀钢架间距。台阶下部断面一次开挖长度与上部断面相同，且不宜大于 1.5m。中隔壁法施工同侧上、下层开挖工作面应保持 3～5m。Ⅳ级及以上围岩仰拱每循环开挖长度不得大于 3m，不得分幅施作。

2）两座平行隧道开挖，同向开挖工作面纵向距离应根据两隧道间距、围岩情况确定，一般不宜小于 2 倍洞径。隧道双向开挖面间相距 15～30m 时，应改为单向开挖。土质或软弱围岩隧道应加大预留贯通的安全距离。

3）全断面施工时，地质条件较差地段应对围岩进行超前支护或预加固。双侧壁导坑法施工时，左右导坑前后距离不宜小于 15m，导坑与中间土体同时施工时，导坑应超前 30～50m。

4）仰拱应分段开挖，限制分段长度，控制仰拱开挖与掌子面的距离；开挖后应立即施作初期支护。

5）栈桥等架空设施基础应稳固；桥面应做防侧滑处理两侧应设限速警示标志，车辆通过速度不得超过 5km/h。

6）涌水段开挖宜采用超前钻孔探水，查清含水层厚度、岩性、水量和潜水压。

图 2-193　钢拱架施工示意图

（6）初期支护

1）开挖尺寸到位后，必须及时安装临时支撑、打锚杆和喷浆，封闭成环，保证围岩稳定

2）做好洞内拱顶沉降和围岩水平收敛的监控量测工作。对全隧道开展地表沉降观测工作，观测点在隧道开挖前布设，并与洞内观测点布置在同一断面里程。

3）喷射混凝土前应清除工作面松动的岩石，确认作业区无塌方、落石等危险源存在；施工过程中喷嘴前及喷射区严禁站人；喷嘴在使用与放置时均不得对着人。喷射下风向不得有人。

4）喷射混凝土作业中如发生输料管路堵塞或爆裂时，必须依次停止投料、送风和供水。喷射混凝土作业人员应佩戴防尘口罩、防护眼镜、防护面罩等防护用具。

5）作业平台稳定牢固、安全防护到位，作业时应照明充足；锚杆安设后不得随意敲击，其端部在锚固材料终凝前不得悬挂重物。

6）钢拱架搬运应固定牢靠，防止发生碰撞和掉落；架设时不得利用装载机作为作业平台；钢架节段之间应及时连接牢固，防止倾倒，钢架背后的空隙必须用喷射混凝土充填密实，钢架安装完成后应及时施工锁脚锚管，并与之连接牢固，钢架底脚严禁悬空或置于虚碴上。

7）仰拱超前拱墙混凝土施工的超前距离，宜保持 3 倍以上衬砌循环作业长度。仰拱和底板混凝土强度达到设计强度 100% 后方可允许车辆通行。

（7）初砌作业

1）防水板的临时存放点应设置消防器材及防火安全警示标志；施工时严禁吸烟，作业面的照明灯具严禁烘烤防水板。

2）钢筋焊接作业时应在防水板一侧设阻燃挡板，衬砌钢筋安装过程中应采取临时支撑等防倾倒措施，临时支撑应牢固可靠并有醒目的安全警示标志。

3）衬砌台车应经专项设计，衬砌台车、台架组装调试完成应组织验收。台车内轮廓两端设反光贴，操作平台满铺脚手板，设楼梯，临边设 1.2m 高防护栏杆。

4）台车轨道基面应坚实平整，严禁一侧软一侧硬；台车移动过程中，应缓慢平稳，严禁生拉硬拽。台车就位后，应用靴铁刹住车轮。

5）浇筑混凝土前，应逐个检查千斤顶，确保每个丝杠千斤顶已拧紧，每个液压千斤顶已卸压。

6）混凝土浇注过程中，应控制浇筑速度，对称浇注，两侧混凝土高差不得超过 1m；挡头板与防水板、台车间接触面应紧密，挡板支撑应稳固。

7）拆除拱架、墙架和模板时，承受围岩压力的拱、墙以及封顶和封口的混凝土强度应满足设计要求；不承受外荷载的拱、墙混凝土强度应达到 5.0MPa。

图 2-194 衬砌台车及衬砌钢筋绑扎示意图

（8）瓦斯隧道施工

1）瓦斯隧道通风设施应保持良好状态，各个工作面应独立通风，严禁作业面之间串联通风。

2）隧道内通风设备以及斜井、竖井内电气装置应采用双电源双回路供电，并设可靠的切换装置、闭锁装置和防爆措施。高瓦斯工区和瓦斯突出工区电气设备与作业机械必须使用防爆型。

3）隧道作业面应配备瓦检仪，高瓦斯工点和瓦斯突出的地段应配置高浓度瓦检仪和自动检测报警断电装置瓦斯隧道聚集处应设置瓦斯自动报警仪。

4）瓦斯检测应设置专班、专人做好检测、记录和报告工作。瓦斯监测员应经专业机构培训，并取得相应的从业资格。

5）进入隧道施工前，应对易集聚瓦斯部位、不良地段部位、机电设备及开关附近20m内范围等部位瓦斯浓度进行检测，煤与瓦斯突出较大、变化异常时应加大检测频率。瓦斯含量低于0.5%时，应每0.5～1h检测一次；瓦斯含量高于0.5%时，应随时检测，发现问题立刻报告；当瓦斯浓度超过1%时，应停止钻孔作业；当瓦斯浓度超过1.5%时，必须停止施工，撤出工作人员，切断电源。

6）钻爆作业应执行"一炮三检制"和"三人连锁爆破"，严禁火源进洞。任何人员进入隧道前必须进行登记并接受检查。

7）隧道开挖完成后应及时喷锚支护、封闭围岩、堵塞岩面缝隙，以防瓦斯继续溢出。

图2-195　瓦斯检测

（9）供风、供电、给排水

1）隧道内电力线路应采用220/380V三相五线系统，按照"高压在上、低压在下，干线在上、支线在下，动力在上、照明在下"的原则，在隧道一侧分层架设，线间距150mm。电力线路采用胶皮绝缘导线，每隔15m用横担和绝缘子固定。110V以下线路距地面不小于2m，380V线路距地面不小于25m。作业地段照明电压不得大于36V，成洞地段照明电压可采用220V，应急照明灯宜不大于50m设置一个。

2）隧道内通风管与水管布设在与电力线路相对的一侧，通风管距离地面不宜小于2.5m。隧道掘进长度超过150m时，应采用机械通风，通风机应装有保险装置，发生故障时可自动停机。送风式通风管距掌子面不宜大于15m，排风式风管距掌子面不宜大于5m。

3）施工供水的蓄水池不得设于隧道正上方，且应设有防渗漏措施、安全防护措施和安全警示标志。寒冷地区冬期施工时，应有防冻措施。

4）高压风、水管及排水管采用法兰盘连接，每隔10m采用角钢支架固定在隧道边墙上。

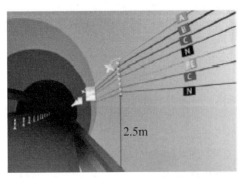
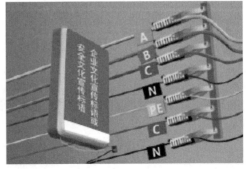

图2-196　隧道内电力线路布置示意图

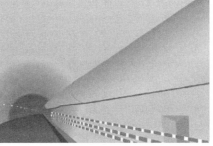

图 2-197　风管、水管布置示意图

（10）隧道内交通安全

1）隧道洞口应设专人指挥管理车辆，并设置限载、限高、限重标志。

2）隧道内交通应实行人车分流，人行通道设置在通风管侧，可采用钢管立柱上拉警示带进行隔离，宽度 1.2m。

3）洞口、成洞地段设置 15km/h 限速牌；在未成洞地段、工作台架处、大型设备停放处设置 5km/h 限速牌；在二衬、仰拱、路面等施工地段前方 30m 处设置"前方施工、减速慢行"标牌。

4）停放在车辆运行界限处的施工设备与机械，应在外边缘设置警示灯，组成显示界限。

5）施工车辆不得人货混装。

图 2-198　人车分流及设备边缘警示灯示意图

（五）盾构（TBM）施工

1. 一般规定

1）盾构（TBM）施工作业前应对主要危险源、危害因素进行识别判断。

2）盾构（TBM）在特殊地质条件下施工前，建设单位应组织专家评审施工方案。

3）盾构（TBM）施工作业前，建设单位应组织专家对盾构机（全断面岩石据进机）进行适应性、可靠性进行评估。

4）盾构（TBM）施工中应结合工程环境、地质和水文条件编制完善的施工监控量测方案。当出现变形异常情况必须加强监测频率，建设单位应选择具有专业资质的第三方进行量测复核工作。

5）TBM 工应开展超前地质预报，判断围岩类别、岩性、稳定性、整体性、抗压强度等，通过超前地质预报工作达到快速补充和检验地质资料的目的，避免漏报重大地质灾害点（段）。

6）盾构设备大件吊装作业必须由具有资质的专业队伍实施。

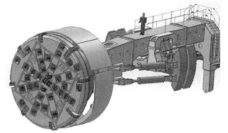

图 2-199　盾构机及 TBM 示意图

2. 盾构施工

（1）施工准备

1）盾构施工前，应根据工程的水文地质条件、盾构类型、工作井围护结构形式、周围环境等因素，对盾构工作井端头进行合理加固。据进前，应监测加固体的强度、抗渗性能，合格后方可始发掘进。工作井参照市改工程隧道暗挖竖井施工。

2）盾构设备吊装应根据盾构设备部件的最大重量和尺寸选用吊装符合安全要求的设备。起吊前，应对吊具和钢丝绳的强度、地基吊装承载力、盾构工作井结构、地下管线等应进行验算校核，并根据验算结果采取相应的加固措施。吊装作业时，各大型部件应选择合理的吊点进行吊运，吊装应平稳，严禁起吊速度过快或吊件长时间在空中停留。吊装作业应由专人负责指挥。

3）盾构组装完成后，应对各项系统进行空载调试然后再进行整机空载调试。盾构机后配套设备选型应满足隧道长度、转弯半径、坡度、列车编组荷载等指标的安全要求。

4）隧道内各个后配套系统必须布置合理，机车运输系统、人行系统、配套管线在隧道断面上布置必须保持必要的安全间距，严禁发生交叉。机车车辆距隧道壁、人行通道栏杆及隧道其他设施不得小于 20cm，人行走道宽度不得小于 70cm。

图 2-200　盾构机刀盘下井和双机塔吊盾体翻转

（2）始发

1）盾构始发前必须验算盾构反力架及其支撑的刚度和强度，反力架必须牢固的支撑在始发井结构上。

2）始发前必须对刀盘不能直接破除的洞门围护结构进行拆除。拆除前应确认工作井端头地基加固和止水效果良好，拆除时，应将洞门围护结构分成多个小块，从上往下逐个依次拆除，拆除作业应迅速连续。

3）洞门围护结构拆除后，盾构刀盘应及时靠上开挖面。

4）盾构始发时必须在洞口安装密封装置，并确保密封止水效果。盾尾通过洞口后，应立即进行补充二次注浆，尽早稳定洞口。

5）盾构始发时必须采取措施防止盾构扭转和稳定始发基座。

6）盾构始发时，千斤顶顶进应均匀，防止反力架受力不均而倾覆。

7）负环管片脱出盾尾后，立即对管片环向进行加固。

图 2-201 盾构始发

图 2-202 反力架初始值测量

图 2-203 负环加固

（3）掘进

1）土压平衡盾构掘进时，应使开挖土体充满土仓，排土量与开挖量相平衡。

2）泥水平衡盾构掘进时，应保持泥浆压力与开挖面的水土压力相平衡及排土量与开挖量相平衡。

3）盾构掘进时应控制姿态，推进轴线应与隧道轴线保持一致，减少纠偏。实施纠偏应逐环、少量纠偏，严禁过量纠偏扰动周围地层。应防止盾构长时间停机。

4）江河地段盾构施工应详细查明工程地质和水文地质条件和河床状况，设定适当的开挖面压力，加强开挖面管理与掘进参数控制，防止冒浆和地层坍塌。

5）盾构下穿或近距离通过既有建（构）筑物、地下管线前应根据实际情况对其地基或基础进行加固处理，并控制掘进参数，加强沉降、倾斜观测。

6）小半径曲线段隧道施工时，应制订防止盾构后配套台车和编组列车脱轨或倾覆的措施。

7）大坡度地段施工时，机车和盾构后配套台车必须制定防溜措施。

（4）管片制作与拼装

1）管片堆放场地应坚实平整，排水设施应完善，排水应畅通。管片堆码顺序、堆放纵横间距和通道应符合专项施工方案，并在地面划线进行标识。

2）管片应堆放在柔性基座上，堆码高度、柔性基座和柔性垫块应符合专项施工方案要求。堆码层数不大于3层，管片间的柔性垫块应上下一致。

3）管片存放区须设置隔离防护，并排列整齐，间距不小于500mm。

4）管片粘贴防水材料时，应设置防雨棚或其他防雨措施。

5）管片吊运吊具应安全可靠，管片应放置稳当。管片应由专门的拼装作业人员拼装，技术人员应全程监控，确保拼装安全。

6）管片拼装时，举重臂与管片连接必须使用专用保险销子并拧紧，管片拼装和调运范围内不得有人和障碍物。每块管片拼装完成后，相应区域的千斤顶应及时伸出固定管片。

7）管片拼装过程中严禁将肢体伸入管片拼缝和油缸撑靴内。

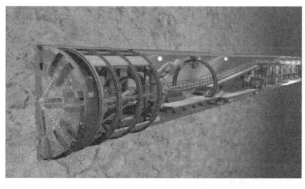

图 2-204　盾构掘进示意图

图 2-205　管片基座

（5）接收

1）盾构到达前应拆除洞门围护结构，拆除前应确认接收工作井端头地基加固与止水效果良好，拆除时应控制凿除深度。

2）盾构到达前，必须在洞口安装密封装置，并确保密封止水效果。

3）盾构距达到接收工作井10m内，应调整掘进参数、开挖压力等参数，减少推力、降低推进速度和刀盘转速，控制出土量并监视土仓内压力。

图 2-206 盾构解体图

4）增加地表沉降监测的频次，并及时反馈监测结果指导施工。

5）隧道贯通前 10 环管片应设置管片纵向拉紧装置。贯通后，应快速顶推并迅速拼装管片。

6）隧道贯通前 10 环管片应加强同步注浆和即时注浆，盾尾通过洞口后应及时密封管片环与洞门间隙，确保密封止水效果。

（6）过站、调头及解体

1）盾构过站、调头及解体时应确保过站、调头的托架或小车有足够的强度和刚度。

2）盾构过站、调头应由专人指挥，专人观察盾构转向或移动状态。应控制好盾构调头速度，并随时观察托架或小车是否有变形、焊缝开裂等情况。

3）在举升盾构机前，应保证液压千斤顶可靠，千斤顶举升应保持同步，举升平稳。

4）牵引平移盾构应缓慢平稳，工作范围严禁人员进入，钢丝绳应安全可靠。

5）盾构解体前，必须关闭各个系统并对液压空气和供水系统释放压力。

6）盾构解体时，各个部件应支撑牢固。高处作业应有可靠的安全保护措施。

（7）洞口、联络通道施工

1）洞门负环拆除前，应对洞口采取二次注浆等措施，确保洞口周围土体强度和止水性能。

2）联络通道施工前，必须对联络通道开挖范围及上方地层进行有效的加固。

3）拆除联络通道交叉口管片前，必须对管片壁后土体和联络通道处管片进行加固。

4）隧道内施工平台在断面布置上应与机车运输系统保持必要安全距离，严禁发生交叉现象。

图 2-207 洞门负环拆除图

（8）施工运输

1）皮带运输机机架应坚固，平、正、直。启动皮带运输机前，应发出声光警示。空载启动后，应检查各部位的运转和皮带的松弛度，如无异常，在达到额定转速后，方可均匀装料。应设专人检查皮带的跑偏情况并及时调整。

2）机车必须有完整的安全装置，司机在开车前必须检查连接器、制动器及部件的完好性。

3）机车行驶速度不得大于10km/h；经过转弯处或接近岔道时，应限速5km/h；在靠近工作面100m距离内应限速3km/；并打铃警示；车尾接近盾构机台车时，限速3km/h并减速慢行；下坡时应带制动。

4）机车在启动和行驶过程中，必须启动警铃、电喇叭等警示装置，同时，应注意机车行驶中的动态。

5）开车前应前后检查，各类物件必须放置稳妥，捆绑安全，运输不得超载、超宽和超长。

6）轨道养护应有专人负责，轨道必须平顺，钢轨与轨枕间必须固定牢靠，轨枕和轨距拉杆必须符合安装规定。

7）工作竖井必须规定垂直运输的作业范围，在该范围内严禁任何非作业人员进入。

8）钢丝绳、吊带等吊具应定期检查、更换。

9）进出隧道人员必须走人行道。

（9）隧道布置

1）盾构洞内管线布设主要包括：高压电缆、循环水管、污水管、机车轨道、人行踏板、照明、风管等。洞内管线应布置整齐、有序。

2）风管固定于隧道上方，底部距电瓶车顶不小于800mm。压入式通风机安装在距隧道洞口20m以外的上风向。

3）隧道内应设计应急照明及通讯联络装置，在断电及发生危险时，可提供人员应急照明及通信联络，保障作业人员能够迅速安全撤离。

4）洞内照明可采用节能灯带或灯管，节能灯管间距宜为6m。

5）高压电缆悬挂于安全通道对侧，悬挂位置与轨道距离大于1m，电缆挂钩间距宜为3m。

6）洞内循环水管、污水管等管线敷设于通道对侧，水管支架间距宜为3m，管路标明流动方向，管路与轨道距离不小于500mm。

7）洞内人行通道设置栏杆，高度1.2m，临边应与电瓶车保持足够的安全距离。

8）洞内每30m设置一具灭火器，灭火器采用专门的挂具，悬挂于防护栏杆上。洞外轨行区与人行道须采用栏杆隔离防护。

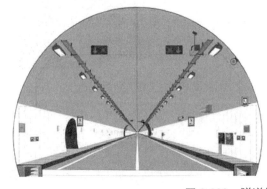 

图 2-208　隧道洞内布置效果图

图 2-209 隧道洞内人行走道及人轨分流示意图

（10）电瓶充电

1）电瓶充电工属于特种作业电工人员，应经过专业培训，持证上岗，必须掌握本作业范围内的电气安全知识和触电急救方法，电瓶应设专用的充电池雨棚，充电房应设置防护栏。

2）充电工须穿戴安全防护服装、佩戴护目镜、口罩、耐腐蚀手套、耐腐蚀劳保鞋等。

3）充电前，应检查电瓶有无破裂或漏出电解液；充电或检查电瓶时严禁将金属工具等物件放在电瓶上，以防电瓶短路而引起爆炸；充电使用的导电夹子必须夹紧，以免松动发生火花；充电时的电压、电流不允许超过工艺规定值，电解液的温度不得超过 55℃。

4）充电结束应放好电线，切断电源，并复查导线接头位置，防止错接引起燃烧；清扫、整理好作业现场，记好交接班记录，确认无问题，方可离开。

图 2-210 充电房及充电作业

（11）开仓换刀

1）开仓作业时，应对仓内持续通风，仓内气体条件应符合规范要求。

2）开仓作业时，应做好地面沉降、工作面的稳定性、地下水量及盾构姿态的监测和反馈。

3）严禁仓外作业人员进行转动刀盘、出渣、泥浆循环等危及仓内作业人员安全的操作。

4）撤离开挖仓前，应确认工具全部带出。

5）作业人员进仓工作时间应符合《盾构法隧道施工与验收规范》GB 50446 的规定。

6）当盾构处于稳定的地层时，可在常压下直接进入开挖仓作业，需实施气压作业时，盾构设备应满足带压进仓作业的要求。

7）气压作业开仓前，应确认地层条件满足气体保压的要求，不得在无法保证气体压力的条件下实施气压作业。

3. TBM 施工

（1）施工准备

1）TBM 组装场地应进行硬化处理，场地表面平整度和强度应满足 TBM 组装和步进的要求。

2）应根据 TBM 设备部件的最大重量和尺寸，确定吊装设备的型号和结构。吊装设备必须选择符合安全要求并具备相应资质的专业厂家生产的产品。门吊（或桥吊）组装完成后必须进行试运行，并由当地质量技术监督部门进行质量验收，合格后方可使用。

3）TBM 及后配套大件起吊前，应对吊具和钢丝绳进行验算校核。吊装作业应由专人负责指挥。吊装作业时，各大型部件应选择合理的吊点吊运，吊装应平稳，严禁起吊速度过快和吊件长时间在空中停留。

4）TBM 组装完成后，必须对各项系统进行空载调试，然后再进行整机空载调试。

5）TBM 步进过程中各个移动部位应有专人观察并及时与指挥人员沟通，由步进操作人员根据具体情况控制。

6）TBM 后配套设备选型应满足隧道长度、转弯半径、坡度、列车编组荷载等指标的安全要求。

7）隧道内各个后配套系统必须布置合理，机车运输系统、人行系统、配套管线在隧道断面上布置必须保持必要的安全间距，严禁发生交叉现象。机车车辆距隧道壁、人行通道栏杆及隧道其他设施不得小于 20cm，人行走道宽度不得小于 70cm。

图 2-211　TBM 组装调试

图 2-212　TBM 掘进示意图

（2）掘进

1）护盾式 TBM 始发时台车必须牢固可靠，开敞式 TBM 应确保撑靴撑紧始发洞壁。

2）TBM 应在起始段 50～100m 进行试掘进。始发掘进时，应以低速、低推力进行试掘进，在了解设备对岩石的适应性，掌握 TBM 的作业规律后再适当提高掘进速度。

3）TBM 掘进前应进行超前地质预测、预报。掘进时必须根据隧道的地质条件，选择合理的据进参数或掘进模式。

4）TBM 启动、掘进和停机等必须按照 TBM 操作手册的程序进行操作。

5）TBM 运行前，应发出警告信号，确认所有人员远离危险区域后方可按操作程序开机启动。

6）TBM 进过程中，应加强巡视，确保设备运行良好；应检查开挖面支护、仰拱块铺设、管片安装、碴车到位、皮带输送机正常、作业人员到位等情况，确保掘进正常。

7）开敞式 TBM 在撑靴回缩之前，后支腿与洞底必须接触。TBM 在重新撑紧期间，内机架的移动区域内不得有人。

8）对 TBM 设备进行保养维修时应停机、关闭相关阀门并降压、断开电气设备开关，有动火作业时，应配备消防设备，派专人监控，清理可燃物。

（3）支护与衬砌

1）开敞式 TBM 应根据围岩条件选择合理的初期支护，初期支护应及时施工，并按有关标准要求进行监控量测。

2）开敞式 TBM 支护过程中，锚杆钻机、钢拱架拼装器、喷射机械手等设备回转半径下严禁站人，设备抓举材料时必须牢固可靠。

3）开敞式 TBM 支护和衬砌施工应满足规范有关规定的要求。

4）护盾式 TBM 拼装管片时，拼装范围内不得有人和障碍物。管片（仰拱块）拼装完成后，必须及时对管片（仰拱块）背后填充豆砾石，并注入砂浆对豆砾石进行固结，达到管片后孔隙填充密实。

5）支护和衬砌应指定专人进行管片拼装操作。技术人员必须对支护和衬砌作业全程监护，确保安全。

（4）到达掘进

1）TBM 到达掘进前，必须制定到达掘进方案，进行安全技术交底。

2）TBM 到达掘进的最后 20m 应根据围岩的地质情况确定合理的掘进参数，减少推力，降低推进速度，并及时支护或回填注浆。

3）双护盾 TBM 支到达段拼装管片后，应设置管片纵向拉紧装置。

4）TBM 到达掘进，应增加监测的频次，及时通过监控量测掌握贯通面及附近围岩的变形和地表沉降的情况。

图 2-213　TBM 到达掘进

5）隧道贯通前，应做好出洞场地、洞口段的加固。贯通面前方区域应设置安全警戒，禁止人员入内。

（5）拆卸

1）TBM 的拆卸方式应根据实际情况确定，采取洞内拆卸或洞外拆卸并按正确的拆卸顺序进行。

2）洞内内拆卸时，拆卸洞室应选择在围岩稳定，整体性较好的位置，尺寸应满足洞内吊装的工作条件，拆卸洞的施工应按照规程有关规定的要求。

3）洞内、洞外设备拆卸场地的地基应夯实、表面平整，强度达到设备吊装时的承载力的要求，并必须在 TBM 贯通前施工。

4）TBM 拆卸应按制造厂商的要求进行，拆卸前应停机、关闭相关阀门并降压、断开电气设备开关，有动火作业时，应配备消防设备，派专人监控，清理可燃物。

5）TBM 设备各部件吊装应根据最大重量和尺寸确定吊装设备的型号和结构。吊装设备必须选择符合安全要求并具备相应资质的专业厂家生产的产品。

6）TBM 及后配套大件起吊前应对吊具和钢丝绳进行验算校核。吊装作业应由专人负责指挥。吊装作业时，各大型部件应选择合理的吊点吊运，吊装应平稳，严禁起吊速度过快和吊件长时间在空中停留。

（6）施工运输

1）机车牵引能力应满足隧道最大纵坡和运输重量的要求。

2）开车前应后检查，各类物件必须放置稳妥，捆绑安全，运输不得超载、起宽和越长。

3）机车在启动和行驶过程中，必须启动警铃、电喇叭等警示装置，同时，应注意机车行驶中的动态。应限制机车行驶速度，机车经过岔道时行车速度不得超过 5km/h，通过其他洞段时行驶速度不得越过 15km/h，机车在进入和离开后配套台车时应鸣笛，且减速慢行。

4）应专人负责养护轨道，轨道必须平顺，钢轨与轨枕间必须固定牢靠，轨扰和轨距拉杆必须符合安装规定。

5）机车在行驶中严禁司机、调车员将身体任何部位伸出界外。

6）机车长距离运输会车时，应按照轻率避让重载的原则，保证重载列车优先通过。

7）皮带运输机机架应坚固，确保平、正、直。启动皮带运输机前，应发出声光警示。空载启动后，应检查各部位的运转和皮带的松弛度如无异常，在达到额定转速后，方可均匀装料。应设专人检查皮带的跑偏情况并及时调整。

第三章 安全管理资料

第一节 危险性较大的分部分项工程资料

一、工程清单及相应的安全管理措施

（一）危险性较大的分部分项工程清单和安全管理措施

危险性较大的分部分项工程清单和安全管理措施　　　　　　表 3-1

类别	工程名称	安全管理措施
危险性较大的分部分项工程	1.基坑工程 (1)开挖深度超过 3m（含3m）的基坑（槽）的土方开挖、支护、降水工程。 (2)开挖深度虽未超过 3m，但地质条件、周围环境和地下管线复杂，或影响毗邻建（构）筑物安全的基坑（槽）的土方开挖、支护、降水工程	(1)基坑工程必须按照规定编制、审核专项施工方案，超过一定规模的深基坑工程要组织专家论证。基坑支护必须进行专项设计。 (2)基坑工程施工企业必须具有相应的资质和安全生产许可证，严禁无资质、超范围从事基坑工程施工。 (3)基坑施工前，应当向现场管理人员和作业人员进行安全技术交底。 (4)基坑施工要严格按照专项施工方案组织实施，相关管理人员必须在现场进行监督，发现不按照专项施工方案施工的，应当要求立即整改。 (5)基坑施工必须采取有效措施，保护基坑主要影响区范围内的建（构）筑物和地下管线安全。 (6)基坑周边施工材料、设施或车辆荷载严禁超过设计要求的地面荷载限值。 (7)基坑周边应按要求采取临边防护措施，设置作业人员上下专用通道。 (8)基坑施工必须采取基坑内外地表水和地下水控制措施，防止出现积水和漏水漏沙。汛期施工，应当对施工现场排水系统进行检查和维护，保证排水畅通。 (9)基坑施工必须做到先支护后开挖，严禁超挖，及时回填。采取支撑的支护结构未达到拆除条件时严禁拆除支撑。 (10)基坑工程必须按照规定实施施工监测和第三方监测，指定专人对基坑周边进行巡视，出现危险征兆时应当立即报警
	2.模板工程及支撑体系 (1)各类工具式模板工程：包括滑模、爬模、飞模、隧道模等工程。 (2)混凝土模板支撑工程：搭设高度5m及以上，或搭	(1)模板支架工程必须按照规定编制、审核专项施工方案，超过一定规模的要组织专家论证。 (2)模板支架搭设、拆除单位必须具有相应的资质和安全生产许可证，严禁无资质从事模板支架搭设、拆除作业。 (3)模板支架搭设、拆除人员必须取得建筑施工特种作业人员操作资格证书。

类别	工程名称	安全管理措施
危险性较大的分部分项工程	设跨度10m及以上,或施工总荷载(荷载效应基本组合的设计值,以下简称设计值)10kN/m² 及以上,或集中线荷载(设计值)15kN/m 及以上,或高度大于支撑水平投影宽度且相对独立无联系构件的混凝土模板支撑工程。 (3)承重支撑体系:用于钢结构安装等满堂支撑体系	(4)模板支架搭设、拆除前,应当向现场管理人员和作业人员进行安全技术交底。 (5)模板支架材料进场验收前,必须按规定进行验收,未经验收或验收不合格的严禁使用。 (6)模板支架搭设、拆除要严格按照专项施工方案组织实施,相关管理人员必须在现场进行监督,发现不按照专项施工方案施工的,应当要求立即整改。 (7)模板支架搭设场地必须平整坚实。必须按专项施工方案设置纵横向水平杆、扫地杆和剪刀撑;立杆顶部自由端高度、顶托螺杆伸出长度严禁超出专项施工方案要求。 (8)模板支架搭设完毕应当组织验收,验收合格的,方可铺设模板。 (9)混凝土浇筑时,必须按照专项施工方案规定的顺序进行,应当指定专人对模板支架进行监测,发现架体存在坍塌风险时应当立即组织作业人员撤离现场。 (10)混凝土强度必须达到规范要求,并经监理单位确认后方可拆除模板支架。模板支架拆除应从上而下逐层进行
	3.起重吊装及起重机械安装拆卸工程 (1)采用非常规起重设备、方法,且单件起吊重量在10kN 及以上的起重吊装工程。 (2)采用起重机械进行安装的工程。 (3)起重机械安装和拆卸工程	(1)起重机械安装拆卸作业必须按照规定编制、审核专项施工方案,超过一定规模的要组织专家论证。 (2)起重机械安装拆卸单位必须具有相应的资质和安全生产许可证,严禁无资质、超范围从事起重机械安装拆卸作业。 (3)起重机械安装拆卸人员、起重机械司机、信号司索工必须取得建筑施工特种作业人员操作资格证书。 (4)起重机械安装拆卸作业前,安装拆卸单位应当按照要求办理安装拆卸告知手续。 (5)起重机械安装拆卸作业前,应当向现场管理人员和作业人员进行安全技术交底。 (6)发现不按照专项施工方案施工的,应当要求立即整改。 (7)起重机械的顶升、附着作业必须由具有相应资质的安装单位严格按照专项施工方案实施。 (8)遇大风、大雾、大雨、大雪等恶劣天气,严禁起重机械安装、拆卸和顶升作业。 (9)塔式起重机顶升前,应将回转下支座与顶升套架可靠连接,并应进行配平。顶升过程中,应确保平衡,不得进行起升、回转、变幅等操作。顶升结束后,应将标准节与回转下支座可靠连接。 (10)起重机械加节后需进行附着的,应按照先装附着装置、后顶升加节的顺序进行。附着装置必须符合标准规范要求。拆卸作业时应先降节,后拆除附着装置。 (11)辅助起重机械的起重性能必须满足吊装要求,安全装置必须齐全有效,吊索具必须安全可靠,场地必须符合作业要求。 (12)起重机械安装完毕及附着作业后,应按规定进行自检、检验和验收,验收合格后方可投入使用

类别	工程名称	安全管理措施
危险性较大的分部分项工程	4. 脚手架工程 (1)搭设高度24m及以上的落地式钢管脚手架工程(包括采光井、电梯井脚手架)。 (2)附着式升降脚手架工程。 (3)悬挑式脚手架工程。 (4)高处作业吊篮。 (5)卸料平台、操作平台工程。 (6)异型脚手架工程	(1)脚手架工程必须按照规定编制、审核专项施工方案,超过一定规模的要组织专家论证。 (2)脚手架搭设、拆除单位必须具有相应的资质和安全生产许可证,严禁无资质从事脚手架搭设、拆除作业。 (3)脚手架搭设、拆除人员必须取得建筑施工特种作业人员操作资格证书。 (4)脚手架搭设、拆除前,应当向现场管理人员和作业人员进行安全技术交底。 (5)脚手架材料进场使用前,必须按规定进行验收,未经验收或验收不合格的严禁使用。 (6)脚手架搭设、拆除要严格按照专项施工方案组织实施,相关管理人员必须在现场进行监督,发现不按照专项施工方案施工的,应当要求立即整改。 (7)脚手架外侧以及悬挑式脚手架、附着升降脚手架底层应当封闭严密。 (8)脚手架必须按专项施工方案设置剪刀撑和连墙件。落地式脚手架搭设场地必须平整坚实。严禁在脚手架上超载堆放材料,严禁将模板支架、缆风绳、泵送混凝土和砂浆的输送管等固定在架体上。 (9)脚手架搭设必须分阶段组织验收,验收合格的,方可投入使用。 (10)脚手架拆除必须由上而下逐层进行,严禁上下同时作业。连墙件应当随脚手架逐层拆除,严禁先将连墙件整层或数层拆除后再拆脚手架
	5. 拆除工程 可能影响行人、交通、电力设施、通信设施或其他建(构)筑物安全的拆除工程	(1)须分包给有资质专业队伍。 (2)编制专项施工方案,并经分包、总公司逐级审批。 (3)须对作业人员进行安全教育及技术交底。 (4)施工期间须设置警戒区,有专职安全生产管理人员监督。 (5)施工人员须持有效证件上岗,并经体检合格,作业时穿戴好劳动保护用品。 (6)按要求设置卸料平台、防护门、通信装置等
	6. 暗挖工程 采用矿山法、盾构法、顶管法施工的隧道、洞室工程	(1)施工企业必须具有相应的资质和安全生产许可证,严禁无资质、超范围从事工程施工。 (2)施工前,应当向现场管理人员和作业人员进行安全技术交底。 (3)要严格按照专项施工方案组织实施,相关管理人员必须在现场进行监督,发现不按照专项施工方案施工的,应当要求立即整改。 (4)施工完成后,应当按规定进行自检、检验和验收,验收合格后方可投入使用

(二) 超过一定规模的危险性较大的分部分项工程范围和安全管理措施

范围如下,安全管理措施见上表相应内容。

1.深基坑工程 开挖深度超过5m(含5m)的基坑(槽)的土方开挖、支护、降水工程。 2.模板工程及支撑体系

（1）各类工具式模板工程：包括滑模、爬模、飞模、隧道模等工程。（与（一）中2.1一样）

（2）混凝土模板支撑工程：搭设高度8m及以上，或搭设跨度18m及以上，或施工总荷载（设计值）15kN/m² 及以上，或集中线荷载（设计值）20kN/m及以上。

（3）承重支撑体系：用于钢结构安装等满堂支撑体系，承受单点集中荷载7kN及以上。

3.起重吊装及起重机械安装拆卸工程

（1）采用非常规起重设备、方法，且单件起吊重量在100kN及以上的起重吊装工程。

（2）起重量300kN及以上，或搭设总高度200m及以上，或搭设基础标高在200m及以上的起重机械安装和拆卸工程。

4.脚手架工程

（1）搭设高度50m及以上的落地式钢管脚手架工程。

（2）提升高度在150m及以上的附着式升降脚手架工程或附着式升降操作平台工程。

（3）分段架体搭设高度20m及以上的悬挑式脚手架工程。

5.拆除工程

（1）码头、桥梁、高架、烟囱、水塔或拆除中容易引起有毒有害气（液）体或粉尘扩散、易燃易爆事故发生的特殊建、构筑物的拆除工程。

（2）文物保护建筑、优秀历史建筑或历史文化风貌区影响范围内的拆除工程。

6.暗挖工程

采用矿山法、盾构法、顶管法施工的隧道、洞室工程。

7.其他

（1）施工高度50m及以上的建筑幕墙安装工程。

（2）跨度36m及以上的钢结构安装工程，或跨度60m及以上的网架和索膜结构安装工程。

（3）开挖深度16m及以上的人工挖孔桩工程。

（4）水下作业工程。

（5）重量1000kN及以上的大型结构整体顶升、平移、转体等施工工艺。

（6）采用新技术、新工艺、新材料、新设备可能影响工程施工安全，尚无国家、行业及地方技术标准的分部分项工程

二、专项施工方案编制要求及审批手续

（一）专项施工方案编制及内容要求

1. 专项施工方案编制要求

项目部/施工单位应在施工组织设计的基础上，根据工程设计、施工工艺和所处环境等实际情况，在危险性较大的分部分项工程施工前编制专项方案；危险性较大的分部（分项）工程实行专业分包的，其专项施工方案可由专业分包单位组织编制。

2.专项施工方案内容要求

（1）工程概况：危大工程概况和特点、施工平面布置、施工要求和技术保证条件；

（2）编制依据：相关法律、法规、规范性文件、标准、规范及施工图设计文件、施工组织设计等；

（3）施工计划：包括施工进度计划、材料与设备计划；

（4）施工工艺技术：技术参数、工艺流程、施工方法、操作要求、检查要求等；

（5）施工安全保证措施：组织保障措施、技术措施、监测监控措施等；

（6）施工管理及作业人员配备和分工：施工管理人员、专职安全生产管理人员、特种作业人员、其他作业人员等；

（7）验收要求：验收标准、验收程序、验收内容、验收人员等；

（8）应急处置措施；

（9）计算书及相关施工图纸

（二）专项施工方案审批手续

1.专项施工方案，经编制单位技术、安全、质量等相关部门审核合格后，由编制单位技术负责人及总承包单位技术负责人签字批准，并报工程监理单位项目总监理工程师审核签字。

2.对于超过一定规模的危险性较大的分部（分项）工程，施工单位在审核审批后，应按规定组织专家对专项施工方案进行论证审查。

3.审核、论证的内容应包括：

（1）专项施工方案审核审批程序的规范性。

（2）是否满足现场实际情况，计算书是否符合有关标准、规范。

（3）技术、管理措施是否充分、合理。

（4）验收、检查要求与方案的适应性。

（5）潜在事故的确定及特征分析，应急预案的适宜性、可行性。

4.施工单位应按专家论证审查意见对专项施工方案进行修改完善，需做重大修改的，应重新组织专家论证审查。

5.修改完善后的专项施工方案经施工单位技术负责人、项目总监理工程师、建设单位项目负责人签字后，方可组织实施；实行施工总承包的，应当由施工总承包单位、相关专业承包单位技术负责人签字。

6.对位于运营隧道、地铁，机场、桥梁等保护范围内有特殊要求的建设工程，其相关的危险性较大的分部（分项）工程专项施工方案还应按相关法规规定，送相关的管理部门审核批准。

7.施工单位应当严格按照经审批的专项施工方案组织施工，不得擅自修改，调整专项施工方案。

8.因工期、设计、外部环境等因素发生重大变化，应及时调整专项施工方案，并按规定重新进行报批，重新履行审核审批及专家论证审查程序。

9.专项施工方案审批表，如图 3-1 所示。

三、专项施工方案变更手续

（一）危险性较大的分部分项工程专项施工方案

经审批后的专项施工方案不得擅自修改。需要修改时，应严格按照规定的程序进行，按照《危险性较大分部分项工程安全专项施工方案管理办法》第四条进行重新审核。

工程名称	
施工单位	
方案名称	

专项施工方案简述（本次申报内容系第___次修改完善）：

编制人签字：　　　　　　　　　　　　　　　　　　年　月　日

专家组意见	
	组长签字：　　　　　　　　　　　年　月　日

审核部门	审核人	审核意见	审核日期
技术			
安全			
质量			
施工单位审批意见	分包单位技术负责人签字（企业公章）：　　年　月　日		
	总包单位技术负责人签字（企业公章）：　　年　月　日		
监理单位意见	项目总监签字（盖章）：　　　　　　年　月　日		
建设单位意见	项目负责人签字：　　　　　　　　　年　月　日		
备注			

注：专项施工方案附在表后，本表一式四份，建设单位、监理单位、施工单位、安监站各一份。

图 3-1　专项施工方案审批表示意图

遇有下列情况，应对专项施工方案进行修改：

1. 工期、质量、安全、环保等目标值发生改变时；

2. 施工设计图纸发生重大变更时；

3. 现场施工环境和条件发生重大变化时；

4. 施工队伍、机械设备等因素发生重大调整时。

专项施工方案的修改，按照谁编制谁修改的原则，由原编制责任单位负责修改，其他单位未经授权不得擅自修改。专项施工方案修改后，应报经原审批单位审批后方可组织实施。

（二）超过一定规模的危险性较大的分部分项工程专项施工方案

超过一定规模的危大工程专项施工方案经专家论证后结论为"通过"的，施工单位可参考专家意见自行修改完善；结论为"修改后通过"的，专家意见要明确具体修改内容，施工单位应当按照专家意见进行修改，并履行有关审核和审查手续后方可实施，修改情况应及时告知专家。

四、专家论证有关要求

根据《危险性较大的分部分项工程安全管理办法》第九条规定超过一定规模的危险性较大的分部分项工程专项方案应当由施工单位组织召开专家论证会。实施施工总承包的由施工总承包单位组织召开专家论证会。专项施工方案专家论证会签到表如图 3-2 所示。

时　间					
地　点					
论证内容					
专家组成员					
单位名称	姓名	职称	专业	签名	联系方式
施工单位					
单位名称	姓名	职务	专业	签名	联系方式
监理单位					
单位名称	姓名	职务	专业	签名	联系方式
建设单位					
单位名称	姓名	职务	专业	签名	联系方式
其他参加人员					
单位名称	姓名	职务	专业	签名	联系方式

注：1. 施工单位须参加人员：公司分管安全负责人、技术负责人、方案编制人、项目负责人、项目技术负责人、项目专职安全管理人员；2. 监理单位须参加人员：项目总监理工程师及相关人员；3. 建设单位须参加人员：项目负责人或技术负责人；4. 其他参加人员：勘察、设计单位项目技术负责人及相关人员。

图 3-2　专项施工方案专家论证会签到表示意图

（一）参会人员

超过一定规模的危大工程专项施工方案专家论证会的参会人员应当包括：

1. 专家组成员（本项目参建各方的人员不得以专家身份参加专家论证会）；

2. 建设单位项目负责人、技术负责人；

3. 监理单位项目总监理工程师及相关人员；

4. 施工单位项目负责人、分管安全的负责人、项目技术负责人、专项方案编制人员、项目专职安全生产管理人员；

5. 勘察、设计单位技术负责人及相关人员。

（二）专家论证应满足下列要求

1. 专家组成员由 5 名及以上符合相关专业、资格等要求（诚实守信、作风正派、学术严谨；从事专业工作 15 年以上或具有丰富的专业经验；具有高级专业技术职称）的专家组成。

2. 专家按规定从专家库中选取。

3. 专项施工方案编制、审核、审批人员不得作为论证审查专家组成员。

4. 论证审查专家组必须出具由全体专家签字的书面论证报告，对论证的内容提出明确的意见，专家有不同意见的，应在论证报告上作书面记录。论证报告应作为专项施工方案的附件。

（三）专家论证的主要内容

1. 专项方案是否可行。

2. 专项方案计算书和验算依据是否正确。

3. 安全施工的基本条件是否满足现场实际情况。

4. 专项方案编制参考的各种依据是否正确或是最新版。

专项方案经论证后，专家组应当提交论证报告（图 3-3），对论证的内容提出明确的意见，并在论证报告上签字，该报告作为专项方案修改完善的指导意见。

五、方案交底及安全技术交底

（一）方案交底

根据《危险性较大的分部分项工程安全管理办法》第十五条规定专项方案实施前，编制人员或项目技术负责人应当向现场管理人员和作业人员进行安全技术交底。第十六条规定施工单位应当指定专人对专项方案实施情况进行现场监督和按规定进行监测发现不按照专项方案施工的，应当要求其立即整改；发现有危及人身安全紧急情况的，应当立即组织作业人员撤离危险区域。施工单位技术负责人应当定期巡查专项方案实施情况。第十七条规定对于按规定需要验收的危险性较大的分部分项工程，施工单位、监理单位应当组织有关人员进行验收。验收合格的，经施工单位项目技术负责人及项目总监理工程师签字后，方可进入下一道工序。

危险性较大的分部分项工程专家论证表

工程名称			
总承包单位		项目负责人	
分包单位		项目负责人	
危险性较大的分部分项工程名称			

专家一览表

姓 名	工 作 单 位	专家编号

专家论证意见	通过 □ 修改后通过 □ 不通过 □

专家建议：

专家签名	组长： 专家：

总承包单位（盖章）：

图 3-3 论证报告示意图

（二）安全技术交底

1.安全技术交底内容应包括国家及地方政府有关安全生产的法律法规、规范、标准、公司各种规章制度、特殊的施工方法采取的安全措施或应急措施、安全操作规程、其他安全注意事项等，既要针对性强，又要简单明了。

2.依据批准的施工方案、安全技术措施要求及现场重大危险源的分布特点等，结合施工进度安排分阶段、分部位向各工区进行书面安全交底，交底内容包括通用安全技术要求和针对性的安全技术措施要求。

3.工区依据项目部的书面安全技术交底，结合工区的具体施工内容、作业方式、各作业面（点）存在的重大危险源等情况所采取安全防范措施、安全操作规程、应急处置措施等向所有作业人员进行书面安全技术交底，班组长依据工区的书面安全技术交底要求，结合本班组具体的作业内容，做针对性的安全技术交底。

4.除对安全操作的技术要求进行交底外，还应将安全管理要求进行交底，现场安全技术交底内容用词应当准确，不得含糊不清、模棱两可。

5.对采用新工艺、新技术、新设备、新材料进行施工时，应将安全防范、应急措施进行有可操作性的交底。

填写的安全技术交底表可参见表3-2。

安全技术交底

表 3-2

项目名称：　　　　　　　　　　　　　　　　　　　　　　　　　　　　编号：

分部分项工程		交底内容	
施工班组		交底时间	
交底部门及参与交底人员			
接受交底班组长和作业人员签名：							

交底内容：

补充内容：

六、施工作业人员登记记录、项目负责人现场履职记录

（一）施工作业人员登记记录

施工作业人员登记记录，如图3-4所示；施工机具操作人员登记记录，如图3-5所示。

（二）项目负责人现场履职记录

项目负责人现场履职记录应包括安全检查台账（图3-6）和安全生产巡查记录（图3-7）。

序号	姓名	性别	出生年月	家庭住址 (身份证号)	进场时间	工种	工作卡号	选场时间

图 3-4　施工作业人员登记记录示意图

序号	姓　名	证照名称	证件号码	初培日期	复审情况

注：附施工机具操作证复印件。

图 3-5　施工机具操作人员登记记录示意图

七、现场监督记录

有关单位可参考图 3-8 现场监督记录示意图所列内容开展现场监督并做好记录。

八、施工监测和安全巡视记录

(一) 施工监测

对于需要进行第三方监测的危大工程，建设单位应当委托具有相应勘察资质的单位进行监测。

施工单位： 　　　　　　　　　　　　　　监理单位：

序号	检查日期	检查地点及项目	存在问题和隐患	隐患排除情况	检查人签名	备注
1						
2						
3						
4						

填制： 　　　　　　　　　　　　　　审核：

图 3-6　安全检查台账示意图

项目名称：

巡查人		巡查时间		天气	
巡查部位及巡查情况					
发现问题					
整改措施					
整改结果					

图 3-7　安全生产巡查记录示意图

监测单位应当编制监测方案。监测方案由监测单位技术负责人审核签字并加盖单位公章，报送监理单位后方可实施。

监测单位应当按照监测方案开展监测，及时向建设单位报送监测成果（施工监测记录

危险性较大分部分项工程监督检查记录

工程名称:				施工单位:			
日期:	年 月 日			监督时间:	时 分至	时 分	

危险性较大分部分项工程名称及部位:

检查、监督内容:

    1. 施工单位安保体系外审　　　　　　　　　已进行□　　未进行□

    2. 专职安全生产管理人员现场监督　　　　　已到位□　　未到位□

    3. 执行专项方案及强制性条文　　符合□　　基本到位□　　不符合□

    4. 安全技术交底　　　　　　　　　　　　　已进行□　　未进行□

    5. 检查特种作业人员、设备、设施　符合□　　基本到位□　　不符合□

    6. 其他

存在问题:

    1. 不符合专项方案具体条款

    2. 违反强制性标准具体条文

    3. 其他问题

处理意见:

    1. 发现不符合专项施工方案,不符合强制性标准,具有安全隐患,现场立即要求整改　□

    2. 发现问题比较严重,要求工程暂停,并通知监理及建设单位。　　　　　　　　　　□

备注:

巡视检查安全员:	记录人签字:

技术人员签字:

年　　月　　日

图 3-8　现场监督记录示意图

见图 3-9),并对监测成果负责;发现异常时,及时向建设、设计、施工、监理单位报告,建设单位应当立即组织相关单位采取处置措施。

危险性较大分部分项工程名称		分部分项工程具体情况	验收意见
基坑支护降水工程和土方开挖	普通	开挖深度超过 3 m(含 3 m)或虽未超过 3 m 但地质条件和周围环境复杂的基坑(槽)支护、降水工程。		
	超过一定规模	开挖深度超过 5 m(含 5 m)或虽未超过 5 m 但地质条件和周围环境复杂的基坑(槽)支护、降水工程。		
模板工程及支撑体系	普通	1. 工具式模板工程(大模板)。 2. 搭设高度 5 m 及以上,跨度 10 m 及以上,施工总荷载 10kN/m² 及以上,集中线荷载 15kN/m² 及以上,高度大于支撑水平投影宽度且相对独立无联系构件的混凝土模板支撑工程。 3. 用于钢结构安装等满堂支撑体系。		
	超过一定规模	1. 工具式模板工程(滑模、爬模、飞模等); 2. 搭设高度 8 m 及以上,跨度 18 m 及以上,施工总荷载 15kN/m² 及以上,集中线荷载 20kN/m² 及以上。 3. 用于钢结构安装等满堂支撑体系,承受单点集中荷载 700kg 以上。		
起重吊装及安装拆卸	普通	1. 采用非常规起重设备、方法,且单件起吊重量在 10kN 及以上的起重吊装工程。		
		2. 采用起重机械进行安装的工程。		

图 3-9　施工监测记录示意图

（二）危险性较大的分部分项工程专项巡视检查记录表

有关单位可参考图 3-10 巡视检查记录表的内容组织看展专项巡查，并做好巡查记录。

工程名称：＿＿＿＿＿＿＿＿＿＿＿＿＿＿＿＿＿＿＿　　　　　　**编号：**

巡视的危大工程名称：＿＿＿＿＿＿＿＿＿＿＿＿＿＿＿＿＿＿

该工程所属施工阶段：＿＿＿＿＿＿＿＿＿＿＿＿＿＿＿＿＿＿

巡视具体区域：＿＿＿＿＿＿＿＿＿＿＿＿＿＿＿＿＿＿

巡视内容：

1. □在施工现场＿＿＿＿＿处已公告危大工程名称、施工时间和具体责任人员。□未按照要求设置危大工程公告牌。

2. □在＿＿＿＿＿＿危险区域设置了＿＿＿＿＿＿安全警示标志。　□安全标志设置存在问题，详见以下主要问题。

3. □施工安全生产管理人员＿＿＿＿＿对专项施工方案实施情况进行现场监督。□无安全生产管理人员实施现场监督。（抽查安全管理人员监督记录）

4. □抽查作业人员＿＿＿＿＿＿＿＿＿＿＿＿＿＿＿＿，＿人，其中＿人已经安全技术交底。□安全交底存在问题，详见以下主要问题。

5. □抽查特种作业人员＿＿＿＿＿＿＿＿＿＿，＿人，其中＿人，证件符合。□特种作业人员存在问题，详见以下主要问题。

6. □现场按照专项施工方案实施，方案确需调整的已按原程序重新审批。　□现场未按方案实施，具体问题详见以下主要问题。

7. □施工现场周边环境未发现异常；　　　　　　　　　□发现周边环境存在问题，详见以下主要问题。

8. □第三方监测和施工监测符合要求，数据无异常；　　　□监测存在问题，详见以下主要问题。

9. □抽查施工单位已建立危大工程安全管理档案。　　　　□档案建立存在问题，详见以下主要问题。

10. □需验收的危大工程进入下道工序或投入使用前已按规定组织验收，并设置验收标识牌；□安全验收存在问题，详见以下主要问题。

11. 其他情况（应急与处置等）＿＿＿＿＿＿＿＿＿＿＿＿＿＿＿＿＿＿

存在主要问题：

处理意见：

项目监理机构：＿＿＿＿＿＿

巡检人员：＿＿＿＿＿＿

日期：＿＿＿＿＿＿

注：本表一式一份，每个危大工程填写一份，项目监理机构留存。

图 3-10　现场检查记录表示意图

九、验收记录

对于需要验收的危大工程，施工单位、监理单位应当组织相关人员进行验收。验收合格的，经施工单位项目技术负责人及总监理工程师签字确认后，方可进入下一道工序。危大工程验收合格后，施工单位应当在施工现场明显位置设置验收标识牌，公示验收时间及责任人员。工程验收记录如图 3-11 所示。

危险性较大的分部分项工程验收记录

施工内容及部位		钢结构厂房吊装		验收日期	××年××月××日
□ 条件验收	R 过程验收	总体工况	一幢单层钢结构厂房（11m高）		□ 使用验收
		验收时工况	准备阶段		
序号	验收项目	验收内容	验收标准	专业分包或劳务班组自验结果	项目部验收结果
1	施工作业准备（包括人员、实物、管理、环境等准备工作）				
2	规范标准操作规程要求	作业人员是否按规定穿戴相应的劳保用品	《吊装方案》	均按规定穿戴相应的劳保用品	均按规定穿戴相应的劳保用品
		人员上下是否设有安全可靠爬梯、斜道	《吊装方案》	有安全可靠爬梯、斜道	直爬梯数量不能满足要求
		起重吊装作业周边是否设置警戒线，交叉作业是否设置隔离防护	《吊装方案》	设置了警戒线，并有隔离防护	设置了警戒线，隔离防护有缺陷
		起重机停放位置、行走路线是否符合方案要求	《吊装方案》	符合	符合
		吊装作业是否遵守"十不吊"规定	《吊装方案》	严格遵守"十不吊"规定	严格遵守"十不吊"规定
		是否按规定设置了生命线	《吊装方案》	已设置了生命线	已设置了生命线
		作业平台临边防护是否符合规定	《吊装方案》	符合要求	符合要求
		起重吊装作业人员，作业时应有可靠立足点	《吊装方案》	有可靠立足点	有可靠立足点
3	风险控制措施要求				
验收意见		对存在问题及时改进，对部分违章人员严格按规定处理			
总包技术负责人签字			分包技术负责人签字		
参加验收人员签字			监理负责人签字		

专业分包或劳务班组名称：_____

验收日期： 年 月 日

图 3-11 工程验收记录示意图

第二节 基坑工程资料

一、相关安全保护措施

(一)临边防护

1.当基坑施工深度达到2m时，对坑边作业已构成危险，按照高处作业和临边作业的规定，应搭设临边防护设施。如基坑周边、尚未安装栏杆或拦板的阳台及楼梯段，框架结构各层楼板尚未砌筑维护墙的周边，坡形屋顶周边以及施工升降机与建筑物通道的两侧边等都必须设置防护栏杆。

（1）基坑周边搭的防护栏杆，从选材、搭设方式及牢固程度都应符合《建筑施工高处作业安全技术规范》JGJ80 的规定。

（2）临边防护栏杆离基坑边口的距离不得小于 50cm。

2.水平工作面防护栏杆高度应为 1.2m，坡度大于 1∶2.2 的屋面，周边栏杆应高 1.5m，应能经受 1000N 外力。防护栏杆应用安全立网封闭，或在栏杆底部设置高度不低于 180mm 的挡脚板。

（二）排水措施

1.基坑工程的设计施工必须充分考虑对地下水进行治理，采取排水、降水措施，防止地下水渗入基坑。

2.基坑施工除降低地下水水位外，基坑内尚应设置明沟和集水井，以排除暴雨和其他突然而来的明水倒灌，基坑边坡视需要可覆盖塑料布，应防止大雨对土坡的侵蚀。

3.膨胀上场地应在基坑边缘采取抹水泥地面等防水措施，封闭坡顶及坡面，防止各种水流（渗）入坑壁。不得向基坑边缘倾倒各种废水并应防止水管泄漏冲走桩间土。

4.软土基坑、高水位地区应做截水帷幕，应防止单纯降水造成基土流失。

5.截水结构的设计，必须根据地质、水文资料及开挖深度等条件进行，截水结构必须满足隔渗质量，且支护结构必须满足变形要求。

6.在降水井点与重要建筑物之间宜设置回灌井（或回灌沟），在基坑降水的同时，应沿建筑物地下回灌，保持原地下水位，或采取减缓降水速度，控制地面沉降。沉降观测的要求有沉降防护措施、观察记录。

（三）坑边荷载

1.施工机械和物料堆放距槽边距离应按设计规定执行。大中型施工机具距坑槽边距离应根据设备自重、基坑支护、土质情况经设计计算确定，一般情况一下不得小于 1.5m。

2.机械挖土应尽量做到随挖随运开挖出的土方，不得随意堆放在基境外侧，以免引起地面堆载超负荷。一般堆置土方距坑槽上部边缘不少于 1.2m，弃土堆置高度不超过 1.5m。

3.机械设备与基坑边的距离 5m 以上，要有加固措施。

4.施工机械施工行走路线必须按施工方案执行。

（四）上下通道

1.基坑施工作业人员上下必须设置专用通道，不得攀爬栏杆和自挖土阶上下。不得攀爬模板、脚手架以确保安全。人员专用通道应在施工组织设计中确定，其攀登设施可视条件采用梯子或专门搭设，应符合高处作业规范中攀登作业的要求。

2.设备进出按基坑部位设置专用坡道。推土机坡道为 25°，挖掘机坡道为 20°，铲运机坡道为 25°。

（五）土方开挖

1.施工机械必须实行进场验收制度，司机持证上岗。

（1）所有施工机械应按规定进场，经过有关部门组织验收确认合格，并有记录，方可进场作业。

（2）挖土机司机属特种作业人员，应经专门培训考试合格持有操作证。

（3）挖土机作业位置的土质及支护条件，必须满足机械作业的荷载要求，机械应保持水平位置和足够的工作面。

2.基坑开挖应严格按方案执行，宜采用分层开挖的方法，严格控制开挖面坡度和分层厚度，防止边坡和挖土机下的土体滑动，严禁超挖。坑底最后留一步土方由人工完成，并且人工挖土应在打垫层之前进行。

3.严禁施工人员进入施工机械作业半径内。机械挖土与人工挖土进行配合操作时，人员不得进入挖土机作业半径内，必须进入时，待挖土机作业停止后，人员方可进行坑底清理、边坡找平等作业。

（六）基坑支护变形监测

1.基坑工程均应进行基坑工程监测，开挖深度大于5m应由建设单位委托具备相应资质的第三方实施监测。

2.总包单位应自行安排基坑监测工作，并与第三方监测资料定期对比分析，指导施工作业。

3.基坑开挖之前应制订出系统的监测方案。包括监测方法、精度要求、监测点布置、观测周期、工序管理、记录制度、信息反馈等。

4.监测点的布置应满足监控要求，从基坑边缘以外1～2倍开挖深度范围内的需要保护物体均应作为监控对象.

5.基坑工程监测内容包括以下几个方面：

（1）支护体系变化情况。

（2）基坑外地面沉降或隆起变形。

（3）邻近建筑物动态。

（4）支护结构的开裂、位移。

重点监测桩位、护壁墙面、主要支撑杆、连接点以及渗透情况。

（5）位移观测基准点数量不少于两点，且应设在影响范围以外。

（6）监测项目在基坑开挖前应测得初始值，且不应少于2次。

（7）基坑监测项目的监控报警值应根据监测对象的有关规范及支护结构设计要求确定。

（8）各项监测的时间间隔可根据施工进程确定。当变形超过有关标准或监测结果变化速率较大时，应加密观测次数。当有事故征兆时，应连续监测。

（9）基坑开挖监测过程中，应根据设计要求提交阶段性监测结果报告。工程结束时应提交完整的监测报告，报告内容应包括：

1）工程概况。

2）监测项目和各测点的平面和立面布置图。

3）采用仪器设备和监测方法。

4）监测数据处理方法和监测结果过程曲线。

5）监测结果评价。

（七）作业环境

1.基坑内作业人员应有稳定、安全的立足处，脚手架、临边防护必须符合要求。

2.交叉作业、多层作业上下设置隔离层。垂直运输作业及设备也必须按照相应的规范进行检查。靠近电源（低压）线路作业前，应先联系停电。确认停电后方可进行工作，并应设置绝缘档壁。作业者最少离开电线（低压）2m以外。禁止在高压线下作业。要处处注意危险标志和危险地方。夜间作业，必须设置足够的照明设施，否则禁止施工。

3.深基坑施工照明问题，电箱的设置及周围环境以及各种电气设备的架设使用均应符合以下规定。

基坑开挖期间，夜间照明用电：

（1）所有用电均可从现场配备的配电箱内接引，通过手提小电箱架空至土方开挖区域。

（2）整个施工现场的夜间照明通过用钢管架子架高安置的2个5kW大太阳灯照明。

（3）施工范围内的夜间照明采用活动灯架，每个灯架安装1kW小碘钨灯，每两个基坑配置一个灯架。

（4）现场上，放坡位置均视情况放置一定数量的照明灯及散光灯和警戒灯。

二、监测方案及审核手续

（一）监测方案内容

（1）工程概况。

（2）建设场地岩土工程条件及基坑周边环境状况。

（3）监测目的和依据。

（4）监测内容及项目。

（5）基准点、监测点的布设与保护。

（6）监测方法及精度。

（7）监测期和监测频率。

（8）监测报警及异常情况下的监测措施。

（9）监测数据处理与信息反馈。

（10）监测人员的配备。

（11）监测仪器设备及检定要求。

（12）作业安全及其他管理制度。

（二）监测方案审核手续

依据《建设工程勘察设计资质管理规定》（建设部令第160号），考虑建筑基坑工程监测的专业特点，为保证基坑工程监测工作的质量，基坑工程监测单位应同时具备岩土工程和工程测量两方面的专业资质。监测单位应具备承担基坑工程监测任务的相应设备、仪器及其他测试条件，有经过专门培训的监测人员以及经验丰富的数据分析人员，有必要的监测程序和审核制度等工作制度及其他管理制度。

　　监测单位拟订出监测方案后，提交工程建设单位，建设单位应遵照建设主管部门的有关规定，组织设计、监理、施工、监测等单位讨论审定监测方案。当基坑工程影响范围内有重要的市政，公用、供电、通信、人防工程以及文物等时，还应组织有相关主管单位参加的协调会议，监测方案经协商一致后，监测工作方能正式开始。必要时，应根据有关部门的要求，编制专项监测方案。监测方案审批表，如图 3-12 所示。

*********有限公司

施工组织设计（监测方案）审批表

工程名称：_____*********基坑工程_____
_____建设项目基坑监测_____

文件名称：_____监测方案_____

承建单位：_____*********有限公司_____

编制单位：_____*********有限公司_____

编制人员：*********　　　　　　　编制日期_____

审定人	报批意见： 监测单位（盖章）：　　　　　　　报批日期：		
	审核意见： 监理单位（盖章）：　　　　　　　审核日期：		
	审定意见： 建设单位（盖章）：　　　　　　　审定日期：		
审核处置	审批通过	无须补充 修改□	补充修改后 上报备案□	补充修改后 上报审批□
	审批未通过	退回重编□		

图 3-12　监测方案审批表示意图

三、第三方监测数据及相关的对比分析报告

1. 基坑工程仪器监测项目应根据表 3-3 进行选择。

建筑基坑工程仪器监测项目表 　　　　　　　　表 3-3

监测项目 ＼ 基坑类别		一级	二级	三级
（坡）顶水平位移		应测	应测	应测
墙（坡）顶竖向位移		应测	应测	应测
围护墙深层水平位移		应测	应测	宜测
土体深层水平位移		应测	应测	宜测
墙（桩）体内力		宜测	可测	可测
支撑应力		应测	宜测	可测
立柱竖向位移		应测	宜测	可测
锚杆、土钉拉力		应测	宜测	可测
坑底隆起	软土地区	宜测	可测	可测
	其他地区	可测	可测	可测
土压力		宜测	可测	可测
孔隙水压力		宜测	可测	可测
地下水位		应测	应测	宜测
土层分层竖向位移		宜测	可测	可测
墙后地表竖向位移		应测	应测	宜测
周围建（构）筑物变形	竖向位移	应测	应测	应测
	倾斜	应测	宜测	可测
	水平位移	宜测	可测	可测
	裂缝	应测	应测	应测
周围地下管线变形		应测	应测	应测

注：基坑类别的划分按照国家标准《建筑地基基础工程施工质量验收标准》GB50202—2018执行。

2. 监测成果分析

（1）根据水准点高程测量数据整理出逐次沉降量统计表。

（2）根据位移测量数据整理出逐次位移量统计表。

（3）绘出各测点沉降量及位移量、位移量与时间的关系曲线。

（4）每次观测后1天内提供观测结果，分析变形是否过大、是否趋于稳定以及发生的原因。

（5）当变形超过或接近预警值时，立即向业主及施工单位通报，同时加密监测频率。

3. 监测分析报告

（1）监测成果资料应完整、清晰、签字齐全，监测成果应包括现场监测资料、计算分析资料、图表、曲线、文字报告等。监测项目数据分析应结合其他监测项目的监测数据、

现场施工现况、巡视检查情况及以往数据进行，并对其发展趋势作出预测。

（2）基坑工程监测总结报告的内容应包括：

1）工程概况；

2）监测依据；

3）监测项目；

4）测点布置；

5）监测设备和监测方法；

6）监测频率；

7）监测报警值；

8）各监测项目全过程的发展变化分析及整体评述；

9）监测工作结论与建议。

总结报告应标明工程名称、监测单位、整个监测工作的起止日期，并应有监测单位章及项目负责人、单位技术负责人、企业行政负责人签字。

四、日常检查及整改记录

1.支护结构

（1）支护结构成型质量；

（2）冠梁、支撑、围檩有无裂缝出现；

（3）支撑、立柱有无较大变形；

（4）止水帷幕有无开裂、渗漏；

（5）墙后土体有无沉陷、裂缝及滑移；

（6）基坑有无涌土、流砂、管涌。

2.施工工况

（1）开挖后暴露的土质情况与岩土勘察报告有无差异；

（2）基坑开挖分段长度及分层厚度是否与设计要求一致，有无超长、超深开挖；

（3）场地地表水、地下水排放状况是否正常，基坑降水、回灌设施是否运转正常；

（4）基坑周围地面堆载情况，有无超堆荷载。

3.基坑周边环境

（1）地下管道有无破损、泄露情况；

（2）周边建（构）筑物有无裂缝出现；

（3）周边道路（地面）有无裂缝、沉陷；

（4）邻近基坑及建（构）筑物的施工情况。

4.监测设施

（1）基准点、测点完好状况；

（2）有无影响观测工作的障碍物；

（3）监测元件的完好及保护情况。

5.根据设计要求或当地经验确定的其他巡视检查内容。

（1）巡视检查的检查方法以目测为主，可辅以锤、钎、量尺、放大镜等工器具以及摄像、摄影等设备进行。

（2）巡视检查应对自然条件、支护结构、施工工况、周边环境、监测设施等的检查情况进行详细记录。

如发现异常，应及时通知委托方及相关单位。

（3）巡视检查记录应及时整理，并与仪器监测数据综合分析。

6.日常检查记录

基坑工程整个施工期内，每天均应有专人进行巡视检查，应定期对基坑及周边环境进行巡视，随时检查基坑位移（土体裂缝）、倾斜、土体及周边道路沉陷或隆起、地下水涌出、管线开裂、不明气体冒出和基坑防护栏杆的安全性等。

墙（坡）顶水平位移和竖向位移监测日报表示意图，见图3-13；桩、墙体内力及土压力、孔隙水压力检测日报表示意图，见图3-14；地下水水位、墙后地表沉降、坑底隆起监测日报表示意图，见图3-15；巡视监测日报表示意图，见图3-16。

图 3-13 墙（坡）顶水平位移和竖向位移监测日报表示意图

图 3-14 桩、墙体内力及土压力、孔隙水压力检测日报表示意图

（　　）监测日报表　　第 页共 页　　　　第 次

工程名称：　　　　报表编号：　　　天气：测试者：　　　计算者：

测试日期：　年 月 日

组号	点号	初始高程/m	本次高程/m	上次高程	本次变化量/mm	累计变化量/mm	变化速率/mm·d⁻¹	备注

说明	说明： 1. 所填写数据正负号的物理意义； 2. 测点损坏的状况（如被压、被毁）；备注中注明该测点正常或超限状况。	测点布置示意图
工况		

项目负责人：　　　　监测单位：

注：应视工程及测点变形情况，定期绘制测点的数据变化曲线图。

图 3-15　地下水水位、墙后地表沉降、坑底隆起监测日报表示意图

（　　）监测日报表　　第 页共 页第 次

工程名称：　　　报表编号：　　　观测者：　　　　　观测日期：

年 月 日 时

分类	巡视检查内容	巡视检查结果	备注
自然条件	气温		
	雨量		
	风级		
	水位		
支护结构	支护结构成型质量		
	冠梁、支撑、围檩裂缝		
	支撑、立柱变形		
	止水帷幕开裂、渗漏		
	墙后土体沉陷、裂缝及滑移		
	基坑涌土、流砂、管涌		
施工工况	土质情况		
	基坑开挖分段长度及分层厚度		
	地表水、地下水状况		
	基坑降水、回灌设施运转情况		
	基坑周边地面堆载情况		
周边环境	地下管道破损、泄漏情况		
	周边建（构）筑物裂缝		
	周边道路（地面）裂缝、沉陷		
	邻近施工情况		
监测设施	基准点、测点完好状况		
	观测工作条件		
	监测元件完好情况		
观测部位			

项目负责人：　　　　监测单位：

图 3-16　巡视监测日报表示意图

（一）基坑工程巡视检查内容

基坑工程整个施工期内，每天均应有专人进行巡视检查，应包括以下主要内容：

（二）整改记录

整改记录应包括整改通知单和整改结果回复单，如图 3-17、图 3-18 所示。

施工单位：　　　　　　　　　　　　　　　　　　　　　　　　　编号：AQ

工程名称		检查日期	
检查部门		检查形式	
存在问题：			
整改意见：			
签发人			日期：
承包人签收			日期：

图 3-17　安全隐患整改通知单示意图

施工单位：　　　　　　　　　　　　　　　编号：AQ

工程名称		隐患部位	
存在问题整改情况：			
整改后自查结果：			
项目负责人：　　　　　年　　　月　　　日			
复查意见：			
安全负责人：　　　　　年　　　月　　　日			
复查意见：			
工程部：　　　　　年　　　月　　　日			

图 3-18　安全隐患整改结果回复单示意图

第三节　脚手架工程资料

一、架体配件进场验收记录、合格证及扣件抽样复试报告

(一) 架体配件进场验收记录、合格证

脚手架材料进场前，施工单位或搭设单位提交材料进场申请，附相关证明文件（包括产品质量合格证（图 3-19）、质量检验报告（图 3-20），施工单位或搭设单位填写验收表格。生产技术部门、安全监督部门参加检查、验收及相关试验。

脚手架材料进场检查验收，应给与明确结论，不符合要求的应作出标识，规定时间撤出现场。脚手架构配件进场验收记录示意图，如图 3-21 所示。

图 3-19　脚手架产品质量
合格证示意图

图 3-20　脚手架质量检验
报告示意图

脚手架构配件进场验收记录

施工单位			监理公司	
项目名称			验收批次	
序号	构配件名称	验收内容		质量状况
1	钢管	使用 Q235（3 号钢）钢材，外径 48mm 壁厚 2.75mm 的焊接钢管，有合格证；表面质量、外形符合规定。		
2	扣件	当扣件螺栓拧紧，扭力矩为 40~50N*m，有合格证；表面质量符合规定。		
3	脚手板	脚手板可采用钢、木、竹材料制作，每块重量应不大于 30Kg，材质、表面质量符合规定。		
4	底座	12~16 号槽钢，材质、制作质量符合规定。		
5	垫板	木垫板（板厚 5cm，板长≥200cm）		
6	安全平网	合格证、表面质量		
7	密目安全网	合格证、表面质量		
8	型钢	合格证、材质、尺寸、表面质量		
9	钢丝绳	合格证、材质、尺寸、表面质量		
施工单位	验收意见： 材料员：　　　　　　　年　月　日			
监理公司	验收意见： 监理工程师：　　　　　年　月　日			

图 3-21　脚手架构配件验收示意图

脚手架验收合格后，验收负责人在合格证上签字确认并将验收合格证挂于人行道一侧。

（二）扣件抽样复试报告

根据《建筑施工扣件式钢管脚手架安全技术规范》JGJ130—2011 要求，扣件进入施工现场应检查产品合格证，并应进行抽样复试，技术性能应符合现行国家标准《钢管脚手架扣件》GB15831—2006 的规定。扣件抽样复试报告示意图，如图 3-22 所示。

钢管脚手架（直角）扣件检验报告

GDAQ21306

委托单位：××委托单位　　报告编号：

工程名称：XXXX工程名称　　收样日期：

工程部位：XXX验收部位　　检验日期：

检验性质：　　报告编写日期：

见证人：　　检验依据：

见证单位：

样品信息	样品编号	
	样品名称	
	型号规格(mm)	
	样品数量(个)	
	代表数量(个)	
	生产单位(商标)	

样品序号	检验项目	标准技术要求	检验结果	单项评定
1	抗滑性能			
2	抗破坏性能			
3	扭转刚度	扭力矩为900N·m时，$\theta \leq 4°$		
4	扭力矩试压	扭力矩65N·m时，各部位不应有裂纹		
检验结论				
备注				

注：未经本单位书面批准，不得部分复制检验报告(完整复制除外)。

批准：　　审核：　　校核：　　检验：

图 3-22　扣件抽样复试报告示意图

二、日常检查及整改记录

（一）日常检查

脚手架材料进场后，施工单位负责组织材料检查和使用过程中的日常检查。脚手架日常安全检查表见表 3-4。总包、监理及建设单位负责全过程监督检查。如发现问题，应立即停用，清除出场。

（二）整改记录

整改记录应包括整改通知单和整改结果回复单，如图 3-23、图 3-24 所示。

脚手架日常安全检查表

表 3-4

检查区域			检查人		检查时间	
序号	检查项目		检查内容		检查结果 (√、×)	备注
1	人员 管理		从事脚手架施工的人员必须经考试合格,持证上岗,严禁酒后作业			
			应有专项施工的施工方案			
			搭设脚手架人员必须戴安全帽、系安全带、穿防滑鞋			
2	脚手架 搭设		钢管无裂缝,锈蚀,弯曲、扣件不完整、脆裂变形、滑丝的不得使用			
			架体搭设必须按施工方案搭设			
			搭设的高度形状符合安全施工要求			
			架子牢固稳定,不变形			
			架杆搭设应横平竖直,搭接牢固			
			高度(15m)以上高处作业的脚手架应安装避雷设施			
			钢管立杆、横杆接头应错开,不应在同一跨内或同一步内			
			钢管脚手架立杆应垂直稳放于硬化地面上的木板垫板上			
3	脚手架 铺板		脚手板对接时,应架设双排小横杆,间距不大于20cm			
			脚手板应铺满,不得有空隙,探头板不能过长,脚手板的搭接长度不小于20cm			
			脚手板铺设应平稳绑牢或钉牢			
			脚手板应铺满,不得有空隙,探头板不能过长			
4	脚手架 连接		脚手架按照施工方案搭设连墙件,并使用刚性连接			
			剪刀撑斜杆与地面的倾角宜在45°～60°之间,剪刀撑跨度不能少于4根立杆,也不能大于5根立杆			
5	栏杆及 防护		脚手架严禁超负荷工作			
			脚手架第二层和悬挑层必须采用木板等进行密封处理			
			所有空洞、预留洞口必须封闭			
			脚手架外侧设置密目式安全网			
			所有临边必须按规定设置1.2m高的双栏杆和安全网或挡脚板			
			施工层以下每隔10m用平网或其他措施进行封闭			
			必须搭设施工人员上下的专用扶梯、马道			
6	脚手架 拆除		电源线不得直接捆绑在架杆上			
			金属脚手架与1万伏高压线路水平距离保持5m以上或搭设隔离防护			
			拆除脚手架前,必须将电器设备和其他设备拆除或保护			
			脚手架拆除应统一指挥自上而下逐步进行			
			材料扣件禁止往下抛掷,采用可靠的运输措施			
			三级特级(15m)高空作业脚手架拆除时必须有可靠的安全技术措施			
			拆除脚手架时必须设置警戒线,施工区域内无关人员严禁逗留			
			拆除脚手架时必须有专人看守			

施工单位：　　　　　　　　　　　　　　　　　　　　编号：AQ

工程名称		检查日期	
检查部门		检查形式	
存在问题：			
整改意见：			
签发人		日期	
承包人签收		日期	

图 3-23　安全隐患整改通知单示意图

施工单位：　　　　　　　　　　　　　　　　　　　　编号：AQ

工程名称		隐患部位	
存在问题整改情况：			
整改后自查结果：			
项目负责人：　　　　　　年　　月　　日			
复查意见：			
安全负责人：　　　　　　年　　月　　日			
复查意见：			
工程部：　　　　　　　　年　　月　　日			

图 3-24　安全隐患整改结果回复单示意图

第四节　起重机械资料

一、起重机械特种设备方面的相关资料

（一）起重机械特种设备制造许可证

国家质量监督检验检疫总局对特种设备的生产（含设计、制造、安装、改造、维修等

项目）、使用、检验检测相关单位进行监督检查，对经评定合格的单位给予从业许可，授予使用 TS 认证标志。起重机械特种设备制造许可证示意图，如图 3-25 所示。

（二）起重机械特种设备产品合格证

起重机械特种设备产品合格证表明出厂的产品经质量检验合格，附于产品或者产品包装上的合格证书、合格标签或者合格印章。起重机械特种设备产品合格证示意图，如图 3-26 所示。这是生产者对其产品质量作出的明示保证，也是法律规定生产者所承担的一项产品标识义务。

图 3-25 起重机械特种设备
制造许可证示意图

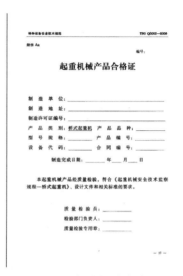

图 3-26 起重机械特种设备
产品合格证示意图

（三）起重机械特种设备备案证明

建筑工地起重机械特种设备初次使用前，设备出租（使用）单位应当到设备产权单位工商注册所在地县级以上建设行政主管部门办理备案登记产权备案证。建筑起重机械产权备案证示意图，如图 3-27 所示。

建筑起重机械产权备案证（式样）

产权备案编号			
设备名称		制造许可证	
制造厂家		出厂日期	
规格型号（含起重量）		出厂编号	
设备产权人		联系电话	

备案部门： 备案日期：

图 3-27 建筑起重机械产权备案证示意图

说明：此证大小：长×宽为 26cm×18cm，材质为铝牌，永久性地置于设备明显的部位。“建筑起重机械产权备案证”使用二号宋体字体，其他使用三号仿宋字体。使用期长达八年的起重机械产权备案证采用黄色，有效期为一年。

（四）起重机械特种设备租赁合同

建筑工地若是采用租赁的方式使用起重机械，为明确出租单位和承租单位的责任和权益，需要出租单位和承租单位依据《中华人民共和国合同法》和相关法律、法规的有关规定，结合本工程的实际情况，协商签订建筑起重机械租赁合同。建筑起重机械租赁合同示意图，如图 3-28 所示。

建筑起重机械租赁合同

出租单位：____________________（下称甲方）

承租单位：____________________（下称乙方）

根据《中华人民共和国合同法》和相关法律、法规的有关规定，结合本工程的实际情况，在遵循平等、自愿、公平和诚实信用的原则下，经甲、乙双方协商一致同意，就有关权利义务达成如下条款，以便甲、乙双方共同遵守执行。

一、租用机械名称、规格、数量：

1、机械名称及型号______________、生产厂商________________；

2、数量______台；

3、租用高度为____m。

二、使用地点：

_____省_____市（县）________路____号_______________工程项目

三、租用期限及机械进场时间：

1、机械的进退场时间，以乙方的通知为准。乙方应在合理的时间内通知甲方安排机械的进退场。

2、租用期限自_____年____月_____日至______年____月____日止。

四、租金的计算和支付：

甲乙双方商定按月租金计算方式收取和支付租金。

1、月租金：________________元/台（小写：　　　　）；

进退场费、组拆装费、检测费：____________元/台（小写：　　　　）；

基础螺丝：_______________元/台（小写：　　　　）；

司机（指挥和司机）工资：________元/人·天；

附墙：__________________元/道（小写：　　　　）。

2、租金计算：租赁期以机械安装单位安装结束进行检测合格日起计算租金，至乙方通知要求停机之日止。

3、租赁费不论甲、乙双方在签约前是否预料到（包括租用时间的期限等）均不得调整，且甲方应满足乙方工程施工正常运转的需要。

4、租赁的设备，除基础（不包括地脚螺栓、螺母）和附着预埋打孔工作由乙方负责外，机械本身电箱以内的线路、任何配件（包括维修的配件及辅助材料）、附着（包括附着的改制等）与租用机械有关的一切材料和设备均由甲方负责，由此而发生的费用已包含在机械的租赁或进退场及组拆装的价格中。

5、每月 30 日乙方支付给甲方月租金的____%；租用结束后____天内，乙方支付给甲方总租赁费的____%；余款在机械退场前，乙方提前一周以书面形式通知甲方办理结算手续，支付并扣除已支付租金的剩余租赁费用。

五、甲、乙双方权利义务：

1、甲方义务

(1)甲方应按合同约定的时间或乙方通知的时间、地点提供合格的建筑机械设备，符合合同规定的规格、型号、生产厂商和数量，按相关法律法规的规定出具机械设备的制造许可证、产品合格证、制造监督检验证明、备案证明和自检合格证，以及安装使用说明书等文件。

(2)建立建筑起重机械安全技术档案，包括合同、合格证、检验证明、备案证明等原始资料；检验报告、维护保养记录等运行资料；安装验收资料。

(3)甲方应提供技术保障服务，在合同约定的时间内到达现场并尽快修理排除故障，恢复运行。

(4)向乙方就出租机械的使用环境、安全使用要求、操作维护注意事项等提供技术交底。

(5)承担操作、保养、维护工作，指派的操作人员、维护人员、指挥应持有相应有效的特种作业操作资格证书，并应做好记录。

(6)负责处理甲方操作过程发生的一切事故或问题，并承担由此产生的全部费用或损失。

2、乙方义务

(1)按时足额支付租金，不拖欠。

(2)负责组织出租、安装、监理等有关单位进行设备验收，或者委托具有相应资质的检测机构进行设备验收。

(3)按机械使用规定和操作规程检查机械设备的保养维护情况及记录。

(4)乙方应为甲方提供承租机械的进退场作业以及维护作业的协助和便利。

(5)未经甲方书面同意，乙方不得转租本合同的建筑起重机械。

六、双方具体的工作及责任：

1、甲方工作及责任

(1)甲方委任_________为履行本合同的全权代表，行使合同约定的权力，履行合同约定的职责。

(2)本合同签订后，甲方提供一份机械设备的基础施工图给乙方，由乙方负责基础的施工。

(3)负责租赁机械设备的进场和退场的运输工作，根据乙方要求的进场和退场的时间，及时组织和做好机械的进场和退场的准备工作。

(4)随机操作人员（由甲方按规定配备____人/台）工资由甲方发放，满足乙方施工生产的需要和安排，保证机械在要求的时间内正常运转。

(5)根据乙方施工生产进度的要求，及时地做好租用机械的组拆、顶升、附着、保养等工作，确保乙方施工生产的正常进行。

(6)甲方应对乙方租用的机械组织定期和不定期的检查，配备易损的零部件，对机械在使用过程中发生的故障应及时派员组织抢修，尽力缩短抢修的时间。每月累计保养及维修天数为_____。

(7)甲方在接到乙方通知起___小时内应到达现场维修，若抢修超过了上条及本条约定的时间或天数，自第____日起免收租金直至恢复运行日止。若机械故障系乙方违章指挥、作业造成，乙方仍应支付修复停运期间的租金。

图 3-28　建筑起重机械租赁合同示意图（一）

(8)做好自身人员的安全教育工作，保证机械的正常运转，杜绝重大安全事故的发生。

(9)甲方的司操人员（包括作息时间）和机械的运转应听从乙方统一安排。若发生司操人员有消极怠工等不良现象，乙方有权要求换人或在支付租金费用中扣罚司操人员的工资。

(10)甲方提供设备所带的配电箱、开关箱必须符合标准要求。若不能通过报验或不能满足乙方文明施工的需要，甲方应立即更换和整改，否则乙方有权替换，所涉及费用在租赁费中扣除。甲方提供的设备也不应出现锈蚀、油漆剥落等问题，应进行防腐刷漆处理。

2、乙方工作及责任

(1)乙方委托＿＿＿＿＿＿为履行本合同的全权代表，行使合同约定的权力，履行合同约定的职责。＿＿＿＿＿＿为乙方施工现场安全负责人。

(2)按工程进度的要求，向甲方提出租赁机械进、退场时间。

(3)根据甲方提供的设备基础图在预期的时间内做好设备基础和附墙预留工作。

(4)对甲方司操人员、机械的运行状况等有安排工作的权力，对甲方消极怠工等不良行为而提出合理意见甲方应该执行。若甲方未按乙方的要求做好工作，则乙方有权要求甲方相关人员调离乙方的工地。

(5)乙方做好大型机械进、退场的准备工作，做到路通、电通（电源送到设备本身的二级配电箱内），并做好起重机械从进场到退场全过程的安全保卫消防监控工作。

(6)乙方为甲方司操人员提供食宿方便。

(7)乙方应合理安排机械维修和保养时间由甲方进行维护保养作业，进行记录并签字确认。

(8)乙方配备专职的机械协调人员，负责对机械作业统一协调，但不得强令司操人员违章作业。

(9)乙方提供基础隐蔽工程验收单、砼试块报告、地耐力说明。施工机械避雷接地装置应在基础周围安装，接地电阻≤30Ω，并应保证施工机械所需电流、电压正常，供电电压380V(独立专线)。

七、安全工作

1、双方同意按相关规定另行签订安全生产协议，明确各自遵守的安全生产法律法规中规定的权力义务，安全协议书为本合同的组成部分。

2、租赁期间发生的安全事故、机械事故，费用由责任方承担。如由于甲方设备质量或操作等给乙方或第三方造成损失的，甲方应承担全部的赔偿责任。

3、乙方未经甲方同意私自操作机械设备、违章指挥及其他人为因素，造成人员、机械损坏的，乙方应赔偿相应的损失。

八、其他约定

1、租赁机械的交接与验收：

(1)甲方应按乙方指定的时间、地点提交合同约定的租赁机械，由乙方现场安装后才能投入使用的机械自甲方安装调试合格之日起为移交日期。法律法规规定的须安装调试且检测合格方能投入使用的机械，实际检测合格之日为移交日期。

(2)法律法规规定必须具有相应资质的安装施工企业承担安装和具有相应资质的第三方检测，由乙方委托并与之签订安装拆卸合同或检测合同，所订立合同受本合同条款约束。

(3)法律法规、规章及地方规定的塔吊、施工升降机现场使用超过一年要进行再次验收，应按规定或按当地主管部门规定使用期限的规定执行。

2、租期内，乙方的债权、债务与甲方的设备无关。乙方违反合同义务以本合同所承租的机械设备对外作抵押、质押、担保、转卖、抵债等有损于甲方物权的任何行为均为严重违约，甲方可以解除合同。由乙方承担乙方由此而造成的损失。

3、甲方未提供合同约定的机械设备或虽提供机械设备，但型号、规格与合同不符，乙方认为不能适用，且甲方未依合同进行调整的，甲方构成违约，乙方可单方解除合同。乙方行使本条解除合同权利的，由甲方赔偿乙方相当于该机械一个月租金的违约金。如因甲方违约而造成乙方其他直接损失的，甲方应承担赔偿责任。

4、甲方未按合同约定的日期或未按乙方通知日期提供机械设备的，每逾期一日，支付乙方逾期损失费＿＿＿＿＿元/日。

5、甲方在合同期间内无合理理由停止服务致使机械停工达＿＿＿＿天及以上的，应支付乙方相当于该机械一个月租金的违约金。造成乙方其他损失的，甲方应当承担赔偿责任。乙方认为应当解除合同的，本合同解除。

6、补充条款：

(1)＿＿＿＿＿＿＿＿＿＿＿＿＿＿＿＿＿＿＿＿＿＿＿＿＿＿＿＿＿＿＿＿＿＿＿

(2)＿＿＿＿＿＿＿＿＿＿＿＿＿＿＿＿＿＿＿＿＿＿＿＿＿＿＿＿＿＿＿＿＿＿＿

(3)＿＿＿＿＿＿＿＿＿＿＿＿＿＿＿＿＿＿＿＿＿＿＿＿＿＿＿＿＿＿＿＿＿＿＿

7、在执行合同过程中，若发生争议，应相互协商解决；若协商未能达成一致的，向乙方所在地人民法院提起诉讼。

8、本合同未尽事宜，可由甲、乙双方另行协商并签订补充协议，补充协议与本合同具有同等效力。

9、本合同一式肆份，甲、乙双方各执贰份，甲、乙双方签字盖章后生效。工程完工款付清后自行失效。

甲方（盖章）：　　　　　　　　　乙方（盖章）：

代表（签字）：　　　　　　　　　代表（签字）：

开户银行：　　　　　　　　　　　开户银行：

帐号：　　　　　　　　　　　　　帐号：

订立日期：　　年　月　日

图3-28　建筑起重机械租赁合同示意图（二）

（五）起重机械特种设备安装使用说明书

在起重机械使用前，需按照起重机械安装使用说明书的要求，对起重机械进行正确的安装和使用。在使用的过程中，不能违背起重机械的设计原理，并遵循安装使用说明书的要求对起重机械设备进行定期保养和维修。建筑起重机械安装使用说明书示意图，如图3-29所示。

二、起重机械安拆环节方面的资料

（一）起重机械安装单位资质及安全生产许可证

起重机械安装单位以法人名义向区县建设行政主管部门提出书面申请，区县建设行政主管部门同意后，上报市住房和城乡建设局。市住房和城乡建设局对申请资质的企业进行

通用桥式起重机

安装使用说明书

河南起重机械有限公司

目录

图 3-29 建筑起重机械安装使用说明书示意图

审核，主要审核企业人员、企业资产、工程业绩是否符合资质标准，符合资质条件后下发批准文件。建筑起重机械安装使用说明书示意图，如图 3-30 所示。单位按照属地管理的原则向所在区建筑业管理部门提交资质申请材料原件及复印件，区建筑业管理部门初审合格后报市建管处。接下来就是审核材料和公示，按照不同的资质等级由不同的部门进行核准，如市级部门或省级部门，企业在资质核准后，到市住建局工程科办理建造师注册手续，待领取注册建造师证书后，再领取资质证书。

建筑起重机安装单位资质报审表

工程名称：　　　　　　　　　　　　编　号：

致：（监理单位） 我方已完成 建筑起重机安装单位资质证书、安全许可证 自审工作，请予以审查 附： 总承包单位（项目章）： 项目负责人： 年　月　日
专业监理工程师审查意见： 专业监理工程师（签名）： 年　月　日
总监理工程师审核意见： 项目监理机构（章）： 总监理工程师（注册章）： 年　月　日

图 3-30 建筑起重机安装单位资质报审示意图

（二）起重机械安装与拆卸合同及安全管理协议书

在起重机械设备的安装和拆卸过程中，起重机械出租方、安拆方及使用方都应该有明确的责任和义务，避免产生不必要的纠纷影响工程进度。因此，起重机械出租方、安拆方及使用方三方需要根据《中华人民共和国合同法》及有关规定，共同签订起重机械安装、拆卸合同及安全管理协议书，以保障自身权利，履行义务。起重设备安装、拆卸安全协议书示意图，见图 3-31。

起重设备安装、拆卸安全协议书

甲方：＿＿＿＿＿＿＿＿＿＿＿＿＿＿＿＿＿＿＿＿＿＿　（出租方）

乙方：＿＿＿＿＿＿＿＿＿＿＿＿＿＿＿＿＿＿＿＿＿＿　（安拆方）

丙方：＿＿＿＿＿＿＿＿＿＿＿＿＿＿＿＿＿＿＿＿＿＿　（使用方）

根据《中华人民共和国合同法》及有关规定，为明确三方的权利、义务关系，经三方协商一致，特签订本合同，以兹共同遵守。

一、安装设备名称：＿＿＿＿＿＿＿＿＿＿＿＿＿，　安装高度＿＿＿＿＿＿＿＿＿＿米。

二、工程地点及费用：

　　1. 工程地点：＿＿＿＿＿＿＿＿＿＿＿＿＿＿项目。

　　2. 费用：设备安拆检测费为＿＿＿＿＿＿＿＿＿＿＿（　　　　　　　　元），安拆检测费包括进出场、安装、拆卸、加节、附墙、检测以及安拆安全措施等费用。

三、作业时间：乙方按照丙方的要求于＿＿＿＿年＿＿＿＿月＿＿＿＿日

至＿＿＿＿年＿＿＿＿月＿＿＿＿日安装、调试合格后，同甲方、丙方一起办理三方联合验收手续。

四、甲方责任

1. 向丙方提供出租设备安装的基础图纸、附墙方案和附墙预埋图，负责设备基础和预埋件施工中的现场指导，同时负责设备使用过程中的附墙、加节和操作过程中的安全责任。甲方每次升、降节完毕可以使用后，对操作人员和丙方进行书面交底，承担因未及时交底或交底不清楚造成的安全事故和相应的费用。

2. 由甲方聘用设备安拆单位，安拆单位必须具备设备安拆资质，且在建设备行政主管部门备案登记。

五、乙方责任

1. 乙方必须有多年安拆经验的专业安拆人员，且执证上岗。

2. 设备安装（拆卸）时，必须做好安全准备工作，配好安全帽、安全带、防滑鞋、分工合作，责任到人。

3. 乙方必须有安全员在现场指挥观察，每安装一个部位都要进行检查。

4. 在安装过程中，认真检查汽车吊的吊索、吊钩、保险，汽车的性能是否正常，条件准备齐全才能进行工作。

六、丙方责任

1. 保障设备安装、拆卸所需道路、场地，即满足起重设备行驶道路及场地（保证 16 吨以下吊车的场地及道路）。

2. 搞好施工现场安拆设备所需电源等准备工作。

3. 负责对甲、乙方操作人员进行项目施工的入场三级安全教育。

4. 设备安装（拆卸）过程中，项目部必须指定专职安全员配合安装单位，协助安装拆卸施工现场的安全管理，在设备安装作业时 50 米（塔吊，施工电梯 20 米）范围内不准任何闲人出入安拆现场。

七、安全责任

1. 安装（拆卸）前一天，甲、乙、丙三方安排安装人员召开安全意识教育会，并对安装（拆卸）的现场进行技术交底。

2. 乙方负责本设备安装及拆卸全过程的安全责任。

3. 设备安装（拆卸）过程中，须注意安全。在安装（拆卸）过程中若由于安拆人员自身原因发生的事故由乙方承担；安装完毕投入使用后，由于设备本身质量的原因，所发生的事故，由甲方承担；安装完毕投入使用后，由于操作不当（如操作司机动作失误、指挥错误、或无指挥等）所发生的事故由甲方和当事人承担。

4. 甲方、乙方和丙方签订的本安装拆卸合同需乙方全过程安装拆卸及相应服务。

5. 安装完毕进行自检，自检合格后交省检测站进行检测，检测合格后才能使用；未经检测投入使用所发生的事故由项目部承担。

本协议三方共同遵守执行，谁不遵守，安全责任由谁承担。

本合同一式肆份，签字生效。

甲方签章：　　　　　　乙方签章：　　　　　　丙方签章：

图 3-31　起重设备安装、拆卸安全协议书示意图

（三）起重机械安装与拆卸生产安全事故应急救援预案

为保证起重机械的安全管理工作，在起重机械安拆的过程中，需要做好充分的起重机械安拆生产安全事故的应急工作。因此，各单位需要在准备工作中制定好起重机械安拆生产安全事故应急救援预案。起重机械安装与拆卸生产安全事故应急救援预案示意图，如图3-32所示。

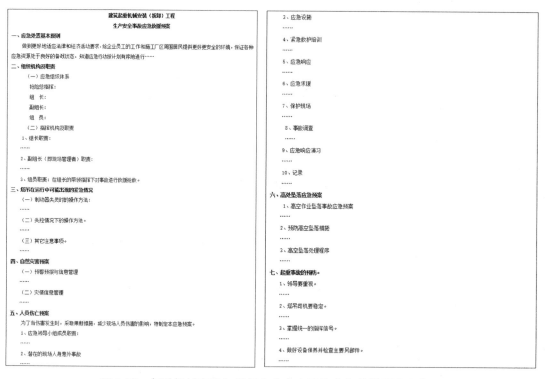

图 3-32　起重机械安装与拆卸生产安全事故应急救援预案示意图

（四）起重机械安装与拆卸告知单

建筑工地的起重机械在安装和拆卸前，需要具有安装起重机械资质的单位向建设主管部门或安全监督机构出具起重机械安装、拆卸告知单，并附上施工单位、监理单位审核书面意见及审核合格的各项资料。建筑施工起重机械安装（拆卸）告知单示意图，如图3-33所示。

（五）起重机械安装与拆卸过程作业人员资格证书

安拆单位不仅需要满足起重机械设备安拆的资质要求，其配备的安拆工作人员也需要具备建筑施工起重机械设备安拆特种作业操作资格证（建筑施工起重机械设备安拆特种作业操作资格证示意图，见图3-34），只有取得起重机械设备安拆特种作业操作资格证的工作人员，才能承担起重机械设备的安拆工作。

（六）起重机械安装与拆卸过程作业安全技术交底记录

在起重机械设备安拆现场，施工单位和安拆单位应联合进行安全技术交底、监理单位

建筑施工起重机械安装(拆卸)告知单

_____（建设主管部门或安全监督机构）：

　　我公司承担_____工程的_____（建筑起重机械名称）的
（□安装，□拆卸）施工任务，

该起重机械的型为：_____，产权备案号为：_____，各项资料经施工单位、
监理单位均审核合格，我公司计划从__年__月__日起安装。现告知你单位并附施工单位、监理单位
审核书面意见及审核合格的各项资料。

　　告知资料附件：

一、建筑起重机械安装（拆卸）工程单位条件审查资料

　　1.×××建筑起重机械安装、拆卸告知申请表

　　2.其它附件材料：

　　1）建筑起重机械设备备案证明复印件（提供原件核查、拆卸作业不需要提供此项资料）

　　2）"一体化"企业安全生产许可证副本复印件

　　……

二、建筑施工起重机械安装(拆卸) 专项方案审核资料

　　1.建筑施工起重机械安装（拆卸）专项方案审核表（施工总承包工单位向项目监理单位报审）

　　2.建筑施工起重机械安装（拆卸）专项方案报审表（一体化企业向施工总承包工单位报审）

　　3.建筑施工起重机械安装（拆卸）专项方案（一体化企业编、审、批）

　　……

　　承诺：我单位提交的以上告知资料及附件均真实有效，绝无虚假，资料如有虚假我公司为此承
担一切法律责任。

安装（拆卸）负责人： 联系人及电话： 　　　　年　月 日	一体化单位(签章)：
告 知 要 求	1．在建筑施工起重机械装拆前 2 个工作日，一体化企业应将本《告知单》及提交的资料报 送工程所地安全监督机构； 2．《告知单》提交的各项资料复印件，必须加盖提交单位公章； 3．一体化企业在接到安全监督机构吉料接收单后方可进行装拆作业； 4．本申请资料一式两份，行政主管部门及项目施工单位各一份。

图 3-33　建筑施工起重机械安装（拆卸）告知单示意图

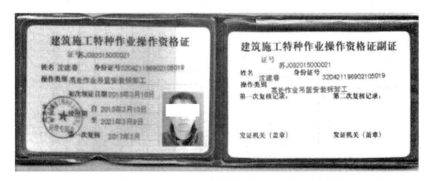

图 3-34　建筑施工起重机械设备安拆特种作业操作资格证示意图

进行旁站监督，所有安全技术交底内容必须交底到每个从事安拆或辅助的工作人员，并做
好交底记录。建筑施工起重机械安装（拆卸）作业安全技术交底示意图，如图 3-35。

建筑起重机械设备安装（拆卸）作业安全技术交底记录表

工地名称		产权备案编号	
一体化企业名称		交底人	
被交底人名单			

交底内容（不够可另附页）：

交底人	设备安装单位签章： 设备使用单位签章： 日期：　年　月　日	旁站监理签章： 日期：　年　月　日
被交底人	签字：	

图 3-35　建筑施工起重机械安装（拆卸）作业安全技术交底示意图

三、起重机械检验验收方面的资料

（一）起重机械基础验收记录

为加强对建筑起重机械设备基础（塔式起重机和施工升降机）的施工管理，规范各相关单位验收行为，有效预防安全生产事故的发生，并结合施工现场实际情况，要求各相关单位必须认真做好建筑塔式起重机和施工升降机基础检查验收记录。起重机械基础验收记录示意图，如图 3-36 所示。

施工升降机基础验收表

工程名称		工程地址	
使用单位		安装单位	
设备型号		备案登牌号	

序号	检查项目	检查结论 （合格√不合格×）	备注
1	地基承载力		
2	基础尺寸偏差（长*宽*厚）（mm）		
3	基础混凝土强度报告		
4	基础表面平整度		
5	基础顶部标高偏差（mm）		
6	预埋螺栓、预埋件位置偏差（mm）		
7	基础周边排水措施		
8	基础周边与架空输电缆安全距离		

验收结论：

总包单位（使用单位）（盖章）：　　　　　验收日期：　年　月　日

监理单位验收意见： 签章：　　　　　验收日期：　年　月　日	一体化企业验收意见 签章：　　　　　验收日期：　年　月　日

图 3-36　起重机械基础验收记录示意图（一）

塔式起重机基础验收表

工程名称		工程地址	
使用单位		安装单位	
设备型号		备案登牌号	

序号	检查项目	检查结论（合格√不合格×）	备注
1	地基允许承载能力（KN/㎡）		
2	基坑维护型式		
3	塔式起重机距基坑边距离（m）		
4	基础下是否有管线、障碍物或不良地质		
5	排水措施		
6	基础位置、标高及平整度		
7	塔式起重机底架的水平度		
8	行走式塔式起重机导致的水平度		
9	塔式起重机接地装置的设置		

验收结论：			
总包单位（使用单位）（盖章）：		验收日期：　年　月　日	
监理单位验收意见： 签章：　　　验收日期：　年　月　日		一体化企业验收意见： 签章：　　　验收日期：　年　月　日	

图 3-36　起重机械基础验收记录示意图（二）

（二）起重机械安装单位自检合格证及检测报告

建筑施工起重机械设备安装完毕后，安装单位应对起重机械设备进行检验和调试，并出具自检合格证明，确保起重机械设备达到安全使用标准。塔式起重机和施工升降机安装完毕后，在验收前，应由具有检测资质的检验检测机构检测合格。起重机械检验合格证和检验报告示意图，如图 3-37 所示。

图 3-37　起重机械检验合格证和检验报告示意图

四、起重机械使用过程中的相关资料

（一）起重机械使用过程作业人员资格证书

根据起重机械使用安全管理规定，从事起重机械作业人员在取得特种作业操作资格证书后，方可上岗作业。

（二）起重机械使用过程安全技术交底记录

起重机械使用前，各单位与产权单位要共同对机组人员和信号指挥人员进行联合安全技术交底，交底内容包括起重机械操作人员情况及作业前的检查工作，相关人员签字，并做好交底记录。起重机械操作安全技术交底记录示意图，如图 3-39 所示。

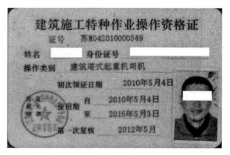

图 3-38　起重机械特种作业
操作资格证示意图

起重机械操作安全技术交底记录表

工程名称				
施工部位/工序				
交底人				
被交底人 签字确认		交底日期	年　月　日	
交底内容				
审核人		日期	年　月　日	

图 3-39　起重机械操作安全技术交底记录示意图

（三）起重机械使用登记标志

根据起重机械使用安全管理规定，塔式起重机、施工升降机和物料提升机安装验收合格之日起 30 日内，应向工程所在地的区县建委进行使用登记。公司安全管理部负责使用登记的网上申报工作，各单位负责到区县建委申报。使用登记完成后应将使用登记复印件报公司安全管理部备案。使用登记标志应当置于或者附着于该设备的显著位置。起重机械设备使用登记标志示意图如图 3-40 所示。

图 3-40　起重机械设备使用登记标志示意图

(四) 起重机械使用过程生产安全事故应急救援预案

针对建筑工地起重机械设备的安全管理工作，项目部需结合工程实际情况，制定起重机械设备安全事故应急预案，规范安全事故应急工作，保证员工的生命安全，最大限度地减少事故造成的人员伤亡、财产损失及社会影响。起重设备安全事故应急救援预案示意图，如图 3-41 所示。

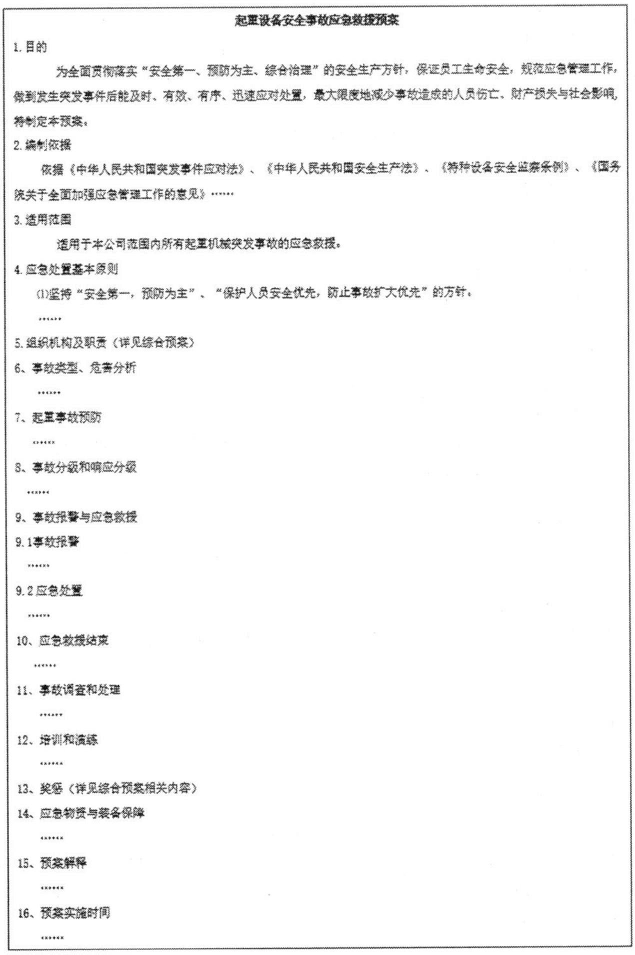

图 3-41　起重设备安全事故应急救援预案示意图

（五）起重机械使用过程多塔作业防碰撞措施

施工现场使用两台或两台以上塔式起重机时，项目部负责组织编制“群塔作业方案”，根据项目实际情况，明确多塔作业防碰撞措施，确保塔式起重机的使用符合有关标准、规范及规定。群塔作业安全措施表，见表 3-5。群塔作业安全管理具体措施示意图，如图 3-42 所示。

群塔作业安全措施表　　表 3-5

危险源	可导致危险的情形	主要安全措施
群塔作业	1. 相邻塔机起重臂处于同一水平高度，起重臂相撞	1. 塔机高度错开； 2. 实行塔机升节审批制度
	2. 两塔同时进入交叉区域，起重臂与钢丝绳或吊物相撞	1. 制定交叉区域作业规则； 2. 设置交叉区域回转报警装置； 3. 加强指挥，向作业人员安全交底
	3. 作业过程中塔式起重机吊钩未升到安全高度突然失电，风力推动塔机向相邻塔机旋转相撞	1. 配备回转刹车备用电源； 2. 备用限制回转的木楔； 3. 实施突然停电应急措施
	4. 非工作状况塔机钩未停置在安全范围，风力推动塔机起重臂与钢丝绳相撞	1. 塔机吊钩停置安全区域； 2. 向作业人员安全交底； 3. 监督检查

群塔作业安全管理具体措施

（一）安全技术措施

1. 邻近两台塔机高度错开，始终保持至少 7m 高差。

……

（二）使用作业具体规定：

1. 风力达到 5 级以上或回转刹车失灵或起重臂定位较困难时，严禁塔机作业。

2. 塔机司机每班作业前，必须检查回转刹车、回转限位是否可靠。

……

（三）管理措施：

项目部对塔机安全使用建立监理监督、项目部管理、作业人员实施的管理机制。

1. 建设单位安全职责

（1）依法发包给两个及两上以上施工单位的工程，不同施工单位在同一施工现场使用多台塔式起重机作业时，建设单位应当协调组织制定防止塔式起重机相互碰撞的安全措施；

……

2. 监理单位安全职责

（1）审核建筑起重机械特种设备制造许可证、产品合格证、制造监督检验证明、备案证明等文件；

……

3. 项目部塔机运行岗位职责

（1）项目经理：负责配备相关人员，组织对方案中各项安全技术措施的落实，督促项目安全技术交底制度和设备检查整改制度的落实。

……

4. 建立附着升节审批制度

（1）塔吊顶升工作由塔机安装公司负责。

……

五、应急措施

发生塔机安全事故时，应及时启动公司应急预案。以下就一般性危险情况制定应急措施。

1. 塔机运转过程中突然停电。塔机司机应及时利用备用电源制动回转并采用木楔楔住回转齿轮与齿圈，塔机指挥应及时向项目部负责人反映情况，争取尽快送电，停电期间塔机司机和指挥不得离开工作岗位。停电超过 1 小时，应想法用麻绳等方式对起重臂进行临时锚固。

……

图 3-42　群塔作业安全管理具体措施示意图

（六）起重机械使用过程日常检查（包括吊索具）与整改记录

各单位应设置设备管理机构或配备专职的设备管理人员，管理人员应对起重机械使用情况进行经常性的检查，发现问题应当立即处理；情况紧急时，有权决定停止使用设备并及时报告相关负责人进行整改。起重吊、索具日常安全检查记录表见表3-6。

起重吊、索具日常安全检查记录表 表3-6

使用车间		检查时间		检查单位	
检查人					
序号	名称	检查标准		检查结果	
				合格（√）	不合格（×）
1	吊钩	裂纹			
		危险断面磨损或腐蚀,按《起重吊钩 第2部分:锻造吊钩技术条件》GB10051.2制造的吊钩(含进口吊钩)达原尺寸的5％;其他吊钩达原尺寸的10％			
		钩柄产生塑性变形			
		按《起重吊钩 第2部分:锻造吊钩技术条件》GB10051.2制造的吊钩开口度比原尺寸增加10％;其他吊钩开口度比原尺寸增加15％			
		钩身的扭转角超过10°			
		当板钩产生吊挂盛钢桶不灵活的侧向变形时,应进行检修;当钩片侧向弯曲变形半径小于板厚10倍,应报废钩片			
		板钩衬套磨损达原尺寸的50％时,应报废衬套			
		板钩心轴磨损达原尺寸的5％时,应报废心轴			
		板钩铆钉松弛或损坏,使板间间隙明显增大,应更换铆钉			
		板钩防磨板磨损达原厚度的50％时,应报废防磨板			
2	夹持吊具	裂纹(铸造钳臂横向裂纹)			
		严重扭曲变形和弯曲			
		杆件断面磨损、腐蚀达原尺寸的10％			
		钳爪(钳口)、吊牙磨损、损坏不能满足安全吊运时			
		脱锭、钢锭夹钳钳架滑槽磨损严重影响夹紧时			

续表

序号	名称	检查标准	检查结果	
			合格(√)	不合格(×)
3	钢丝绳	无规律分布损坏:在6倍钢丝绳直径的长度范围内,可见断丝总数超过钢丝绳中钢丝总数的5%		
		钢丝绳局部可见断丝损坏:有三根以上的断丝聚集在一起		
		索眼表面出现集中断丝,或断丝集中在金属套管、插接处附近、插接连接绳股中		
		钢丝绳严重磨损:在任何位置实测钢丝绳直径,尺寸已不到原公称直径的90%		
		钢丝绳严重锈蚀:柔性降低,表面明显粗糙,在锈蚀部位实测钢丝绳直径,尺寸已不到原公称直径的93%		
		因打结、扭曲、挤压造成的钢丝绳畸变、压破、芯损坏,或钢丝绳压扁超过原公称直径的20%		
		钢丝绳热损坏:由于带电燃弧引起的钢丝绳烧熔、熔融金属液浸烫,或长时间暴露于高温环境中引起的强度下降		
		插接处严重受挤压、磨损;金属套管损坏(如裂纹、严重变形、腐蚀)或直径缩小到原公称直径的95%		
		绳端固定连接的金属套管或插接连接部分滑出		
4	吊带	织带(含保护套)严重磨损、穿孔、切口、撕断		
		承载接缝绽开、缝线磨断		
		吊带纤维软化、老化、弹性变小、强度减弱		
		纤维表面粗糙易于剥落		
		吊带出现死结		
		吊带表面有过多的点状疏松、腐蚀,酸碱烧损以及热熔化或烧焦		
		有开口度的端部配件,开口度比原尺寸增加10%		
5	吊链	链环发生塑性变形,伸长达原长度5%		
		链环之间以及链环与端部配件连接接触部位磨损减少到原公称直径的80%;其他部位磨损减少到原公称直径的90%		
		裂纹或高拉应力区的深凹痕、锐利横向凹痕		
		链环修复后,未能平滑过渡,或直径减少大于原公称直径的10%		
		扭曲、严重锈蚀以及积垢不能加以排除		
		端部配件的危险断面磨损减少达原尺寸10%		

序号	名称	检查标准	检查结果	
			合格（√）	不合格（×）
6	卸扣	有明显永久变形或轴销不能转动自如		
		扣体和轴销任何一处截面磨损量达原尺寸的10%以上		
		裂纹		
		卸扣不能闭锁		
		在制动器、安全装置失灵、吊钩防松装置损坏、钢丝绳损伤达到报废标准等情况下严禁起吊操作		
7	记录	吊钩原始数据登记		
		使用时间		
		荷载量		
		日常使用荷载量范围		
		日常保养维护		
		一吊具一记录		

注：各吊、索具检查有一处不合格项应予以报废，无日常记录应要求其立即整改，未按期完成应予以考核。

（七）起重机械使用过程维护和保养记录

起重机械产权单位每月至少组织一次专业技术人员对起重机械进行全面的安全检查和设备维修保养，并填写检查记录交项目部机械管理人员备案。严禁夜间保养起重机械。起重设备日常维护保养及检查记录示意图，如图 3-43 所示。

起重机械日常维护保养及自行检查记录表

起重机型号：　　　　　　　安装位置：

类别	项目及内容	不符合项	整改措施	备注
日常维护保养	包括主要受力构件、安全保护装置、工作机构、操纵机构、电气（液压、气动）控制系统等的清洁、润滑、检查、调整、更换易损件和失效的零部件			
自行检查	整机工作性能			
	安全保护、防护装置			
	电气（液压、气动）等控制系统的有关部件			
	液压（气动）等系统的润滑、冷却系统			
	制动装置			
	吊钩及其闭锁装置、吊钩螺母及其放松装置			
	联轴器			
	钢丝绳磨损和绳端的固定			
	链条和吊辅具的损伤			

检查人：　　　　责任人：　　　　整改期限：　　　　安全管理人员：

注：日常维护保养与自行检查同步进行，每月至少进行一次。

图 3-43　起重设备日常维护保养及检查记录示意图

（八）起重机械使用过程交接班记录

起重机械设备在使用过程中，除需定期检查外，作业人员在换班时还需做好交接班记录，便于及时发现起重机械设备故障问题，使得起重机械符合安全使用规定的要求。起重设备日常运行与交接班记录示意图，如图3-44所示。

建筑起重机械日常运行与交接班记录

工程名称：　　　　　　　　　　　　　　　设备名称（备案编号）：

点检项目	1	设备基础、销轴连接是否符合要求	5	各安全保护装置，制动装置是否安全可靠	按检验点项目的内容当班点检的情况记录点检序号内良好打√不好打×如遇故障立即联系维修人员操作人员应当如实填写好记录
	2	钢丝绳有无松股断股现象	6	电气系统是否良好，电机无异响，电缆无破损	
	3	整机有无变形开焊裂纹等现象	7	各限位开关是否灵敏有效	
	4	整机有无变形开焊裂纹等现象	8	各润滑点，油质油量是否符合要求，润滑良好	

日期	班次	点检项目序号								交接班记事录	交班人	接班人
		1	2	3	4	5	6	7	8			
1												
2												
3												
4												
5												
6												
7												
8												

图3-44　起重设备日常运行与交接班记录示意图

第五节　模板支撑体系资料

一、架体配件进场验收记录、合格证及扣件抽样复试报告

（一）架体配件进场验收记录

模板支撑投入前，应由项目部组织验收。项目经理、项目技术负责人和相关人员参加模板支架的验收。模板支撑验收应根据专项施工方案，检查现场实际搭设与方案的符合性。模板支撑体系主要构配件质量验收示意图，如图3-45所示。

模板支撑体系主要构配件质量检查验收表

工程名称：　　　　　　　施工单位：　　　　　　　编号：

搭设部位			搭设高度		
序号	检查项目	质量要求	抽检数量	检查方法与工具	抽检结果
验收结论： 项目技术负责人：					
监理单位意见： 总监理工程师：					

图 3-45　模板支撑体系主要构配件质量验收示意图

（二）架体配件合格证及扣件抽样复试报告

扣件进入施工现场应检查产品合格证，并应进行抽样复试。扣件产品合格证及抽样复试示意图，如图 3-46 所示。

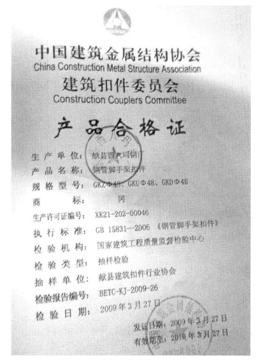

图 3-46　扣件产品合格证及抽样复试示意图

二、拆除申请及批准手续

模板支撑体系拆除必须经项目技术负责人同意，并报建立批准。拆除时填写拆模申请，经批准后方可拆除。模板拆除申请示意图，如图 3-47 所示。

模板拆除申请审批表

施工单位			
工程名称			
拆除部位		拆除日期	
拆除部位砼设计强度等级		拆除部位砼试块实际强度（Mpa）	
拆除理由			
审批意见			
申请人		审批人	
监理单位核准人	专业监理工程师： （建设单位项目专业技术负责人） 年　月　日		

图 3-47　模板拆除申请示意图

三、日常检查及整改记录

在模板支撑体系的搭设过程中，施工企业技术负责人或其分支机构技术负责人应当定期巡查专项施工方案实施情况，做好巡查记录，对存在的问题提出整改意见，并建立巡查档案。安全检查（隐患排查）示意图，如图 3-48 所示。

安全检查（隐患排查）记录表

安全检查（隐患排查）记录表 表 AQ-C1-17		编号	
工程名称		施工单位	
施工部位/专业		受检单位 负责人签字	
检查情况及存在隐患：			
整改措施及要求：			
检查 人员 签名			
		年　月　日	
复查 意见			
	复查人（签字）：	年　月　日	

注：本表一式两份，检查单位、被检查单位各存一份。

图 3-48　安全检查（隐患排查）示意图

第六节　临时用电资料

一、临时用电施工组织设计及审核、验收手续

（一）临时用电施工组织设计及审核

施工现场临时用电设备在 5 台及以上或设备总容量在 50kW 及以上者，应编制用电施工组织设计。

临时用电施工组织设计由电气工程技术人员组织编制，经企业技术负责人批准后实施。用电组织设计审批示意图，如图 3-49 所示；用电组织设计会审示意图，如图 3-50 所示。

图 3-49　用电组织设计审批示意图　　　　　图 3-50　用电组织设计会审示意图

（二）临时用电验收记录

临时用电工程必须经编制、审核、批准部门和使用单位共同验收，合格后方可投入使用。用电工程验收示意图，如图 3-51 所示。

图 3-51　用电工程验收示意图

二、电工特种作业操作资格证书

电工必须持建筑施工特种作业操作资格证，经考试合格后上岗工作。供电部门在施工现场场界内设有变压器，并委托代管供电设备的电工，必须经过按国家现行标准考核合格后，持证上岗。特殊现场用电人员持证示意图，如图 3-52 所示。

三、总包单位与分包单位的临时用电管理协议

为加强施工现场临时用电安全管理，总包单位与分包单位需依据《中华人民共和国安全生产法》、《中华人民共和国建筑法》、《建设工程安全生产管理条例》、《建设工程施工现场临时用电安全技术规范》JGJ46—2012 的有关规定，结合工程建设需要，签订临时用电管理协议。总包、分包单位临时用电安全协议示意图，如图 3-53 所示。

图 3-52　特殊现场用电人员持证示意图

总包、分包单位临时用电安全协议

总包方（全称）＿＿＿＿＿＿＿＿＿＿＿＿＿＿＿＿

分包方（全称）＿＿＿＿＿＿＿＿＿＿＿＿＿＿＿＿

　　为加强施工现场临时用电安全管理，认真贯彻执行"安全第一，预防为主，综合治理"的方针，……结合本工程建设需要，经甲乙双方友好协商，达成如下管理协议：

一、工程概况：

　　工程名称：＿＿＿＿＿＿＿＿＿＿＿＿＿＿＿＿＿＿＿＿

　　工程地点：＿＿＿＿＿＿＿＿＿＿＿＿＿＿＿＿＿＿＿＿

　　分包内容：＿＿＿＿＿＿＿＿＿＿＿＿＿＿＿＿＿＿＿＿

　　发包形式：劳务分包□　　　专业分包□

二、工期

　　进场日期：＿＿＿＿年＿＿＿＿月＿＿＿＿日

　　竣工日期：＿＿＿＿年＿＿＿＿月＿＿＿＿日

三、安全生产管理：

　　1. 总包方权利与义务

　　（1）总包方应贯彻、执行国家及地方政府有关临时用电安全管理的法律、法规和标准，建立健全施工现场临时用电安全保证体系，对施工现场的安全用电负总责。

　　……

　　2. 分包方权利与义务：

　　（1）分包单位应当服从总承包单位的临时用电安全管理，对其承包工程的安全用电负责。分包单位不服从管理导致临时用电安全事故的，由分包单位承担主要责任。

　　……

　　（18）分包方委派＿＿＿＿＿＿＿＿为现场管理代表，联系电话＿＿＿＿＿＿＿＿＿＿＿＿＿＿，服从总包方临时用电安全管理。

四、违约：

　　1. 分包方在施工过程中违反国家有关安全生产的法律、法规、标准及总包方的有关安全管理规定，总包方一经发现可下达整改通知书（抄送建设单位和监理单位）要求分包方立即进行整改，分包方应按总包方要求进行整改，如分包方不按总包方要求进行整改，总包方有权强制停工和经济处罚等措施。

　　……

五、协议说明：

1. 本协议在双方签字盖章后生效，至劳务分包、工程专业分包合同截止时（工程完工经双方验收合格后）自然终止。

2. 本协议未尽事宜在工作中进一步完善。

3. 本协议视为双方合同的补充文件，亦可作为现场安全管理措施独立有效执行。

4. 本协议一式两份，双方各执一份。

　　总包方（盖章）：　　　　　　　　　　分包方（盖章）：

　　总包方（签字）：　　　　　　　　　　总包方（签字）：

图 3-53　总包、分包单位临时用电安全协议示意图

四、临时用电安全技术交底资料

进行临时用电工程的安全技术交底，必须分部分项按进度进行，不准一次性完成全部工程的交底工作。临时用电施工安全技术交底的内容包括：电工要求、电缆线路、配电箱、照明等内容。临时用电安全技术交底记录示意图，如图 3-54 所示。

临时用电安全技术交底记录

施工单位：　　　　　　　　　　　　　　　　　　　　　编号：

工程名称		施工部位或层次	
施工内容及交底项目	施工现场临时用电安全技术交底	交底日期	
交底内容：			
交底人		接受人签字	
项目负责人			
执行情况			

安全员：　　　　　　　　年　　月　　日

注：交底一式三份，交底人、安全员、接受班组各一份。

图 3-54　临时用电安全技术交底记录示意图

五、配电设备、设施合格证书

施工现场的临时用电设备必须满足质量要求，不仅需要出厂合格证书，也需要产品质量检验合格证书。临时用电配电箱合格证书示意图，如图 3-55 所示。

六、接地电阻、绝缘电阻测试记录

图 3-55　临时用电配电箱合格证书示意图

在临时用电技术安全管理的过程中，电气接地的项目安装完毕后均应进行接地电阻测试并记录。接地电阻实测值与季节系数乘积不得大于所规定的接地电阻。其主要内容包括：避雷系统接地装置及其引下线、接伞器；设计要求接地的金属门窗、幕墙等；电源入户的重复接地及其变压器中心点接地；设备、系统、的保护接地（分类、分系统进行）和缆线金属导管、槽架、电气设备可接近裸露导体等；以及输送含有易燃、易爆气体或安装在易燃、易爆环境的风管系统；燃油系统的设备和管道等。接地电阻测试雷雨季节测试一次，每季度不少于一次测试记录，并认真记录。接地电阻测试记录示意图，如图 3-56 所示。

接地电阻测试记录表

工程名称：　　　　　　　　　　　　施工单位：

序号	检测位置或设备名称	工作接地电阻（Ω）		保护接地电阻（Ω）		重复接地电阻（Ω）		防雷接地电阻（Ω）	
		规范值	测试值	规范值	测试值	规范值	测试值	规范值	测试值
XD1		4		10		10		10	
测试日期		年　月　日		仪器名称		DT862		自编号	
天气				测试电工及证号					

图 3-56　接地电阻测试记录示意图

另外，电工需要在施工管理人员的监督下，在使用前对用电设备进行绝缘电阻测试，按照用电设备产品说明书和有关规范要求，每季度至少进行一次绝缘电阻测试，并记录。绝缘电阻测试记录示意图，如图 3-57 所示。

绝缘电阻检测记录

施工单位：　　　　　　　　　　　　　　　年　月　日

工程名称		仪表型号			
天气		气温			
检测人		负责人			
序号	设备名称	型号规格	额定电压（V）	电阻值≥0.5MΩ		
				外壳	相间	一、二次绕阻

注：变压器、电焊机以及绕线式电动机应检测一、二次绕阻绝缘电阻，电阻值的填写要求量化。

图 3-57　绝缘电阻测试记录示意图

七、日常安全检查、整改记录

临时用电安全管理需对施工现场、架空线的安全做出要求；要求电工对现场所有配电箱（漏电开关必须是每周定期检查是否失灵）和用电设备线路及电气元器件等进行定期检查维修和平时的巡查，并做好相关记录。日常安全检查、整改记录示意图，如图3-58所示。

临时用电日常安全检查、整改记录表

临时用电审批单位	
申请单位	
用电位置	
用电用途	
电源接入时间	
电源停用时间	
停、送电人	
检查人	
检查记录：	
存在问题：	
整改措施：	
复查记录：	

复查人：　　　　　　　　　　审核人：

图3-58　日常安全检查、整改记录示意图

第七节　安全防护资料

一、安全帽、安全带、安全网等安全防护用品的产品质量合格证

项目部安全防护用品（安全帽、安全带、安全网、电器设备），根据需要，报物资科，由材料科统一采购。材料科必须采购具有国家生产许可证并经国家指定的检验部门检验合格的产品并提供以下资料交安全科进行查验并留存建档备案：1.检验合格证；2.国家工业产品生产（制造）许可证；3.质量保证体系认证证书；4.出厂合格证；5.建设工程质量安

全检测中心出具的检验报告。安全防护用品产品质量合格证示意图，如图 3-59 所示。

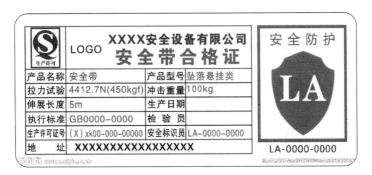

图 3-59　安全防护用品产品质量合格证示意图

禁止使用国家和地方明令淘汰的建筑安全防护用品用具，产品进入现场后，按照见证取样制度进行取样和送检。

二、有限空间作业审批手续

进入有限空间作业必须提前 1 天申请办理《有限空间作业审批》许可证。未经审批，任何人不得独自进入有限空间作业。

作业许可证应包含作业活动的基本信息，具体包括：作业部门、作业区域、作业范围内容、作业时间、作业危害及控制措施、作业申请、作业批准、作业关闭。

作业负责人负责申请办理进入有限空间作许可证，办理前应准备如下相关资料：1.进入受限空间作业内容详细说明；2.工作安全分析结果；3.应急救援计划；4.相关安全培训证明和会议记录；5.其他。有限空间作业审批示意图，如图 3-60 所示。

三、日常安全检查、整改记录

根据安全生产检查制度规定各项目经理部每周要进行不少于一次的安全检查，并将一周安全生产情况以"安全生产周报表"的形式，经项目经理签字后报其主管的安全生产管理部门。项目经理每周至少一次带队对项目进行安全检查，安全员发现违章时要开具安全检查隐患整改记录，并要求限时整改，整改完毕后要进行复检。安全检查隐患整改记录示意图，如图 3-61 所示。

有限空间作业审批表

编号：

工作内容：		作业地点：	
作业部门（单位）：			
作业负责人：		安全监护人：	
作业人员：			
作业时间： 年 月 日 时 分至 年 月 日 时 分			
序号	安全措施	主要内容	确认人签字
1	作业人员安全交底	作业危险源、风险预控控制措施、注意事项、安全、技术交底	
2	氧气浓度、有害气体检测	有限空间内氧量 19-21.5%后方可进入作业，氧量测量数据。	
3	通风措施	自然通风 2 小时以上	
4	个人防护用品使用	正确使用合格的劳动防护用品	
5	照明措施	使用 24V 照明灯	
6	应急器材配备	急救箱、担架	
7	现场监护	监护人佩戴袖标	
8	其他补充措施		

作业安全条件及措施确认：

1、准备工器具及个人劳动防护用品（照明灯、手电、安全绳、防坠器、防尘口罩、防护眼镜等）
2、开工前再次确认检查安全措施已全部执行到位。
3、自然通风（2 小时），布置临时照明或手电。
4、内外保持通讯，外部至少一名监护员。
5、工作结束后，清点工器具，确保内部无遗留工器具方可关闭人孔门。

工作负责人： 年 月 日

审批意见	作业部门（单位）负责人：	年 月 日 时 分
	安健环管理部负责人：	年 月 日 时 分
	公司分管领导：	年 月 日 时 分

备注：1.此表一式二份，第一联审批部门保留，第二联作业部门（单位）保留；2.该审批表是进入有限空间作业的依据，不得涂改且要求审批部门存档时间至少一年。

图 3-60　有限空间作业审批示意图

工程项目安全检查隐患整改记录表

工程项目安全检查隐患整改记录表 表 AQ-C11-4		编　号	
工程名称：		施工单位：	
施工部位：		作业单位：	
检查情况及存在的隐患：			
整改要求：			
检查人员签名			年　　月　　日
复查意见	复查人签名：　　　　　　　　　　　　　复查日期：		

图 3-61　安全检查隐患整改记录示意图

第四章 工程安全生产事故案例分析

第一节 房屋建筑工程安全生产事故案例

一、基坑工程

（一）××市××路雨污水管道较大坍塌事故

1. 事故经过

××年×月××日，×××联合××、×××雇佣务工人员组成施工队，在××市××路××汽车 4S 店门前开挖 130m 沟槽采用机械挖掘。施工时挖断一横穿沟槽的供水管道（PE 管，直径 110mm），因修复漏水管道停工。×月××日，因张楼村村民阻止施工而停工。×月××日下午，经协商同意施工，于 21 时沟槽挖掘完毕。沟槽北侧接近垂直开挖，南侧有适当放坡，沟槽北侧深约 5.3～5.8m，南侧深约 4.7m，下口宽约 3.5m，上口宽约 5.2m，未采取支护措施，沟槽施工完毕后，在沟槽底部铺设混凝土垫层。

×月××日，××从劳务中介公司雇佣×××、×××、×××、×××、×××等 5 名务工人员，由××、×××组织他们在沟槽内砌砖石结构雨水方沟，雨水方沟宽 1.8m，高 1.4～1.8m，××监理公司监理工程师×××负责现场监理。19 时 30 分，雨水方沟完工，未在砖墙顶部加盖混凝土盖板。5 名施工人员收拾工具准备撤离工地，现场监理工程师×××看到工程基本结束离开施工现场。19 时 35 分，沟槽北侧位于沟槽内供水管道两侧坑壁突然坍塌，坍塌总长 15m，塌方造成沟槽内的未及离开的 5 名施工人员被埋，导致事故发生。

2. 事故原因

（1）直接原因

施工人员非法承揽工程，违法组织施工，沟槽北侧坑壁近乎直立，未采取任何支护措施，导致沟槽北侧土层发生局部楔形剪切破坏，是造成坑壁坍塌的直接原因。

（2）间接原因

① ××市政公司。××市政公司主体责任不落实，违法转包工程。雨污水工程中标后，将工程转包给无资质的自然人；未履行工程管理责任，未进行施工现场指导，以包代管。

② ××施工单位。施工方非法承揽工程，未按安全施工规范组织施工，安全管理混乱，严重违法违规。从业人员无资格证书、无资质承揽工程；未设置安全管理人员；未落

实安全教育培训和安全技术交底；未按施工方案采取放坡、支护等防护措施，冒险施工作业。

③ ××监理公司。××监理公司未落实安全监理责任，对雨污水管道工程疏于监理，未发现或对违法违规行为和安全隐患制止不力。未审查施工人员资格；未发现或虽发现施工单位未按要求进行放坡、支护等违法违规施工行为，却未立即责令其停止施工进行整改，也未向行政主管部门报告违法违规施工行为。

④ ××水系指挥部。××水系指挥部未履行建设单位管理责任。事故段工程未向主管部门备案；未审查外来施工人员资格；对施工单位未按要求进行放坡、支护等违法施工行为，未责令其停止施工。

⑤ ××市市政环卫处。××市市政环卫处履行监管责任不到位，未及时发现雨污水管线工程违法施工并采取管理措施。

3. 事故性质

经调查认定，该事故是一起较大生产安全责任事故。

4. 事故防范和整改措施

各级政府及建设行政有关部门、各建设工程参建主体均要深刻吸取事故教训，强化红线意识和底线思维，严格落实"党政同责、一岗双责、齐抓共管"和"管行业必须管安全、管业务必须管安全、管生产经营必须管安全"的要求，加强各行业领域的安全监管，彻底排查各类隐患，狠抓安全生产责任落实，打击非法违法建设行为，切实堵塞安全漏洞，严防各类事故发生，确保人民群众生命和财产安全。

（1）各工程建设单位。要贯彻、落实相关法律、法规及工程管理制度。建设单位（包括各级重点项目建设指挥部）要依法办理招投标、施工许可和安全质量备案手续；严格审查施工单位资质，坚决杜绝违法招投标，擅自组织施工等非法违法行为，要严格按照招投标法的规定，不得违法发包、肢解发包，不得以任何理由降低工程质量，要根据工程实际，科学、合理安排工期，杜绝抢工期、赶进度情况发生，从落实制度上防范安全事故。

（2）各工程施工单位。要严格落实、执行相关法律、法规及工程管理制度。按照经审查合格的施工图设计文件和施工技术标准进行施工，要加强重大危险源工程管控，督促施工、监理等单位严把方案编审、交底、实施及工序验收"四关"，督促企业严格落实施工企业负责人及项目负责人施工现场带班制度，落实企业负责人带班检查、项目经理带班生产、项目总监旁站监理等制度。严格审查施工单位资质和各类管理人员资格，杜绝擅自组织施工等违法行为，从制度上严格执行，防范安全事故的发生。

（3）各工程监理单位。要严格履行安全监理职责。监理单位要按照法律法规、技术标准、设计文件和工程承包合同规定，派选符合条件、数量的监理人员，对工程质量、安全实施全程监督。严格审查施工单位资质及管理人员资格，督促施工单位落实安全制度，发现存在重大隐患或违法施工行为，立即责令停止施工并向建设行政主管部门报告。

（4）各建设行政主管部门。要加强在建工程安全监管。深入开展建筑市场大检查大整顿活动，严格落实关闭取缔、严厉追责的打击措施，进一步规范建筑市场秩序。市政主管部门要加强对企业教育培训的业务指导和政策引导，将施工现场作业人员安全培训情况纳入日常的监督抽查内容，重点加强对建设项目临时用工人员先培训后上岗情况的监督检查。施工企业要建立和完善安全生产教育培训机制，管理人员和一线作业人员必须经三级教育培训合格，取得岗前培训证书后持证上岗，切实提高从业人员业务素质和安全生产意识。

（二）××医院在建工地基坑坍塌事故

1. 事故经过

×年×月×日上午 10 时许，××气象部门下发了台风大雨预警信号，随后××市建设工程质量安全监督站下发了防台防汛停工的紧急通知，要求在建工地全面停止施工。11 时 30 分，××医院妇产医院康复楼在建工地收到台风预警及停工的有关通知后，××公司立即组织××工程监理公司、××建筑劳务工程有限公司紧急召开防台防汛应急专题会议，要求停止现场施工作业，撤离现场施工作业人员至生活区休息。14 时，××工程监理有限公司、××建设工程有限责任公司、××建筑劳务工程有限公司三方联合针对现场防台防汛停工落实情况进行全方位的安全检查，确认无施工作业人员后关闭现场施工大门，留保卫人员值守。

15 时左右，××地区突降大暴雨，暴雨时间持续至 16 时左右。正在生活区休息的×××、×××夫妻见雨势稍小，担心位于××号楼×号电梯基坑处刚砌筑完的砖胎模受风雨影响返工而影响个人收入（工人实行计件工资），在未收到复工指令的情况下，约上班组工友×××（伤者）共 3 人从工地大门进入被值班保安×××阻止后，他们三人又从临时围挡局部出现的破损处进入施工现场，私自前往工地查看砖胎模情况，准备再做临时覆盖加固作业。

16 时 30 分左右，由于连日暴雨浸泡基坑边缘的砂土路基，雨水浸泡的流沙产生巨大压力挤压基坑边缘的承台砖胎模，造成承台砖胎模坍塌。值班保安×××听见现场"轰"的坍塌声和工人的求救声后，赶到现场并立即上报工地项目部负责人。

事故发生后，××建筑劳务工程有限公司立即启动应急救援预案，第一时间拨打 110 和 120 急救电话，工地救援小组迅速在现场组织展开救援，于 16 时 40 分将×××、×××救出，并利用本单位车辆将其送往××医院××分院进行抢救；同时，现场救援小组与随后赶到的住建、安监、公安、消防等部门一同对第 3 名被埋者进行施救。由于被流砂、砖墙包裹较紧，雨水未停，场地条件有限，救援队伍担心出现二次伤害事故，所以救援工作只能徒手挖掘。约 18 时，经过多方努力救出第 3 名被埋者。经 120 医务人员现场诊断，确认被埋者×××已无生命体征。

×××和×××送往医院抢救后，×××经急救后无生命危险、各项生命体征稳定，于 18 时 40 分转入住院部治疗（现转入×××医院进行康复治疗，身体状况良好）；×××经××医院××分院抢救无效，于 21 时宣布死亡。

2. 事故原因

（1）直接原因

由于受 5 号台风"奥鹿"、6 号台风"玫瑰"影响，连续几天降雨，基坑护坡排水不及时，造成沙质土壤形成流沙，产生巨大压力挤压基坑边缘的承台砖胎模，致使承台砖胎模坍塌，造成护坡连锁垮塌。

（2）间接原因

① ××建筑劳务工程有限。公司员工安全管理不到位，在受台风影响多方发出工地

全面停工的通知后，3名工人仍私自进入施工现场加班作业；员工安全教育培训未落实到位，造成员工安全意识淡薄，也无安全培训教育相关台账。

②　××工程监理有限公司。安全监督管理制度不落实，安全检查台账缺失，对事故坍塌现场监管不到位。

③　×××、×××、×××等人。作为成年人，收到公司停止施工的情况下，擅自进入工地施工。

④　××区住房和城乡建设局。对××医院项目工地监督管理不到位。

3. 事故性质

综合以上原因，经调查组认定：××医院妇产医院康复楼在建工地基坑坍塌事故，是一起安全生产责任事故。

4. 事故防范和整改措施

××医院妇产医院基坑坍塌事故充分暴露出相关企业在施工安全管控方面还存在薄弱环节，安全风险管控以及隐患排查还存在漏洞。为深刻吸取事故教训，全面落实安全生产工作，最大地限度预防和减少安全事故的发生，提出以下防范和整改措施：

（1）××医院妇产医院建设方、劳资方、监理方要进一步完善责任体系，强化组织领导，明确权利和责任清单，坚持一把手负总责，层层落实安全责任，严格做到安全责任到位，安全投入到位，安全培训到位，安全管理到位和应急救援到位。加强较大危险因素的辨识和管控，加强对生产现场监督检查，严防违章指挥、违规作业、违反劳动纪律的"三违"行为，加强对外包项目的安全管理，依法履行统一协调、管理和安全检查等职责。

（2）××医院妇产医院在建工地基坑护坡一带立即停止施工，全面排查安全隐患，设立相关安全警示标识，增加现场管理人员，认真辨识护坡隐患并投入人力、物力、财力加固松散砂土护坡一线，特别是要消除康复楼二号楼一号电梯基坑护坡处流砂松散安全隐患，建立安全信息台账，着力抓好安全评估和报告制度，防止类似事故发生。经××市质监局检验合格后，并报××区交通运输和安全生产监管局和住房和城乡建设局批准后方可施工。

（3）深入开展安全生产专项整治攻坚，强化事故隐患整改。突出抓好事故易发多发的重点场所、重点部位和重点环节的治理，坚决不留死角，对查出的安全隐患要综合分析、分类按级负责，明确隐患整治具体负责人和整治时限。进一步推进安全风险管控和隐患排查治理双重预防体系建设，完善风险点、危险源的跟踪、监测、预警、处置工作机制，防止"想不到"的问题引发安全风险和安全事故，确保安全生产排查治理工作取得实效。在隐患点或隐患源的处置过程中，要拟定操作性强的处置方案，严防在治理隐患过程中再次发生安全事故。

（4）××区住房和城乡建设局要针对此次事故全面开展对××医院妇产医院建筑工地隐患专项整治，举一反三，切实加强建设项目的安全督查，督促项目工地全面落实企业安全生产责任。

（5）进一步加强宣传教育，营造安全生产的浓厚氛围。要重点突出公益宣传、突出隐患曝光，突出案例警示，突出事故教训，突出法制宣传，进一步拓宽宣传渠道，充分运用有限空间和通信平台，广泛开展安全生产宣传，及时进行安全风险提示、警示。依法开展安全生产培训，切实提高从业人员的安全责任意识和安全技能。

二、脚手架工程

（一）××重大建筑施工坍塌事故

1. 事故经过

××年×月×日下午，××集团第××建筑工程有限公司××大厦项目部召开例会，生产负责人×××安排外架班长××带领架子工把整体提升脚手架从 20 层落到 16 层。×月××日上午 5 时许，8 名外墙装修人员登上位于××大厦 20 层高处脚手架上开始清洗外墙面；7 时 20 分，外架班长××带领 8 名架子工人员开始进行整体提升脚手架的降架工作，同时架体上边还有 8 名工人在清洗外墙面，且清洗人员都集中在楼体东边的架体上。8 时 20 分左右，附着式升降脚手架东侧偏南共 4 个机位、长度约 22m、高度 14m 的提升脚手架架体发生整体坍塌，致使 12 名作业人员（墙面砖勾缝作业工人 6 人、安装落水管工人 2 人、架体降架工人 4 人）随架体坠落至室外地面。

事发时项目情况：××大厦项目位于××市××路与××路路口东北角，该工程为框架剪力墙结构，地下 2 层地上 30 层，总高 108.5m，建筑面积 56000m²。目前室内已完工，正在进行 20～23 层外墙面砖擦缝工作。外墙附着式升降脚手架周边总长 182m，架体分为三个升降单元，架体高度 4 层约 14m。××年×月××日整体提升脚手架自 30 层下降到 20 层，事发时正在进行 20 层到 23 层外墙面砖铺贴施工。

事故发生后现场勘查情况：××大厦工程 20 层位置附着式升降脚手架东面南侧及南面共 13 个机位为一个升降单元，其中东面南侧 5 个机位中有 4 个机位的架体全部坠落至室外地面损毁；在该单元其余 9 个未坠落机位的架体中，与降架坠落架体紧邻的东面南侧 1 个机位上的定位承力构件已全部拆除，其余 8 个机位的定位承力构件有少部分被拆除；坠落 4 个机位的架体与南侧紧邻架体竖向断开，结构上没有形成整体，南侧紧邻架体上端有局部撕拉变形；剩余 9 个机位中多数防坠装置被人为填塞牛皮纸、木楔、苯板等物，致使防坠装置失效；坠落架体部位的建筑物上仅残留附墙支座、电葫芦、倒链及挂钩，均未发现明显变形和撕拉痕迹；坠落至地面的架体残骸由于抢险救人工作的移动，已无法看到原状。从架体残骸中找到的坠落机位的 4 个吊点挂板中，有 2 个完好，另外 2 个断裂成为 4 块，只找到其中的 3 块，断裂面有部分陈旧性裂痕；由于该升降单元南面大部分承力构件尚未拆除，该单元架体处于下降工况前的准备阶段；架体坠落时气象情况为中到大雨。

2. 事故原因

（1）直接原因

经调查分析认定，此次事故发生的直接原因是，脚手架升降操作人员在未悬挂好电动葫芦吊钩和撤出架体上施工人员的情况下违规拆除定位承力构件，违规进行脚手架降架作业所致。

（2）间接原因

1）××建筑劳务有限责任公司，无资质违规承揽承包××大厦建设工程并组织施工，对施工现场缺乏严密组织和有效管理，是事故发生的主要原因。

2）××建设监理有限公司，对××大厦外墙装饰和脚手架升降作业等危险性较大工程和工艺，未按规定进行旁站等强制性监理，是事故发生的主要原因。

3）××建工集团第××建筑工程有限公司，未依法履行施工总承包单位安全职责，将工程分包给无专业资质的××建筑劳务有限责任公司，对施工现场统一监督、检查、验收、协调不到位，是事故发生的重要原因。

4）××有限公司（××市××区北关村一组）在××大厦项目建设过程中，未完全取得建设工程相关手续违规进行项目建设，是事故发生的次要原因。

5）××市城改、规划和城市综合执法等部门，依法履行监管职责不到位，是事故发生的原因之一。

6）自8月下旬开始，包括××市在内的××地区连续10余天降雨，事发当天××市天气仍然是中到大雨，脚手架因受长时间雨淋而超重超载，也是事故发生的客观原因。

3. 事故性质

经调查认定，××重大建筑施工坍塌事故为生产安全责任事故。

4. 事故防范和整改措施

（1）进一步落实企业安全生产主体责任，把安全管理制度落到实处。××大厦项目各参建单位要认真汲取此次事故教训，进一步建立和完善以安全生产责任制为重点的安全管理制度，加强对施工现场和高危险性作业的动态管理，把施工项目部的领导带班制度、监理项目部的旁站监理制度和一线班组长的岗位安全责任落到实处。要强化施工总承包方对工程建设和安全生产的全面、全过程管理，严格程序，严格把关，严防类似事故的再次发生。

（2）加强人才队伍建设，强化施工现场安全管理。××建工集团要针对发展规模过快所带来的人才队伍建设滞后、管理力量薄弱等问题进行认真反思，指导第××建筑工程有限公司加强安全管理。第××建筑工程有限公司要加强建设项目施工现场安全监管，加大安全生产隐患排查力度。在与专业承包、劳务分包队伍签订合同协议时，应细化职责，明确安全生产责任。

（3）加强安全监理。××建设监理有限公司应加大对施工组织设计、专项施工方案和施工管理人员、特种作业人员资质审查，切实履行施工监理旁站作用，及时消除安全生产隐患。

（4）改进施工设施租赁管理服务。××科技有限公司应加强队伍建设，规范附着式升降脚手架的租赁管理，加强对所出租附着式升降脚手架施工的技术指导服务工作。

（5）《生产管理条例》规定和省、市有关建筑施工安全监管职能分工，加强对全市房屋建筑施工安全监管，确保事有人管、责有人负。××区管理委员会要按照××市人民政府有关规定，督促××遗址区保护改造办公室认真落实房屋建设、市政建设、国土资源管理、房屋管理等责任。督促××大厦建设单位依法完善项目建设相关手续，责令施工单位对该项目施工现场安全隐患实施整改，确保项目施工安全。

（6）切实加强城市安全管理和服务。××市人民政府要针对近年来城市快速扩张、经济高位运行对安全生产和社会管理带来的压力特别是此次事故暴露出的安全监管薄弱环节，系统总结经验教训，进一步强化安全生产及其监管监察工作。一是进一步细化落实各行政区、县和开发区、工业园区对"城市飞地"和安全生产工作的属地领导管理责任；二是进一步理顺和落实建委、规划、城改和城管等部门对以建筑施工领域为重点的安全生产监管主体责任；三是统一组织对全市城中村改造工程的项目报建手续和施工现场管理等工作进行一次系统的检查整顿，进一步治理工程建设领域边许可边建设等违规行为；四是进一步加强对政府职能部门的教育，强化政策法规意识，提高依法行政能力。

（二）××住宅工程脚手架坍塌事故

1. 事故经过

××年×月×日下午，在××建设总承包公司总包、××建筑公司主承包、××装饰公司专业分包的某高层住宅工程工地上，因12层以上的外粉刷施工基本完成，主承包公司的脚手架工程专业分包单位的架子班班长×××征得分队队长××同意后，安排3名作业人员进行Ⅲ段19A至20A轴的12层至16层阳台外立面高5m、长1.5m、宽0.9m的钢管悬挑脚手架拆除作业。下午15时50分左右，3人拆除了16层至15层全部和14层部分悬挑脚手架外立面以及连接14层阳台栏杆上固定脚手架拉杆和楼层立杆、拉杆。当拆至近13层时，悬挑脚手架突然失稳倾覆，致使正在第三步悬挑脚手架架体上的2名作业人员××、××随悬挑脚手架体分别坠落到地面和三层阳台上（坠落高度分别为39m和31m）。事故发生后，项目部立即将两人送往医院抢救，因二人伤势过重，经抢救无效死亡。

2. 事故原因

经调查和现场勘测，模拟架复原分析：

（1）直接原因

作业前××等3人，未对将拆除的悬挑脚手架进行检查、加固，就在上部将水平拉杆拆除，以至于在水平拉杆拆除后，架体失稳倾覆，是造成本次事故的直接原因。

（2）间接原因

专业分包单位分队队长××在拆除前未认真按照规定进行安全技术交底，作业人员未按规定佩戴和使用安全带以及未落实危险作业的监护，是造成本次事故的间接原因。

（3）主要原因

专业分包单位的另一位架子工××，作为经培训考核持证的架子工特种作业人员，在作业时负责楼层内水平拉杆和连杆的拆除工作，但未按照规定进行作业，先将水平拉杆、连杆予以拆除，导致架体失稳倾覆，是造成本次事故的主要原因。

3. 事故性质

经调查认定，××住宅工程脚手架坍塌事故为生产安全责任事故。

4. 事故防范和整改措施

（1）加强危险源辨识与管控，实施专项管理和控制。为保证高层建筑安全施工的专项管理，成立以项目经理为组长的危险源辨别小组，对其施工过程危险源进行辨别。确定重大危险源，制定管理方案，与此同时对重大危险源的高空坠物、物体打击等制定应急准备预案，并进行演练，以保证施工安全。分四个小组对Ⅰ至Ⅲ段及转换层以下场客场貌进行整改，重点清理楼层垃圾、钢管、扣件等零星物件，对现场材料重新进行堆放，现场垃圾及时清除。

（2）加强安全教育。加强安全管理教育，强化管理人员与分包队伍的安全意识，杜绝安全事故与隐患发生。重申项目内部各岗位的安全生产责任制，层层签订安全生产责任状。开工之前，对脚手架特种作业人员进行安全教育培训，教育培训率达到100％，对脚手架特种工种针对其工作的特性专门进行安全教育，并作好书面交底，告之工人施工现场哪些地方危险。彻底检查安全持证状况，对无证人员立即清退。检查现场方案交底执行情况，完善合同、安全协议内容。完善、落实监护制度。

（3）做好防护措施。对楼层临边孔洞彻底进行封闭，设置防护栏杆，封闭楼层孔洞。彻底对大型机械设备进行保养检修，重点对人货电梯、吊篮、电箱、电器等进行检查，并作出书面报告。对楼层尚存悬挑脚手架，零星排架，防护棚彻底进行清查、整改，该加固的加固，该完善的完善，并在事先做好交底、监护、措施、方案等工作，拆除时必须有施工员、专职安全员在场监控。同时认真按照悬桃脚手架方案，重申交底内容，进行高空作业时，必须有专职安全员、施工员、监护人员到位；并有专项交底及监护措施。对安全带、安全网、消防器材等安全设备配置情况进行检查，保证储备量。严格执行住房和城乡建设部关于安全生产的《建筑施工土矿工程安全技术规范》JGJ80、《施工现场临时用电安全技术规范》JGJ46、《建筑机械使用安全技术规程》JGJ33 等规范以及有关脚手架安全方面的强制性条文进行设计和施工。严格按《建筑施工安全检查标准》JGJ59 标准进行自查自纠。外防护架体施工时高层施工是主要危险源之一，为减小外防护架体施工过程中的安全风险，尽量采用新型附着式升降脚手架，如图 4-1 所示。

图 4-1　附着式升降脚手架

三、起重机械

(一) ××市××集团××基地×区项目塔式起重机坍塌较大事故

1. 事故经过

发生事故塔式起重机于××年×月××日在该工地首次安装使用，在××年×月××日前共进行了两次顶升作业，共安装顶升 11 个标准节。第三次顶升作业时间为××年×月××日至××日，×月××日完成了第一道附着装置的安装，××日完成了 3 个标准节（第 12～14 个标准节）的安装；×月××日完成了 3 个标准节（第 15～17 个标准节）的安装，塔身高度 104m，事故发生在第 4 个标准节（第 18 个标准节）与顶升套架连接的状态下内塔身顶升过程中，塔式起重机处于加完标准节已顶起内塔身第 2 个步距的状态，由顶升环节正转换至换步环节，左换步销轴已处于工作位置，右换步销轴处于非工作位置，此时塔身高度约 110m。

（1）事发前顶升情况

据现场监控录像记录，事故发生前顶升作业的主要过程如下：

1）××日上午 05：59，塔式起重机司机到达塔吊司机室，开始吊运建筑材料。

2）07：42，8 名顶升作业人员抵达现场。6 名登塔准备作业，2 名在地面准备安全警戒及挂钩工作。

3）10：11，地面工作人员卸下吊钩，装上顶升专用吊具。

4）11：11，开始吊装第 15 个（22 日第一个标准节）标准节的 1/2 组件。

5）12：53，2 名增援的顶升作业人员抵达现场，登塔参与顶升作业。

6）18：03～18：07，当第 18 个标准节完成加节，内塔身开始顶升 4 分钟左右时发生了本起事故。

（2）塔式起重机坍塌过程

通过监控拍摄到的坠落视频显示，塔式起重机坍塌从 18 时 7 分 8 秒开始，有效可见的坠落过程共 10 秒：

1）7 分 8 秒，圆盘钢筋和吊钩最先落地，起重臂随后斜插到塔身处；

2）7 分 9 秒，起重臂臂端倾斜插入地面，随后各个臂节接连落地、倾倒；

3）7 分 11 秒，起重臂变幅小车落地时，圆盘钢筋再次向西拉动；

4）7 分 12 秒，司机室落地，落到塔身东侧不远处，随后上塔身弯曲下坠后压碎司机室；

5）7 分 13 秒，平衡臂落地，平衡臂坠落在塔身东侧较远处；

6）7 分 13～15 秒，顶升机构的滑板、销轴、爬升走台等散落在塔身附近的地面上，期间有若干作业人员落地；

7）7 分 16 秒，塔帽斜插入地面；

8）7 分 17 秒，顶升套架沿着内塔身向回转支座方向滑动。

9）7 分 16～18 秒，内塔身、顶升套架以塔帽为圆心向东翻转，头朝西坠落在塔帽的东侧，滑动底座位于最东侧。

图 4-2　塔式起重机倾覆过程

2. 事故原因

（1）直接原因

经调查认定，本起事故的直接原因为：部分顶升人员违规饮酒后作业，未佩戴安全带；在塔式起重机右顶升销轴未插到正常工作位置，并处于非正常受力状态下，顶升人员继续进行塔式起重机顶升作业，顶升过程中顶升摆梁内外腹板销轴孔发生严重的屈曲变形，右顶升爬梯首先从右顶升销轴端部滑落；右顶升销轴和右换步销轴同时失去对内塔身荷载的支承作用，塔身荷载连同冲击荷载全部由左爬梯与左顶升销轴和左换步销抽承担，最终导致内塔身滑落，塔臂发生翻转解体，塔式起重机倾覆坍塌。

1）销轴孔同轴度发生变化。塔式起重机右顶升销轴对应的摆梁外腹板销轴孔与顶升摆梁内腹板销轴孔发生了非同步塑性变形，导致摆梁内外腹板销轴孔之间的同轴度发生显著偏差，右顶升销轴难以正常插入与拔出，这属于事故发生前重要的安全隐患。塔式起重机安拆人员在销轴孔发生变形、销轴插拔困难的情况下，未意识到这一隐患的严重后果，选择用锤击的方式解决销轴插拔困难的问题，继续顶升作业（图 4-3、4-4）。据痕迹检测，塔式起重机在多次顶升过程中，存在锤击销轴端面，致右顶升摆梁上内外腹板销轴孔同轴度偏差变大，导致销轴不易插拔。

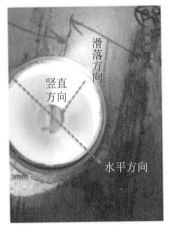

图 4-3　右顶升销轴内侧销轴孔变形形貌及局部放大图

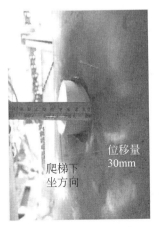

图 4-4　右顶升销轴外支承板孔边弯曲大变形及右顶升销轴孔边塑性变形

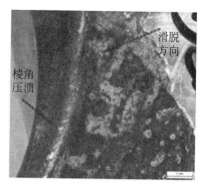

图 4-5 右顶升爬梯第四孔形貌及局部放大图

2）爬梯踏步座变形。塔式起重机在多次顶升后，爬梯踏步板孔表面也受销轴挤压发生塑性变形，造成爬梯踏面厚度增大，相邻踏步步距发生变化，左右爬梯同孔位踏步板孔的同轴度发生变化。致使左右爬梯踏面在换步时不在同一水平线上，当一边换步销轴插入后，另外一边换步销轴插入就存在一定的难度。

3）销轴插拔操作辅助确认装置结构不完整。据塔式起重机制造单位提供的图纸显示，操作导向滑杆及弹簧销是销轴正常插入与拔出位置的辅助确认装置。顶升系统应有 4 套销轴插拔操作手柄导向及弹簧销，但现场只安装有 1 套销轴插拔操作手柄导向系统，并代之以铁丝或葫芦链条临时绑扎滑杆插孔。另依据事故塔式起重机供货包装清单显示，新塔式起重机初次发货时仅提供 2 套销轴插拔操作手柄导向滑杆与弹簧销（图 4-6～图 4-8）。

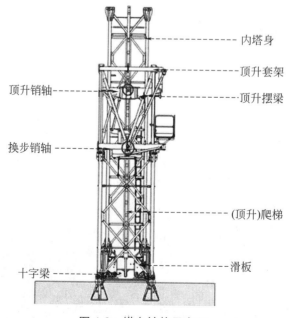

图 4-6 塔身结构示意图

图 4-7　左下销及右下销操作杆上的滑杆插孔

图 4-8　换步销操作滑杆安装支座及左顶升销轴操作杆的滑杆插孔

4）顶升作业工人违章冒险作业。根据《××省××市公安司法鉴定中心检验报告》（×公（司）鉴（理化）字〔2017〕01748 号）显示，经对死者血液中乙醇定性定量检验，×××、×××、×××、××、×××的血液中均有乙醇成分，含量分别是：×××64.5 毫克/100 毫升、×××34.9 毫克/100 毫升、×××（新增援顶升作业）5.1 毫克/100 毫升、××（新增援顶升作业）149.7 毫克/100 毫升、×××8.9 毫克/100 毫升。上述行为违反了《塔式起重机操作使用规程》JG/T100—1999 第 2 条的规定。根据现场监控录像记录显示，事故部分伤亡人员坠落着地前已与塔吊分离，表明事故发生时有的顶升作业人员未佩戴安全带。上述行为违反了《塔式起重机操作使用规程》JG/T100—1999 第 3.2.7 条的规定。

5）人为破坏等因素排除情况。经事故调查组现场勘查、计算分析，排除了人为破坏、气象、地基沉降、塔身基础、结构及其连接失效、非原制造厂主体构件、外部冲击荷载、顶升油缸失效等因素引起事故发生的可能。

（2）间接原因

1）事故塔式起重机安装顶升单位××公司安全生产管理不力，未能及时消除生产安全事故隐患。××公司安全技术交底落实不力；编制的塔式起重机顶升专项施工方案存在严重缺陷；安全生产检查巡查和安全生产培训教育不到位；未及时消除事故隐患；塔式起重机安全使用提示警示不足等。

2）事故塔式起重机承租使用单位×××航局总承包分公司没有认真履行安全生产主体责任，对事故塔吊安装顶升单位监督管理不力。负责具体实施的×××航局总承包分公司将该项目主体工程施工违法分包给×××局；未健全和落实安全生产责任制和项目安全生产规章制度，放任备案项目经理长期不在岗，并任命不具备相应从业资格的人员担任项目负责人；未认真审核塔吊顶升专项施工方案等。

3）工程监理方××监理公司履行监理责任不到位，未按照法律法规实施监理。××监理公司旁站监理员无监理员岗位证书上岗旁站，且事发时不在顶升作业现场旁站；未认真审核塔吊顶升专项施工方案；未认真监督安全施工技术交底等。

4）×××航局、×××局、××××公司、×××公司等涉事企业不认真落实安全生产责任制，事故预防管控措施缺失。×××航局未履行建设单位监管职责，对下属单位安全生产工作监管不力；×××局未严格执行安全生产法律法规，承接了事故项目主体工程的施工；××××公司未能有效指导塔式起重机顶升作业；×××公司未就同型号事故塔式起重机曾发生的事故原因以及所暴露出的操作问题发函提醒警示相关客户重点关注此类操作问题等。

5）主管部门及属地政府安全生产监管不力。行业主管部门及属地政府对违法分包、项目经理挂靠等问题监管不力；对塔吊重点环节安全监管不够细致；对上级批转的投诉举报不及时认真查处；未能督促事故单位消除安全隐患等。

3. 事故性质

调查认定，××市××区××集团××基地×区项目塔式起重机坍塌事故是一起较大生产安全责任事故。

4. 事故防范和整改措施

事故的发生，为安全管理工作敲响了警钟。为全面贯彻落实国务院关于推进安全生产领域改革发展的意见，深刻吸取事故教训，××集团在认真、深刻分析事故原因基础上，迅速制定事故防范和整改措施，建议有关行业主管部门、企业应强化企业安全生产主体责任，着力堵塞监督管理漏洞，着力解决不遵守法律法规的问题，提出了事故防范和整改措施建议。

（1）增强安全生产红线意识，进一步强化建筑施工安全工作

各区党委政府、各有关单位和各建筑业企业要进一步牢固树立新发展理念，坚持安全发展，坚守发展绝不能以牺牲安全为代价，充分认识到建筑行业的高风险性，杜绝麻痹意识和侥幸心理，始终将安全生产置于一切工作的首位，严格按照有关法律法规和标准要求，按照施工实际，拟定安全专项方案，配足技术管理力量。行政主管部门要督促企业在施工前加强安全技术培训教育，加强施工全过程管理和监督检查，督促各施工承包单位、劳务队伍严格按照法律法规标准和施工方案施工。

（2）健全落实安全生产责任制，确保监管主体责任到位

各级党委、政府要建立完善安全生产责任体系，严格落实"党政同责、一岗双责、齐抓共管、失职追责"的安全生产责任制。党委、政府要采取有效措施，及时发现、协调、解决各负有安全生产监管职责的部门在安全生产工作中存在的重大问题，认真排查、督办重大安全隐患，切实维护人民群众生命财产安全；同时依照法定职责加强现场监管，确保监管主体责任到位，特别是要高度重视危险性较大工程施工全过程的安全监管工作，细化措施要求，加强检查督导，协调解决重大隐患问题，对发现的问题和隐患，责令企业及时整改，重大隐患排除前或在排除过程中无法保证安全的，一律责令停工，并通过资信管理手段对施工企业进行限制；针对信访投诉案件，要深入调查，及时处理。

（3）严格落实行业监管责任，督促建筑施工相关企业落实主体责任

各负有安全生产监管职责的部门，要强化对本行业本领域企业的监督监察工作，着力采取预防性执法手段，督促本行业领域企业消除生产安全事故隐患。各级专业建设行业主管部门要严格落实行业监管责任，督促企业建立健全安全生产责任制，完善企业和施工现场作业安全管理规章制度，加强现场监督检查，推动监管人员压住、压实、压强一线。市住房城乡建设委牵头，市交委、市城管委、市水务局、市林业和园林局、××供电局等专业建设行业主管部门参与，督促全市建设行业相关单位加强危险性较大工程的安全教育、安全培训、安全管理，特别是要求工程建设、勘察设计、总承包、施工、监理等参建单位严格遵守法律法规要求，严格履行项目开工、质量安全监督、工程备案等手续。

（4）组织事故案例剖析，加强建筑施工人员安全教育

市住房城乡建设委、市交委、市城管委、市水务局、市林业和园林局、××供电局等专业建设行业主管部门组织本行业建设项目，开展全市建筑施工领域的安全生产警示教育，召开本起事故案例分析会，观看本起事故警示片。市住房城乡建设委牵头组织编制建筑施工作业的安全培训教材和事故案例汇编，组织全市所有在建工地进一步加强对建筑施工作业人员的安全教育，重点是学习、掌握建筑施工作业的危险因素、防范措施以及事故应急救援措施。同时，各级专业建设行业主管部门要充分利用广播、电视、报纸、网络等媒体，大力宣传违法建设、违法发包、违法施工、违章指挥、强令冒险作业的危害，引导建筑领域从业人员、特别是广大外来务工人员，不要参与违法建设工程，避免造成人身伤害和财产损失，进一步提高建筑施工作业人员的安全意识和防范技能。

（5）加大行政监管执法力度，严厉打击非法违法行为

市住房城乡建设委、市交委、市城管委、市水务局、市林业和园林局、××供电局等专业建设行业主管部门要进一步加强建设领域的"打非治违"工作，重点集中打击和整治以下行为：建设单位规避招标，将工程发包给不具备相应资质、无安全生产许可证的施工单位的行为；建设单位不办理施工许可、质量安全监督等手续的行为；施工单位弄虚作假，无相关资质或超越资质范围承揽工程、转包工程、违法分包工程的行为；施工单位不按强制性标准施工、偷工减料、以次充好的行为；施工单位主要负责人、项目负责人、专职安全生产管理人员无安全生产考核合格证书，特种作业人员无操作资格证书，从事施工活动的行为；施工单位不认真执行生产安全事故报告、主要负责人及项目负责人施工现场带班、生产安全隐患排查治理等制度规定的行为；施工单位不执行《危险性较大的分部分项工程安全管理办法》的规定，不按照建筑施工安全技术标准规范的要求，对深基坑、高支模、脚手架、建筑起重机械等重点工程部位进行安全管理的行为；施工单位不制定有针对性和可操作性的作业规范，施工现场管理混乱，违章操作、违章指挥和违反劳动纪律的行为等。

（6）明确施工各方责任，切实提升总承包工程安全管理水平

各相关方重点按照工程总承包企业对总承包项目的安全生产负总责，分包企业对工程总承包企业服从管理的原则和模式，明确总承包、分包施工各方的安全责任；强化建设单位对建设工程过程管理责任，严禁以包代管、以租代管、违法发包；同时高度重视总承包企业安全生产管理的重要性，保障项目施工过程安全生产投入，完善规章规程，加强全员安全教育培训，扎实做好各项安全生产基础工作。各建筑企业要研究制定与工程总承包等发包模式相匹配的工程建设管理和安全管理制度。各项目参建单位，在勘察设计、采购验收、安装施

工、建章立制、人才配备等各环节强化安全生产工作，确保分包领域本质安全。

（7）开展防范建筑起重机械事故专项整治，切实做到闭环管理

各建筑业企业要对建筑起重机械的安装、顶升、拆卸等作业进行专项整治，重点是：安装单位是否按照安全技术标准及建筑起重机械性能要求，编制建筑起重机械安装、顶升、拆卸工程专项施工方案，并由本单位技术负责人签字；是否按照安全技术标准及安装使用说明书等检查建筑起重机械及现场施工条件；是否组织安全施工技术交底并签字确认；是否制定建筑起重机械安装、拆卸工程生产安全事故应急救援预案；是否将建筑起重机械安装、拆卸工程专项施工方案，安装、拆卸人员名单，安装、拆卸时间等材料报施工总承包单位和监理单位审核后，告知工程所在地县级以上地方人民政府建设主管部门。监理单位是否审核建筑起重机械特种设备制造许可证、产品合格证、制造监督检验证明、备案证明等文件；是否审核建筑起重机械安装单位、使用单位的资质证书、安全生产许可证和特种作业人员的特种作业操作资格证书；是否审核建筑起重机械安装、拆卸工程专项施工方案；是否审核建筑起重机械安装、拆卸工程专项施工方案；是否监督安装单位执行建筑起重机械安装、拆卸工程专项施工方案情况；是否监督检查建筑起重机械的使用情况。严把方案编审关、严把方案交底关、严把方案实施关、严把工序验收关。

（8）全面推行安全风险管控制度，强化施工现场隐患排查治理

各建筑业企业要制定科学的安全风险辨识程序和方法，结合工程特点、施工工艺、设备施工、现场环境、人员行为和管理体系等方面存在的安全风险进行全方位、全过程辨识，对辨识的风险进行科学评估，确定安全风险类别，并根据风险评估的结果，从组织、制度、技术、应急等方面，对安全风险分级、分层、分类、分专业进行有效管控，逐一落实企业、项目部、作业队伍和岗位的管控责任，尤其要强化对存有重大危险源的施工环节和部位的重点管控。要健全完善施工现场隐患排查治理制度，明确和细化隐患排查的事项、内容和频次，并将责任逐一分解落实，特别是对起重机械、模板、脚手架、深基坑等环节和部位应重点定期排查。施工企业应及时将重大隐患排查治理的有关情况向建设单位报告，建设单位应积极协调施工、监理等单位，并在资金、人员等方面积极配合做好重大隐患排查治理工作。

（二）××市××区××项目三期工程较大施工升降机坠落事故

1. 事故经过

××年×月××日17时35分左右，××市××区××项目三期工程（以下简称"事故工程"）29号楼施工现场发生施工升降机坠落事故，升降机自18层楼处坠落，机内共有8人，坠落发生后被立即送往医院，经全力抢救无效死亡。

××年×月××日，根据事故工程29号楼项目经理欧××和工地管理员冯××的多次电话要求，××建筑工程机械设备租赁有限公司经理马××安排安装班长唐××、安装人员谭××到事故工程29号楼，进行施工升降机加节作业。下午13时30分左右，唐××和谭××两人到达建筑工地，联系了塔式起重机操作人员协助进行施工升降机加节作业。两人首先拆除了施工升降机限位器，又拆除了封头，借用工地钢筋工的对讲机与塔式起重机操作人员协调，吊装已连接在一起的标准节（6个标准节连接在一起），先后共吊装两次，一共安装了12节标准节，高度达到23层楼高，在第18层顶端水平梁上架设了第6道附墙架。约18点30分，唐××、谭××两人在加装的标准节大部分仅安装了对角的2个螺栓、约21层楼高

位置未架设附墙架的情况下，拉下施工升降机电闸后，下班离开工地。

　　××月××日，因××小区建筑工地急需对塔式起重机进行顶升作业，唐××安排谭××等人去了另外工地进行塔式起重机顶升作业，未继续完成事故工程29号楼施工升降机的加节作业。××日，××市有降雨，直到下午14时左右，雨停。下午14时左右，唐××来到事故工地，乘事故施工升降机至17楼，并爬到24层预埋塔式起重机附着套管，为一座在用塔式起重机顶升做准备，没有继续对施工升降机进行加节作业。约17时35分，韩××等7名木工拟到24层进行模板支护作业，连同瓦工隋××（工地指定施工升降机操作人员，无升降机操作资格证书）一起乘施工升降机西侧吊笼上行至约19层楼时，施工升降机导轨架上端发生倾覆，第36节标准节的中框架上所连接的第6道附墙架的小连接杆耳板断裂、大连接杆后端水平横杆撕裂，导轨架自第34节和第35节连接处断开，施工升降机西侧吊笼及与之相连的第35至45节标准节坠落地面，8名乘坐施工升降机的人员随之一同坠落地面。

2. 事故原因

（1）直接原因

　　在施工升降机本次加节作业尚未完成、未经验收的情况下，使用单位的施工升降机操作者搭载7名施工人员上行到第19层楼，超过了安全使用高度。

　　在导轨架第34、35节标准节连接处只有对角2个连接螺栓，达不到安装要求。

　　第6道附墙架未安装可调连接杆，大连接杆的后水平横杆拼接补焊，不符合设计要求；使用说明书要求导轨架自由端高度不大于7.5m，第6道附墙架以上导轨架自由端高度达到14.25m，增加了自由端对导轨架中心产生的倾覆力矩（不平衡弯矩）。

（2）间接原因

　　1）××建筑工程有限公司及××项目部管理混乱，安全生产主体责任不落实。

　　该公司安全生产责任制、安全管理规章制度不健全，未严格落实教育培训制度，未按规定定期组织事故应急演练；总部未对×××区三期工程项目部施工现场管理情况进行安全检查，未能及时发现并整改事故施工升降机安装、使用过程中存在的违法行为。

　　施工项目部机构不健全、职责履行不到位，管理人员不到位，安排不具备项目经理资格的单××为项目负责人履行项目经理职责；在原《施工许可证》已废止、未重新申办《施工许可证》的情况下擅自开工建设；将承包工程全部肢解转包给个人施工；对各承包人承建的施工现场"以包代管"，未审核施工升降机安装单位和安装人员资质、专项施工方案，现场隐患大量存在，安全检查流于形式，安全管理基本失控；对监理单位提报的塔式起重机、升降机安装单位和人员资质、报检手续不全等问题未采取有效措施予以解决，致使塔式起重机、升降机等违规投入使用。

　　29号楼施工承包人欧××安全意识极其淡薄，未组织进场施工人员安全教育培训，未组织进行必要的班组技术交底；明知××市××公司无施工升降机安装资质仍与其签订租赁安装协议；在施工升降机未进行自检、专业检验检测和使用、租赁、安装、监理等单位"四方"验收的情况下，违规使用施工升降机，且安排无操作资格人员操作施工升降机；对监理单位提出的监理通知单要求整改事项置之不理，对施工现场安全管理不到位，致使现场存在大量事故隐患。

　　2）××市××建筑工程机械设备租赁有限公司安全生产主体责任严重不落实。

××公司内部安全管理不规范。未成立安全管理机构或配备专职安全管理人员，安全生产责任制和安全管理制度不健全，安全培训教育不到位，员工违规作业：

——严重违反施工升降机安装使用有关规定。无安装资质承揽施工升降机安装业务，违规从事起重机械安装作业；施工升降机安装作业未编制专项施工方案，也未按要求向主管部门进行告知，且安排无施工升降机安拆作业资质的人员参与安装作业。安装完成后，未严格按要求进行自检、专业机构检验检测，也未经过使用单位、租赁单位、安装单位、监理单位四方联合验收，即默认使用单位投入使用。对施工单位安排无操作资格的人员操作施工升降机、未经验收合格的情况下擅自使用施工升降机的行为制止不力。

——施工升降机加节作业留存严重事故隐患。加节作业时，违规使用不合格附墙架，施工升降机加节和附着安装不规范，加装的部分标准节只有两个镙栓连接，自由端高度严重超标，未使已安装的部件达到稳定状态并固定牢靠的情况下停止了安装作业，也未采取必要防护措施、没有设置明显的禁止使用警示标志。

3）××咨询有限公司安全生产监理职责落实不到位。

对监理的事故工程项目，未按照规定人数配备监理人员，项目总监基本未参与现场监理活动；施工监理工作统一协调、管理不到位，未督促该项目施工单位落实安全生产责任制度和安全教育培训制度，未督促监理指令和通知的有效落实；未发现施工许可证过期无效，在不具备开工条件的情况下签发开工令，允许项目无证开工建设；未依照《建筑起重机械安全监督管理规定》的有关规定，审核施工升降机特种设备制造许可证、产品合格证、起重机械制造监督检验证书、备案证明等文件；对施工现场安全生产监理流于形式，未发现并纠正临边孔洞无防护、脚手架无水平网等问题。

4）××市住建局及其下属建筑业管理处、建设工程招投标管理办公室履行建筑行业安全生产监督管理职责不到位。

没有发现事故工程施工许可证过期作废的问题，且对已废止的施工许可证变更了设计单位和监理单位、出具了《施工许可证》合同竣工日期延期的证明，打非治违工作开展不力，没有发现施工单位转包、非法分包等违法违规行为。对施工现场安全生产监管不到位，对事故工程现场安全检查不细致、对发现的问题和隐患督促整改不力，尤其是对塔式起重机、升降机未经检验合格即投入使用的问题，没有提出明确整改意见，也未进行整改情况复查，致使施工现场安全隐患长期存在，塔式起重机、升降机等长期违规使用。

5）××市政府对建筑施工行业"大排查、快整治、严执法"活动指导不到位。

未能全面贯彻落实省政府组织开展的"安全生产大排查快整治严执法活动"，对安全生产隐患排查整治领导组织不力，安全生产大排查、大整改不够深入、细致，存在盲区、死角；未严格督促××市住房和规划建设管理局及其下属单位依法履行建筑行业安全生产监管职责，对事故工程"打非治违"工作指导不力。

3. 事故性质

经调查认定，××市××区××项目三期工程29号楼较大施工升降机坠落事故是一起较大生产安全责任事故。

4. 事故防范和整改措施

（1）进一步强化红线意识和安全发展理念，严防事故发生。

××市政府及其有关部门应切实提高对安全生产极端重要性的认识，牢固树立安全发展理念，落实科学发展观、正确的政绩观，强化红线意识和底线思维。要坚持发展必须安全、不安全不发展，真正把安全生产纳入经济社会发展的总体布局中去谋划、去推进、去落实。各级各有关部门和各企业单位要深刻吸取事故沉痛教训，举一反三，下大力气加强安全生产尤其是建筑行业安全生产工作。要严格落实"党政同责、一岗双责、齐抓共管"和"管行业必须管安全、管业务必须管安全、管生产经营必须管安全"的要求；定期研究分析安全生产形势，及时发现和解决存在的问题，坚决打击企业的非法违法建设生产经营行为，严防各类事故发生。

（2）加强建筑行业安全生产工作，严格落实主体责任。

各级住建部门要切实履行行业监管职责，督促各建筑企业认真落实安全生产主体责任，确保安全生产，要督促建设单位依法申请相关行政审批及施工许可证，办理安全监督和质量监督等备案手续，落实危险性较大工程安全措施；督促施工、工程监理等单位落实安全责任，加强施工现场安全管理；组织力量严厉打击无证开工和非法转包、分包行为。施工单位要在危险性较大的工程施工前编制专项施工方案，不得违法转包、分包工程。监理单位要严格履行现场安全监理职责，按需配备足够的、具有相应从业资格的监理人员，强化对危险性较大分项工程的监理；督促各参建单位严格落实建筑工程机械安装、使用和拆除等各环节的有关规定和技术规范，严格落实特种作业人员持证上岗规定，严禁违规操作、违章指挥。××集团有限公司要慎重研究合作开发项目的发包、管理方式，不得以合作代管理，要督促所属地产开发企业切实履行建设单位安全职责，不得一包了之，确保合作开发项目施工安全。

（3）突出重点环节，全面开展起重机械专项检查工作。

住建系统要立即开展以施工工地起重机械为重点的专项安全检查，重点检查进入施工现场的起重机械是否按规定办理备案登记、使用登记、安装（拆卸）告知等手续；安装（拆卸）单位是否具备专业资质，是否严格按照安全技术要求编制安装（拆除）专项施工方案；安装完成后是否严格经过自检、有资质检测机构检查检测、联合验收等程序；维护保养及特种作业人员是否持证上岗；日常安全管理是否严格按照相关规范规程操作等。对于发现的隐患，要立即整改，整改不合格的，不得继续施工或使用。

（4）加强安全培训，提升本质安全。

加强企业从业人员和安全监管人员的安全教育与培训工作，不断提升本质安全。通过开展行之有效的宣传教育活动，切实增强建筑施工企业和工人的安全生产责任意识。要积极开展安全技术和操作技能教育培训，尤其要落实起重机械等特种作业人员的培训考核，认真做好经常性安全教育和施工前的安全技术交底工作。要加强对起重机械、脚手架重点设备和高空作业、现场监理、安全员等重点岗位人员的教育管理和监督检查，严格实行特种作业人员必须经培训考核合格、持证上岗制度。

四、模板支撑体系

（一）××建筑施工较大坍塌事故

1. 事故经过

×月××日8时许，××组织人员开始浇筑塔楼屋顶混凝土，浇筑顺序自西南角、西北角、东北角、东南角顺时针依次浇筑框架柱和梁，然后浇筑塔楼屋顶屋面井字梁，最后自塔楼屋顶正中顶端向四周浇筑屋面板。塔楼屋顶总浇筑作业面积约 225m² （15×15），梁、板钢筋模板重 15.3t，混凝土浇筑量为 160m³，事发时浇筑混凝土 132m³，约 316.8t，事发时作业面施工总荷载为 14.46kN/m²。现场浇筑方式为泵送混凝土，输送设备为一台汽车泵，振捣设备为两台震动泵。塔楼屋顶浇筑共有 18 人作业，散布在屋顶四个坡面的多个部位，其中混凝土浇筑工 16 人，木工 2 人。

×× 日 12 时 30 分，18 名施工人员完成框架柱、梁混凝土浇筑后即午间休息；13 时 30 分，15 名施工人员（另外 3 人未上塔楼屋顶）继续浇筑屋面井字梁和屋面板；14 时 35 分，框架柱、梁浇筑完成，屋面井字梁浇筑基本完成；在进行 14 车混凝土的浇筑时（10m³/车，总混凝土浇筑量约 132m³），东南角模板突然出现坍塌，随即整个模板支架系统快速向中部塌陷，所有屋顶施工人员随坍塌的混凝土、钢筋及模板支架系统一同坠落，并被坍塌物掩埋。

2. 事故原因

（1）直接原因

模板支架搭设不符合规范要求，架体承载力不足以承载施工荷载，搭设模板支架所用的钢管和扣件等材料质量不合格，混凝土浇筑工序不当。逐渐增加的荷载超过模板支架的承载能力，导致模板支架失稳坍塌，人员坠落，造成伤亡。

（2）间接原因

调查中，发现相关企业、行业管理部门、相关地方政府在日常管理和监督检查中，存在以下主要问题：

1）企业及管理处（事业单位）安全生产主体责任不落实。

① ××× 公司作为事故工程的施工单位，不具备建筑施工资质，违法承包事故工程，将事故工程违法转包给不具备资格的人员进行施工建设，施工现场负责人、技术人员无证上岗，现场安全管理缺失，施工管理混乱。

② ××× 公司作为事故工程的开发商、经营单位、实际建设单位，未建立安全生产责任制，未取得建筑工程管理资质，违法承揽事故工程，主要负责人和相关人员不具备相应的安全生产知识和管理能力，违规委托个人进行事故工程的设计；事故工程在未办理相关报建、施工等手续的情况下，违法发包给不具备资质的×××公司和人员进行施工建设。

③ ××× 管理处作为事故工程的发起人，也是事故工程的建设单位和管理部门，未认真履行监管职责，对事故工程投资方和建设方不具备相关资质的情况失察，对事故工程未履行法定建设程序、未办理相关手续的违法行为失管，对事故工程层层违法转包等行为不作为，对事故工程建设中存在的安全管理和事故隐患等问题失查失管。

2）政府及相关监管部门未认真履行安全监管责任。

① ×× 市林业局作为××市林业主管部门，未依法行使林业行业监管职责，对×××管理处未依法履职的行为、对事故工程存在的违法违规行为失察失管。

② ×× 市规划局作为××市规划主管部门，对城乡规划监察大队在综合楼工程建设中规划监管缺位的问题失察失管，对综合楼工程建设违反规划法律法规监管不力。

③ ×× 市住房和城乡建设局，作为××市建筑行业的主管部门，对建设市场管理监察中队未依法履职的行为、对事故工程存在的违法违规行为失察失管。

④ ×× 市国土资源局，作为××市土地审批和监管的部门，对所属的×××国土资

源管理所未依法履职的行为、对事故工程违法用地行为失察失管。

⑤××市城乡规划监察大队原直属中队，负责事故工程片区违法、违规项目建设的行政执法工作，对辖区内项目建设行为开展规划动态巡查、跟踪监管不及时，致使事故工程违法建设行为持续发生。

⑥××市住房和城乡建设局建设市场管理监察中队，是受××市住建局委托对××市建筑市场行政执法的责任主体，在发现事故工程存在的违法违规行为，并下达《催办通知书》和《停工通知书》的情况下，未采取有效措施制止和查处，也未及时向上级部门和领导报告，致使违法违规行为持续发生。

⑦××市国土资源管理所，负责事故工程片区土地动态巡查工作，未及时发现事故工程违法用地行为，在发现后又未依法予以制止，致使事故工程违法建设行为持续发生。

⑧××市人民政府对林业局、规划局、住建局、国土局等职能部门未依法履职的行为失察失管。

3. 事故性质

经调查认定，××省××市××国家森林公园×××水上乐园综合楼工程建筑施工较大坍塌事故是一起生产安全责任事故。

4. 事故防范和整改措施

（1）增强责任意识，降低安全风险。

各级党委和政府、有关部门要认真学习贯彻党关于安全生产的一系列重要讲话精神，全面贯彻落实省委省政府有关加强安全生产工作的决策部署，坚持党政同责、一岗双责、齐抓共管、失职追责，强化党委政府领导责任，强化部门监管责任，强化企业主体责任，严格落实安全生产责任。要依法规范建筑市场秩序，坚持安全生产高标准、严要求，招商引资、上项目要严把安全生产关，把安全风险管控纳入城乡总体规划，实行重大安全风险"一票否决"。要组织开展安全风险评估和防控风险论证，明确重大危险源清单。要加强规划设计间的统筹和衔接，确保安全生产与经济社会发展同规划、同设计、同实施、同考核。各类开发区、工业园区、风景名胜及旅游景区等功能区选址和产业链选择要充分考虑安全生产因素，严格遵循有关法律、法规和标准要求，做好重点区域安全规划和风险评估，有效降低安全风险负荷。

（2）严守法律底线，落实主体责任。

建筑企业要进一步强化法律意识，认真落实安全生产主体责任，建立健全安全生产管理制度，自觉规范建筑施工安全生产行为。建设单位和建设工程项目管理单位要切实增强安全生产责任意识，依法申请建设项目相关行政审批及施工许可证，办理安全监督和质量监督等备案手续，督促勘察、设计、施工、工程监理等单位落实安全责任；施工单位要严格资质管理，不违法出借资质证书或超越本单位资质等级承揽工程，不违法转包、分包工程，不擅自变更工程设计或不按设计图纸施工；监理单位要严格履行现场安全监理职责，按需配备足够的、具有相应从业资格的监理人员，强化对危险性较大分部分项工程的监理。严格落实特种作业人员持证上岗规定，严禁违规操作、违章指挥。

（3）依法履职尽责，落实监管责任。

各地、各有关部门要严格落实安全生产监管责任。一是要切实加强建设工程行政审批工作的管理，严格按照国家有关规定和要求办理建设工程用地、规划、报建等行政许可事项，杜绝未批先建，违建不管的非法违法建设行为。国土资源部门要进一步加强土地使用管理和执法监察工作，严肃查处土地违法行为；规划部门要统筹建设用地和工程规划，严格行政审批和放、验红线程序；建设部门要加强建设工程安全生产监督管理工作，依法审核发放施工许可证和履行安全监管责任；林业等部门要强化森林公园、旅游景区等特殊区域建设工程的管理和监督。二是要继续深入开展工程建设领域安全生产隐患排查治理和"打非治违"专项行动，进一步加大隐患整改治理力度。开展建筑施工领域建设审批程序专项检查，坚决纠正和处理未批先建、边批边建等违法违规行为。三是要强化安全基础管理，创新监管方式，建立健全安全生产长效机制。继续推进建筑施工企业和在建工程项目安全生产标准化建设，规范企业安全生产行为。

（4）加强培训教育，提高安全意识。

安全生产教育培训是实现安全生产的重要基础工作。企业要完善内部教育培训制度，通过对职工进行三级教育、定期培训，开展班组班前活动，利用黑板报、宣传栏、事故案例剖析等多种形式，加强对一线作业人员，尤其是农民工的培训教育，落实起重机械、脚手架等特种作业人员的培训考核，认真做好经常性安全教育和施工前的安全技术交底工作，增强安全意识，掌握安全知识，提高职工做好安全生产的自觉性、积极性和创造性，使各项安全生产规章制度得以贯彻执行。

（二）××演播厅舞台坍塌较大事故

1. 事故经过

××年××月××日上午 10 时 10 分，某电视台演播中心裙楼工地发生一起重大职工因工伤亡事故。大演播厅舞台在浇筑顶部混凝土施工中，因模板支撑系统失稳，大演播厅舞台屋盖坍塌，造成正在现场施工的民工和电视台工作人员 6 人死亡，35 人受伤（其中重伤 11 人），直接经济损失 70.7815 万元。

2. 事故原因

（1）直接原因

支架搭设不合理，特别是水平连系杆严重不够，三维尺寸过大以及底部未设扫地杆，从而主次梁交叉区域单杆受荷过大，引起立杆局部失稳。梁底模的木杆放置方向不妥，大梁梁底立杆的水平连系杆不够，承载力不足，加剧了局部失稳。屋盖下模板支架与周围结构固定与连系不足，加大了顶部晃动。

（2）间接原因

1）施工组织管理混乱，安全管理失去有效控制，模板支架搭设无图纸，无专项施工技术交底，施工中无自检、互检等手续，搭设完成后没有组织验收；搭设开始时无施工方案，有施工方案后未按要求进行搭设，支架搭设严重脱离原设计方案要求、致使支架承载力和稳定性不足，空间强度和刚度不足等是造成这起事故的主要原因。

2）施工现场技术管理混乱，对大型或复杂重要的混凝土结构工程的模板施工未按程序进行，支架搭设开始后送交工地的施工方案中有关模板支架设计方案过于简单，缺乏必要的细部构造大样图和相关的详细说明，且无计算书；支架施工方案传递无记录，是造成这起事故的技术上的重要技术原因。

3）监理公司驻工地总监理工程师无监理资质，工程监理组没有对支架搭设过程严格把关，在没有对模板支撑系统的施工方案审查认可的情况下即同意施工，没有监督对模板支撑系统的验收，就签发了浇捣令，工作严重失职，导致工人在存在重大事故隐患的模板支撑系统上进行混凝土浇筑施工，是造成这起事故的重要原因。

4）在上部浇筑屋盖混凝土情况下，工人在模板支撑下部进行支架加固是造成事故伤亡人员扩大的原因之一。

5）施工单位安全生产意识淡薄，个别领导不深入基层，对各项规章制度执行情况监督管理不力，对重点部位的施工技术管理不严，有法有规不依。施工现场用工管理混乱，部分特种作业人员无证上岗作业，对工人未认真进行三级安全教育。

6）施工现场支架钢管和扣件在采购、租赁过程中质量管理把关不严，部分钢管和扣件不符合质量标准。

7）建筑管理部门对该建筑工程执法监督和检查指导不力，对监理公司的监督管理不到位。

3. 事故性质

经调查认定，××演播厅舞台坍塌事故是一起较大生产安全责任事故。

4. 事故防范和整改措施

（1）合理选择材料

针对此次模板倒塌事故，政府有关部门应合理选用钢管、扣件等材料，施工单位在严格按国家标准规范搭建施工脚手架之前，首先必须购买、租用具备生产厂家许可证、产品质量合格证明、检测证明和产品标识的钢管扣件；其次，钢管、扣件使用前应按有关技术标准的规定，按批次进行抽样，送法定单位检测，经检测不合格钢管、扣件一律不能使用。

（2）加强施工管理

首先应制定相关的建筑安全生产责任制，明确相关人员的安全职责，完善建筑安全管理体制，同时各类人员应认真落实各自安全职责，施工单位的专职安全员须对模架工程施工认真监督，严格检查，减少安全事故发生。

编制施工企业安全技术措施，对技术交底环节严格管控，做到技术交底必须以书面文字为依据，交底手续要完善，而且必须向一线操作工人直接交底。同时积极推行建筑意外伤害保险工作，保障建筑施工一线作业人员合法权益，将保险工作纳入日常的施工安全生产管理中来，增强企业预防和控制事故能力。

（3）注重模架设计计算

为了保证模板架设工程质量，做好模板施工准备工作，在施工前应先进行模板设计，模板工程设计内容包括：选型、选材、荷载计算、结构设计、绘制模板施工图以及拟定制作、安装与拆除方案等，明确各内容要素的要求及设计要求；模板设计不仅要有详细的计算书，而且要对细部构造画出大样，注明接头方法，标出水平横杆布置间距和剪刀撑设置要求等，确保模板及支撑系统有足够的强度、刚度和稳定性，安全地支撑预期荷载，有效控制模板支撑的变形量。

（4）加强政府安全监督

1）严格安全准入条件，加强产品质量监督和管理。严格市场准入制度和安全准入条件，严把企业资质和个人执业资格条件，建立施工企业安全生产评价制度，建立对企业负责人、项目经理、安全管理人员安全生产知识和安全管理能力考核及特种作业人员持证上岗制度。严肃查处事故，强化责任追究，加大对隐患、严重事故多发的企业和责任人的处罚力度。加强产品质量监督和管理，加强对模板与脚手架等的质量把关，对生产劣质产品的单位要严厉打击，只有经过相关检测合格后的产品才能流入施工现场。

2）落实法律法规要求，加强制度标准建设。加强对有关安全法律法规要求的贯彻落实，根据本地实际情况制定模板与脚手架等的生产、使用、租赁等环节的管理规定和地方标准，并建立钢管、扣件安全检测制度及报废制度，明确钢管、扣件的使用年限、规范钢管、扣件的生产、租赁、使用等活动。

3）广泛发动社会各方面力量参与专项整治。充分发挥电视、广播、报纸、网络等新闻媒体的作用，对查处的模板与脚手架事故要及时曝光，及时公布钢管、扣件质量检测结果。积极利用行业协会的作用，促进行业自律。

五、临时用电

（一）××市"6·29"较大触电事故

1. 事故经过

××年×月××日，××工业园区管委会安全生产监督管理办公室负责人×××等人按照《××印发的通知》对××总承包公司进行监督检查过程中，因××总承包公司无法提供企业自查表等文字材料，对其下达了现场处理措施决定书，责令其立即停止施工。

其后，×月初，承揽××家园二、三期桩基础工程的×××联系司机将发生事故的配电箱等设备设施运到施工现场。

×月××日，××京津公司组织××总承包公司、××集团公司有关人员召开××210项目二、三期项目开工启动会，以施工前准备为由，组织××集团公司当天正式进场施工。至事故发生时已完成打止水桩近1000组，打有钢筋笼的支护桩近50根，打地基处理的CFG桩700余根，打降水井170余眼。

×月××日，××工业园区综合执法大队×××等人到××区××210二期项目部了解项目进展情况，获悉××公司未取得建设工程规划许可和施工许可证，口头告知有关人员未取得建设工程规划许可证等不得开工建设。

×月××日，负责××210项目二、三期打桩作业的打桩工程队队长××210项目组织的施工人员等将发生事故的配电箱接线通电后投入使用。

×月××日，××公司的工程月度检查小组对××区××210项目二期项目进行抽查时发现"二期临电无防砸措施"的问题并下达整改通知单，要求××京津公司于7月2日前落实整改。

×月××日，××公司组织××集团公司、××监理公司召开工作例会，会上指出对一、二级配电箱要做好防雨、维护工作。

×月××日，×××组织的××210项目二、三期打桩作业工程队的施工人员×××使用工地上的螺纹钢筋焊制用于保护配电箱的钢筋笼。

×月××日7时30分许，×××组织的××210项目二、三期打桩作业工程队的四名施工人员×××（男，47岁）、×××（男，37岁）、×××（男，34岁）、×××（男，

45 岁）在采用钢筋笼进行总配电箱防护作业过程中发生触电，造成三人死亡，一人受伤。

2. 事故原因

（1）直接原因

经询问目击者、现场勘验、技术鉴定及专家的技术分析，事故调查组认定：在进行配电箱防护作业过程中，四名工人搬运的钢筋笼碰撞到无保护接零、重复接地及漏电保护器的配电箱导致钢筋笼带电是发生触电事故的直接原因。

（2）间接原因

1）××京津公司在房地产开发资质证书过期后继续从事房地产开发经营活动；将施工项目违法发包给××集团公司；未依法履行建设工程基本建设程序，在未取得建筑工程施工许可证的情况下擅自开工建设。

2）××集团公司出借资质证书给×××，签订××210 项目二、三期桩基础工程施工合同，并将建设项目违法分包给自然人×××；对施工现场缺乏检查巡查，未及时发现和消除发生事故配电箱存在的多项隐患问题。

3）××监理公司未建立健全管理体系，项目总监理工程师、驻场代表未到岗履职，现场监理人员仅总监代表一人且同时兼任建设单位的质量专业总监；未履行监理单位职责，在明知该工程未办理建筑工程施工许可证的情况下，没有制止施工单位的施工行为，未将这一情况上报给建设行政主管部门。

4）××总承包公司未依法履行总承包单位对施工现场的安全生产责任。对××集团公司的安全管理缺失；未及时发现和消除发生事故配电箱存在的多项隐患问题。

5）××区城市管理综合执法部门××工业园区综合执法大队未认真履行《××市城市管理相对集中行政处罚权规定》××210 项目等法规文件规定的法定职责，对发现的辖区内未取得建设工程规划许可的××区××210 项目二期项目擅自进行开工建设的违法行为未采取切实有效的措施予以制止和依法查处，致使非法建设行为持续存在。

6）××区建设行政主管部门××区建设工程质量安全监督管理支队没有认真履行建筑市场监督管理职责，检查巡查不到位，打击非法建设不力，对××公司未取得施工许可证擅自施工的行为没有及时发现和制止；落实《印发的通知》要求不到位，对全区房屋建筑和市政基础设施工程开展的专项检查不力，未及时发现和制止××区××210 项目二期项目存在不按规定履行法定建设程序擅自开工、违法分包、出借资质等行为，致使非法违法建设行为持续至事故发生。

7）××工业园区管委会落实《印发的通知》开展辖区建设工程领域专项整治工作不到位，未及时发现和制止××公司违法发包行为；按照《印发的通知》文件规定要求检查××区××210 项目二期项目，虽下达立即停止施工的现场处理措施决定书，但未采取有效措施使该施工现场落实停止施工的指令，致使该施工项目持续施工至事故发生。

3. 事故性质

经调查认定，××区××210 项目二期项目"6·29"较大触电事故是一起生产安全责任事故。

4. 事故防范和整改措施

（1）严格落实行业监管职责，严厉打击非法违法建设行为。

××区委、区政府要痛定思痛，认真贯彻落实市委、市政府关于安全生产的决策部署和指示精神，严格落实"管行业必须管安全、管业务必须管安全、管生产经营必须管安全"的工作要求，坚决实行党政同责、一岗双责、齐抓共管、失职追责。××区建设行政主管部门和城市管理综合执法部门要深刻吸取事故教训，加强对辖区内建设项目的日常检查巡查，对未经规划许可、未办理施工许可擅自进行建设的行为加大打击力度，采取切实有效的措施治理非法建设行为；××区有关部门要进一步深化区委、区政府部署的安全生产百日行动专项整治，严厉打击建设领域违法分包、转包等行为，加大处罚和问责力度，采取有针对性的措施，及时查处非法违法建设行为，真正做到"铁面、铁规、铁腕、铁心"。

（2）认真落实属地监管职责，深入贯彻落实区委、区政府专项整治工作部署。

××工业园区管委会要认真落实法定职责和区委、区政府安全生产工作部署，精心组织，周密安排，齐抓共管，采取切实可行的工作措施，加强检查巡查人员力量，深入开展辖区内建设领域专项整治；要加强与区建设、城市管理综合执法等行业领域主管部门的联系沟通，密切配合，信息共享，对于属地发现的非法违法行为要按照职责分工及时通报、移交给有关部门，形成联动机制，共同严厉打击各类非法违法建设行为。

（3）切实落实建设工程各方主体责任，依法依规开展项目建设施工。

××区××210二期项目建设单位、施工单位、监理单位要认真吸取事故教训，严格执行《建设工程安全生产管理条例》等有关规定。建设单位要依法履行建设工程基本建设程序，及时办理相关行政审批、备案手续，不得对施工、工程监理等单位提出不符合建设工程安全生产法律、法规和强制性标准规定的要求。施工单位要认真履行施工现场安全生产管理责任，定期进行安全检查，及时消除本单位存在的生产安全事故隐患，自觉接受监理单位的监督检查。监理单位要加强日常安全检查巡查，及时发现隐患问题，及时督促建设单位、施工单位完成整改，对施工单位拒不整改或者不停止施工的，监理单位应当及时向建设行政主管部门报告。建设工程各方生产经营单位要切实落实企业主体责任，杜绝各类事故的发生。

（二）××市房地产开发项目"6.21"一般触电事故

1. 事故经过

××年××月××日早上，××村新居工程项目部负责人何××，与工人杨××和杨××（安装铝合金门窗的负责人）一起到县城购买玻璃，约中午12时左右回到工地。何××、杨××安排贴地砖的工人下午上班时去附近水塘里抽水浇树。大约下午2时左右，工人开始上班，贴地砖的工人到安装铝合金门窗的楼下配电箱处接电线抽水浇树，杨××没有同意。后来杨××和王××去了售楼部屋里做窗子，工人张××和王××在3楼安装窗子，后来听王××叙述抽水浇树的工人把安装铝合金门窗用的电线取了，大约下午15时50分左右，张××从3楼走到1楼公路上，用手搭接带电的电线时触电，经广纳镇卫生院医生到现场抢救无效，确认张××已无生命体征，宣告死亡。

2. 事故原因

（1）直接原因

死者张××安全意识淡薄，安全防范意识差，脚穿拖鞋，徒手冒险搭接带电的电线，是导致此次死亡事故的直接原因。

（2）间接原因

1）××市××房地产开发有限公司在新居工程开发项目中，将房屋建筑施工和门窗制作、安装工程承包给无资质的个体人员，安全生产管理制度不落实，施工现场安全管理不到位，企业安全生产主体责任不落实；是本次事故发生的主要间接原因。

2）该项目主要负责人何××对广××村新居工程开发项目领导不力、管理不到位，对存在的危险估计不足，是本次事故发生的重要间接原因。

3）××村建站、国土资源管理所督促该项目未完善国土、建设等相关手续不力，对××市××房地产开发有限公司将建设工程项目承包给无合法资质的个人施工作业，是本次事故发生的另一间接原因。

3. 事故性质

经调查认定，××村新居建筑工地"6.21"触电事故是一起生产安全责任事故。

4. 事故防范和整改措施

（1）按照安全生产"谁主管谁负责"的要求，县住建局责令该项目停工，并对存在的安全隐患进行排查治理。会同县国土资源局迅速督促该项目按规定完善相关手续，同时，在全县范围内进行一次集中整治，严防类似事故再次发生。

（2）按照安全生产"辖区负责制"的要求，××人民政府要进一步加大对建设施工项目的日常监管，加大对辖区建筑施工企业安全检查及隐患排查治理，对发现问题必须整改落实到位，严禁走过场，从源头上防范事故发生。

（3）××市××房地产开发有限公司要进一步落实企业安全生产主体责任，迅速完善相关手续，加强对施工项目安全管理工作，加强对工人的安全教育，对工地所有的安全隐患进行严格检查，全面消除存在的安全隐患，深刻吸取教训、举一反三，坚决杜绝类似事故的发生。

六、安全防护

（一）某建设工程有限公司高处坠落事故

1. 事故经过

×年×月×日上午，某建设工程有限公司承建的某建筑二期工地23号楼地上一层半楼面上，钢筋工班组共6人在楼面作业，其中4名钢筋工正面向南进行绑扎作业，黄×等2人在楼面东边一起卸钢筋。此外，李×在一楼地面的东南角正在捆钢筋，同时指挥塔式起重机，司机吴×将捆好的钢筋吊运到一层半楼面用于绑扎。第一捆钢筋卸下后，黄×蹲下背对着张某绑扎钢筋，黄×在搬运钢筋过程中踏空失足跌落，插入楼东面1米多高的观光露台东北角的四根预留钢筋中。正在捆第二捆钢筋的蒋××发现后，连忙跑过去托住他，并呼叫工友帮忙施救，拨打"120"急救电话，10多分钟后"120"急救车到后，"120"又叫来"119"消防队员，把钢筋割断救下黄××后送往××区中医院救治，终因伤势过重经抢救无效死亡。

2. 事故原因

（1）直接原因

在建工程脚手架及临边维护未设置，钢筋工黄××在高处作业时未做好必要的安全防护措施，疏忽大意脚下踏空导致坠落。

（2）间接原因

1）施工单位××××建设工程有限公司对该工程缺乏有效的安全管理，工程现场管理较为混乱，在建工程脚手架未依据施工进度进行搭设，房屋楼层临边围护未设置；施工现场专职安全管理人员不到岗，安全生产教育培训不到位，存在未按程序施工、未按操作规程作业、司索工无证上岗、员工随意攀爬等违章现象；对违章违规行为管理不严，对安全生产隐患整改不力。

2）监理单位××××工程管理有限公司对施工单位的违规行为检查监督不力，对在建工程外的脚手架未搭设完成即开展作业情况未能及时制止，督促整改，致使隐患演变成事故；未能针对季节变化、施工人员为避暑而调整工作时间的特点，同步调整监理作业时间，工程施工时间与监理工作时间存在脱节；现场监理随意调整，且现场监理人员明显偏少，未能完全尽到监理职责。

3）建设单位××××置业有限公司将工程发包给施工单位后疏于管理，对施工现场缺乏必要的安全监管，对施工过程中存在的安全问题、监理单位存在的现场监理人员随意调整及监理人员过少、监理时间脱节等问题未能及时进行协调管理，督促整改。

3. 事故性质

这是一起因在建工程外脚手架未及时搭建，钢筋工在高处作业时未做好必要的安全防护措施，现场安全管理及监理不到位而引起的责任事故。事故类别为高处坠落。

4. 事故防范和整改措施

（1）某建设工程有限公司要深刻吸取事故教训，严格按照建设工程安全生产法律、法规和强制性标准规定的要求执行，认真履行施工现场安全生产管理责任，加强对在建工程的施工管理，在施工过程中严格按施工程序或施工方案落实各项安全防护措施，制定和完善各项安全操作规程，对施工人员加强安全生产教育培训，提高作业人员的安全意识和自我保护能力；定期进行安全检查，及时消除本单位存在的生产安全事故隐患。

（2）某建设工程有限公司要积极安抚好死者家属情绪，妥善处理死者的善后事宜，防止上访事件、群体性事件的发生。

（3）某工程管理有限公司要切实加强现场施工监理，严格执行规范、规程及有关规定，及时调整监理作业时间，避免与工程施工时间相互脱节，督促监理人员到岗到位履行好监管职责，确保安全生产，及时发现隐患问题，及时督促建设单位、施工单位完成整改。

（4）某置业有限公司把工程发包给承包单位后，要加强对施工现场的安全监管。对施工单位、监理单位在工程建设中发现的安全问题及时进行沟通协调，落实整改。

（5）某区建管局及旅游度假区要积极吸取这次事故教训，加大对某二期工程的监管力度，督促施工及监理单位切实加强事故隐患的排查与整改工作，确保复工后的安全生产。各镇（街道、开发区）要切实落实属地监管职责，积极开展安全生产大检查，特别对在建施工项目的监督检查力度需进一步加强，查漏补缺，防微杜渐，防止生产安全事故的发生。

（二）有限空间作业煤气中毒事故

1. 事故经过

×年×月×日上午8点，炼铁厂热风技师高×到集团公司安环部办理有限空间作业安全工作，并领取四合一煤气报警仪一台、长管呼吸器1台、呼吸面罩三副、氧气急救瓶两组。8点30分左右高某将防护设备及工作票交给热风工段长杨×，并强调了安全相关注意事项，杨×带领李×、王×从布袋除尘器1号箱体开始清除积尘。10点左右，热风技师高×巡检到布袋箱体处，看到李×佩戴长管呼吸器正在布袋除尘器5号箱体内作业，杨×、王×在入孔处监护，随后高×到其他检修岗位巡查。12点左右，热风技师高×在检查热风炉热风阀是否漏气漏水时，听到了工段长杨×呼救有人煤气中毒，高×立即给炼铁厂副厂长刘×打电话，并迅速赶到布袋箱体处，发现王×、李××、杨××三人倒在9号布袋箱体内，三人均没有佩戴长管呼吸器。

2. 事故原因

（1）直接原因

作业人员李某进入有限空间作业，未按规定佩戴防护设施进行违章作业导致煤气中毒，是本次事故的直接原因。

现场监护人员杨×、王×发现李×煤气中毒后，未按规定佩戴防护设施便盲目进入箱体进行施救，是导致事故扩大的直接原因。

（2）间接原因

事故调查发现，该起事故存在以下间接原因：

1）企业主体责任落实不到位，有限空间作业专项培训不到位，员工安全意识不强；

2）作业现场风险因素分析不全面、没有考虑到布袋除尘器箱体下部入孔以下盲区残存煤气溢出的风险，风险分析及措施不到位；

3）公司规章制度没有在基层得到认真落实，现场告知及作业程序不规范。

3. 事故性质

经事故调查组认定，这是一起因违章作业和违规盲目施救导致事故扩大的一般生产安全责任事故。

4. 事故防范和整改措施

本次煤气中毒事故造成了2人死亡、1人受伤，不仅给人民群众生命财产造成了损失，也造成了一定社会不良影响，为认真吸取教训，有效预防和减少类似事故的发生，现提出如下防范措施：

（1）某钢铁集团有限公司要认真吸取此次事故教训，立即停产整顿，按照"四不放过"原则对相关人员进行教育、处理。企业主要负责人和安全管理人员应重新参加安全资格培训，提高安全管理水平；全体员工要重新进行上岗前的培训，提高自我保护意识；全面排查事故隐患并采取有效措施进行隐患治理，安全生产事故隐患整改后经有资质的安全评价机构检查，具备安全生产条件并经验收合格后方可进行生产。

（2）事故发生在冶金煤气、有限空间领域，并因盲目违规施救导致事故扩大，事故发生单位要切实落实好企业主体责任，加强企业内部管理、员工安全知识和技能培训，要抓班组、抓现场、抓细节，完善煤气作业区域审批制度和岗位安全操作规程并严格执行，加强有限空间辨识建档，做好作业审批、现场监护、器材配备等制度措施落实。

（3）全区各冶金工贸企业要举一反三，开展有限空间作业知识技能普及工作，加大对冶金煤气、高温熔融金属、动火作业等风险较大特种作业人员的安全培训，完善事故应急预案，尤其是煤气、高温熔融金属、有限空间、动火作业等专项预案，配足应急装备、器材，加强技能培训演练，提高事故预防和科学施救能力，坚决类似杜绝盲目施救及应急处置不当所导致的类似生产事故的发生。

（4）相关地方政府、部门和企业要痛定思痛，牢固树立科学发展、安全发展理念，坚持底线思维，认真贯彻落实上级安全生产工作部署，全面开展"拉网式"安全生产大检查，深入排查治理各类事故隐患，尤其是节后复工，各类企业都要制定切实可行的复工方案，传达到每位干部职工，从源头进行管理，防止类似事故再次发生。

第二节　其他工程安全生产事故案例

一、市政工程

（一）××隧道工程较大坍塌事故

1. 事故经过

1月25日14时左右，带压开仓换刀作业的第14仓作业人员出仓后，向盾构机长反映：严重变形的17/18号刀箱仍未切割下来，在实施碳弧气刨①切割过程中土仓排烟效果不良，然后与第15仓的带班人员进行了工作交接。

1月25日14时45分左右第15仓的带压换刀作业由××公司的朱×、石×、杜×执行，他们进入左线盾构机前部，首先开始第15仓气压开仓前准备，具体工作任务是继续切割和维修17/18号刀箱。第15仓的操仓员是××公司吴×，盾构机长是隧道公司刘×。电焊机位于仓外，由仓内人员通过对讲机通知操仓员，操仓员再联系盾构机机长开、关电焊机电源及氧气瓶阀门。该作业所需工具、材料均由施工单位隧道公司提供，具体包括氧气瓶、电焊机、焊条、切割中空焊条、风动工具、压缩空气管、氧气管、焊把、割枪、气动扳手、气动打磨机等物品，进仓的物品和工具大多集中在副仓，压缩空气、氧气、焊机两条电源线均通过仓壁贯穿孔进入副仓，使用2层防水胶与仓壁之间密封连接。在上述3名工人在土仓切割17/18号刀箱作业的同时，隧道公司杨×受李×安排带1名维修工人着手调试土仓三根主要排气管，目的是解决14仓人员提出的排烟差的问题。盾构机的排气管共有六根，这六根排气管，个别也可以作为注入管向土仓内加注衡盾泥。杨×的维修组所调试的三根排气管分别是左边9点位、11点位和右边1点位。在之前的操仓作业中，排气管位于左边9点位，当天准备把排气改到右边操作平台右上方的1点位。杨×先是在排气管上接了长5～6m的软管，预防调试过程中泥水冲刷操仓员的工作平台，又通过调试安装在土仓隔板左、右两侧的注浆管以观察排气效果，前后调试了一个多小时，但排气效果改善不明显。随后刘×让杨×停下来，杨×就和工人到台车上休息。

1月25日17时左右，操仓员吴×通知仓内作业人员准备减压出仓，仓内人员回应收到。又过了几分钟，操仓员再次联系仓内人员但已没有应答，同时发现仓内排气中烟味较重。1月25日17时10分左右，操仓员吴×看到气压表在2.2～2.3bar间持续约30秒的波动，此时，仓外可闻到烧焦的味道并看到从排气阀冒出黑灰色的烟。操仓员吴×先后使用对讲机、手电筒并多次敲打仓壁，未能再与舱内人员取得任何联系。为了救人，操仓员吴×便通知杨×关闭进气管球阀、把排气管全部逐一打开进行极速泄压。同时让机长刘×关闭舱内电焊机电源并通知地面。关断电源后，人舱和操仓员操作平台的灯也熄灭了。地面中控室 17 时 18 分左右接到电话通知后，隧道公司左线遂道主管王×和盾构工区经理李×于泄压至零之前即赶到前盾。1 月 25 日 17 时 20 分左右，仓内气压经 10 分钟后从 2.0bar 降至 0.5bar。17 时 30 左右，李×和王×赶到并带人打开人仓闸门，人仓内有浓烟溢出，温度较高，救援人员无法进入人仓内进行救援，李×等人通过打开进气阀、向人仓内用水管洒水降温通风排烟等措施降温排烟。1 月 25 日 18 时 10 分左右，隧道公司盾构工区经理李×带几个工人用扳手拧开螺丝并踢开土仓闸门，李×进仓后，发现掌子面坍塌，3 名换刀工人被埋。

2018 年 1 月 25 日 18 时 25 分左右，李×通过电话让地面值班人员贾×向项目经理张×汇报；18 时 30 分左右，项目总工刘×在施工单位项目部会议室接到监控室值班员贾×当面汇报，并告知了同在开会的项目经理张×；18 时 40 分左右，张×和项目总工刘×先后到达盾构监控室了解情况。经张×、刘×与李×商量后，隧道公司考虑可能会引发次生灾害，决定立即撤出人员，关闭仓门，进行带压救援。20 时 30 分气压建仓，21 时 30 分进仓实施救援，未发现被埋人员后于 1 月 26 日 3 时 30 分，救援人员减压出仓。随后准备第二次救援，但是救援人员了解情况后，因存在恐惧心理，不肯进仓，企业自主救援无法继续进行。

1 月 26 日 7 时 52 分，隧道公司该项目负责人张×在企业自行救援无望的情况下，才决定将事故上报业主单位和政府部门，但张×为了不被追责，安排刘×撰写了一份虚假的事故基本情况报告。在这份事故基本情况报告中，事故发生时间谎报为 1 月 26 日 7 时 20 分，并且未如实报告事故发生的初步原因，隐瞒了带压动火作业、人仓副仓发生火灾等关键情节。张×和刘×等人除了将这份虚构的情况报告报业主、政府相关部门外，还安排施工相关人员熟悉这份情况报告，以统一口径，对抗政府部门调查。

施工单位隧道公司法定代表人孙×、总经理褚×、项目经理张×、项目总工刘×、现场监理员高×、劳务分包单位项目负责人朱×、现场负责人朱×等人均没按照有关规定向建设单位及政府有关监管部门如实上报事故信息，存在谎报事故的真实时间和原因的情形。1 月 26 日、27 日，为了隐瞒事故的真实情况，孙×、褚×、刘×、张×等人多次参与组织本单位人员、监理单位、分包单位及员工通过正式会议、专门交代、私人聊天等方式进行统一口径，对抗事故调查：一是形成事故报送通稿，将事故发生时间篡改为 2018 年 1 月 26 日 7 时 20 分。二是不提施工过程中有动火作业。三是顺延 15 仓虚构 16 仓、17 仓带压作业。四是清理副仓着火现场痕迹及物证。五是篡改伪造土仓顶部压力曲线图。六是对工地视频监控进行删除剪辑，格式化盾构机监控硬盘。七是伪造管理资料台账。

2. 事故原因

（1）直接原因

事故调查组认定该起事故的原因为：作业工人在有限空间带压动火作业过程中，焊机电缆线绝缘破损短路引发人闸副仓火灾，引燃副仓堆放的可燃物，人闸主仓视频监控存在故障，未及时发现火灾苗头，人闸主仓、副仓无烟感温感消防监控系统，仓内人员缺乏消防安全与应急防护装备，无法实施有效自救，仓外作业人员极速泄压使衡盾泥泥膜失效，掌子面失稳坍塌将作业工人埋压。

（2）间接原因

1）隧道公司项目部未有效排除焊机电缆线绝缘破损、安全设备及监控设施存在故障等安全隐患。调查发现隧道公司项目部存在焊机电缆线无人维护、视频监控系统 1 月 24 日损坏后未及时维修、土仓内四台土压传感器只有一台能维持工作等安全隐患。

2）隧道公司项目部应急预案缺乏针对性、应急物资配备不足。虽然项目部制定了盾构作业专项应急预案，带压开仓换刀作业专项方案中也含有事故应急预案的内容，但所有预案内容均未能有效针对土仓动火作业、人闸火灾等情景编制，且从未组织针对人仓、土仓发生火灾的演练，导致应急预案流于形式，对实际发生的火灾事故未能采取有效的安全技术与安全管理措施加以预防和处置。仓内气刨动火作业，未对照技术规范相关规定，配备仓内消防应急器材、人员防毒装备、应急呼吸防护装备。

3）施工管理缺位，安全监理未依规定履职。监理对盾构带压开仓检查换刀方案审核不认真，未能发现该方案中并未涉及换刀箱以及动火作业等高风险作业内容，未能及时督促施工单位项目部结合实际修订完善《盾构带压开仓检查换刀方案》，对危险性较大的分部分项工程带压换刀作业未按监理方案和规定安排专人旁站监督和填写旁站监理记录，安排未经监理业务培训的实习人员曹×从事监理员工作，未督促施工单位严格实行有限空间作业审批制度，未及时发现并督促排除换刀作业过程中的安全隐患。

4）建设单位××地铁集团未认真履行建设单位职责，对重点安全风险认识不足，对施工、监理单位疏于督促管理，未能有效督促施工、监理单位及时排除安全隐患。

5）分包单位××公司未按照分包合同和安全管理协议的约定，严格履行分包单位的安全管理职责，未严格按照安全标准和安全技术交底要求、特种作业规定、技术交底文件及安全交底文件施工，工作时未佩戴符合安全标准的劳动保护用品，也未制定安全教育和安全检查制度，进仓作业前未对参与人员进行培训。

6）开仓检查换刀作业专项方案缺乏针对性且未及时更新。盾构带压开仓检查换刀作业属于危险性较大的分部分项工程，但隧道公司 21 号线 10 标项目经理部仅于 2015 年 12 月 3 日编制了《盾构带压开仓检查换刀方案》，该方案虽然按程序组织专家通过了评审，但对土仓内动火作业、刀具焊接、刀箱气刨切割等危险性大的动火作业内容并未提及，且该方案一直未结合实际修改完善。到 2018 年 1 月 25 日事发，左右两线进仓作业 377 仓次，土仓内进行了多次动火作业，但专项方案始终沿用初始版本，造成危险性极大的土仓内带压动火作业始终缺乏针对性的安全技术措施，施工、监理、建设等单位对这一隐患均未发现并排除。

7）忽视安全技术说明，安全培训和技术交底流于形式。在作业过程中忽视了衡盾泥气压开仓施工法专利说明中关于泥膜稳定性的风险警示，缺乏预防掌子面坍塌事故的安全技术措施。依据规定带压作业时严禁仓外人员进行危及仓压稳定的操作，但事故发生当日 3 名工人在土仓作业期间，杨×和另一个工人屡次调试排气管，试图改善排气效果，边气压作业边维修排气管的行为增加了扰动掌子面稳定性的因素。在盾构机操作说明书安全篇中明确提出有关开挖面内检查维修的安全注意事项，但隧道公司项目部以及××公司对施工现场人员的安全培训和三级安全教育、安全技术交底内容均未围绕气刨作业等关键内容展开，也未涉及如何有效防范气刨作业导致火灾的内容。

8）未深入开展安全警示教育，吸取同类事故的教训。隧道公司曾在 2017 年 2 月 12 日厦门轨道 2 号线海东区间右线盾构现场，带压换刀作业减压过程中发生过一起火灾，造成 3 人死亡。按照该事故调查报告要求，人闸应配备火灾探测与报警、视频监控、压力温度在线监测、人员火灾应急防护装备、仓内外人员遵章定期联络等方面的防范措施。但隧道公司仍未深入组织开展事故警示教育，未吸取事故教训和采取积极改进措施，以避免同类事故再次发生。

3. 事故性质

经调查认定，××工程有限公司"1·25"较大坍塌事故是一起生产安全责任事故。

4. 事故防范及整改措施

"1·25"较大事故暴露出轨道交通工程施工领域对新技术、新工艺推广应用中可能带来不可预见、不可知影响因素的预测、预警能力不足，对危险性较大分部分项工程施工关键工序的管理存在覆盖程度、管控深度不足，专业技术人员短缺等问题。

（1）加强党纪法制宣传教育，依法及时如实报告事故。

隧道工程公司要认真执行《生产安全事故报告和调查处理条例》《生产安全事故应急预案管理办法》等法律法规要求，进一步建立完善本单位的事故预防、报告及处理制度，并将制度落到实处，采取有效措施杜绝发生事故后的迟报、漏报，甚至瞒报或谎报。发生事故后，保证应急预案的，保证应急处置和抢险救援科学合理、快速有序，最大限度减少事故损失。

××工程局要针对事故谎报暴露的问题和事故教训，组织全体下属单位及员工开展一次安全警示教育和专题法制教育，深刻吸取事故教训，学习安全生产法律法规，杜绝同类事故再次发生，杜绝瞒报、谎报、迟报事故。××工程局党组要以此次事故谎报为契机，结合从严治党的方针，全面治理安全生产，加强党性修养教育，教育所属党员做一名对党忠诚老实，依法行事，爱岗敬业的好党员。

（2）统筹推动全面落实企业安全生产主体责任。

××工程局及隧道公司要按照"党政同责、一岗双责、齐抓共管、失职追责"原则，树立安全发展理念，弘扬生命至上、安全第一的思想，完善安全生产责任制，落实企业安全生产主体责任，要按照近期下发的国务院安委办《关于全面加强企业全员安全生产责任制工作的通知》和省委办公厅和省政府办公厅《关于全面落实企业安全生产主体责任的通知》要求，依法依规督促企业建立健全全员安全生产责任制、做细做实岗位安全生产工作。一是要强化管理人员安全生产责任，纠正企业主要负责人红线意识不强，不会抓、不想抓和不用力、不用心抓安全生产的问题；二是要健全落实全员安全生产管理制度，推动企业结合实际建立完善并严格落实安委会制度、责任考核制度、例会制度、例检制度、岗位事故隐患排查治理制度、安全教育培训制度、外包工程管理制度、应急救援和信息报告制度等一系列责任制的落实，确保岗位安全责任落到实处；三是要着力提升企业安全生产管理人员履职能力，加强安全生产管理人员培训教育，提升履职责任心和业务工作能力；四是要认真抓好推动落实。中铁×局要深刻吸取事故教训，高度重视安全生产工作，进一步强化全员安全生产责任，加大考核奖惩力度，推进企业主体责任有效落实。加强全员安全教育培训，强化安全意识，提高安全技能和防范能力；建立施工现场事故隐患排查治理制度，完善事故隐患排查治理机制，及时消除施工现场事故隐患；加强对作业队伍的管理，杜绝员工违章行为，从作业层保障施工安全；加大人力物力财力投入，强化各项措施落实，夯实安全基础，全面提升施工现场管理水平，严防事故发生。

××地铁集团要牵头设计单位、监理单位、施工单位在现有做法的基础上，制定具体的带压开仓换刀作业操作规程及有限空间带压动火作业操作规程：一是对开仓前安全条件的确认及进仓人员的检查要更加细化，对准备开仓作业位置地质、水文条件做明确要求；二是对开仓前验收和审批程序要更加明确，对人员进仓前条件核准工作进行详细说明，人员进仓携带物品进行严格检查；三是对进仓前各种相关设备准备情况做严格规定，对人员进入开挖仓内的作业流程进行细化；四是对带压动火作业作出具体明确的规范，电线电缆及时检查更新；五是作业人员出仓操作规程应进一步细化。

（3）强化盾构施工管理，加强重大安全风险点的安全管控工作。

××工程局市地质条件复杂，轨道交通建设中大范围地应用盾构开挖技术，在当前技术人才和相应管理人才储备存在一定局限的条件下，重视各相关新技术设备的本质安全显得尤为重要。××地铁集团和××工程局要加强安全技术投入，对盾构施工重点工序和关键环节的管理，坚持超前风险辨识评估，提前掌握风险，不断优化施工方案，明晰管理责任，配强施工资源，优选先进工艺，强化过程监控到位。气压进仓作业是一项高风险施工环节，必须引起高度重视，从风险辨识评估开始，到专项施工方案的编制论证审批、开仓作业点位置选择、不良地层预处理、作业前条件验收以及作业过程控制等方面，必须建立严格的工作程序和管理制度，明确工作内容和标准，明确主体责任和监督责任，上一环节不合格不得进入下一环节。全市地铁施工单位，尤其是××工程局要从加大盾构掘进关键技术工艺的学习力度，深入掌握泥水盾构机安全技术特性和操作要领；加强危险性较大分部分项工程管理，科学编制严格执行施工方案，具体到作业审批制度、关键节点施工前安全条件验收制度、重要工序验收当日当班必检制度和隐患排查制度等每一个相关环节都不放过。至艺监理要严格审查专项施工方案、严格督促现场和设备设施安全管理，督促各项防护监护安全措施的落实。业主单位××地铁集团要确实加强对危险性较大的分部分项工程安全管理，特别是督促施工单位、监理单位对盾构掘进过程中涉及供电、通风、高压仓的设备设施和各相关施工工艺的安全条件加强监控和隐患排查整治，督促施工单位通过"技术换人"的方式，降低作业风险。市住建部门要以此为鉴，督促相关单位加强对盾构工程中的重大安全风险点的安全管控，细化换刀作业注意事项，规范气压动火作业专项方案审批，并在适当的时候，向上级部门建议修订完善《盾构法开仓及气压作业技术规范》。

（4）加强安全设备管理，强化应急处置能力。

××市地铁建设、设计、施工、监理企业要制定和完善应急预案，细化各项预警与应急处置方案措施，不断提高对突发事件的应急处置能力。要针对盾构机带压进仓作业，编制专项应急预案，并经专家评审把关，对作业风险源进行分析并制定预防措施，建立应急救援组织机构及应急处置队伍，完善应急报告、应急响应流程，配置充足的应急物资和医疗保障。要结合专项应急预案的编制，进行实况应急演练，对进仓作业各项操作流程和高压环境下的各种突发状况进行模拟，检验应急预案的可操作性、提高应对突发事件的风险意识、增强突发事件应急反应能力。地铁集团要不断提升应急救援专业化水平，建立盾构施工应急专业救援队伍，配备应急抢险装备，对进入我市地铁施工的盾构机实行严格的准入制度，未经检验合格的一律不得申请开工。

××工程局要强化设备安全管理工作，消防喷淋系统、人闸仓视频监控系统、作业环境有害气体实时检测系统等硬件设施的升级优化或增设。一是保留喷淋系统的固有功能，增设自动检测、启动装置，杜绝紧急状态下仓内人员不能及时启动喷淋系统的情况；二是增加人闸视频监控系统，通过耐高压摄像头捕捉视频，经控制主机将视频信号分配到各监视器，对作业及加、减压过程实施实时监控，提升风险发现及应急处置能力；三是配置作业环境有害气体实时检测系统，将作业环境中的气体持续通过气源管路连接至此系统，连续不间断掌握有害气体浓度，一旦超标，借助传感器反馈启动警报器发出报警信号，提升安全性能。

(5) 注重安全知识培训，提升员工安全技能。

隧道公司要对从业人员进行安全生产教育和培训，保证从业人员具备必要的安全生产知识，熟悉有关的安全生产规章制度和安全操作规程，掌握本岗位的安全操作技能，了解事故应急处理措施，知悉自身在安全生产方面的权利和义务。要从落实主体责任的高度，加大盾构掘进关键技术工艺的学习力度，深入掌握泥水盾构机安全技术特性和操作要领，熟悉安全风险警示，履行用人单位职责，将被派遣劳动者纳入本单位从业人员统一管理，对被派遣劳动者进行岗位安全操作规程和安全操作技能的教育和培训。地铁集团要坚持"管业务必须管安全、管生产经营必须管安全"要求，定期组织施工、监理等单位进行安全技能和知识培训，提高关键岗位、关键人员的安全技能，各企业负责人要与普通工人"同堂听课"。地铁施工项目，尤其是关键环节作业，地铁施工单位要推行企业负责人轮流带班制度，管理层要与一线员工深入作业一线，了解一线作业场所的真实状况，督促员工遵守安全操作规程。把生产安全保障落实到每一个工地，每一个环节，每一个工人。

(二) ××公司桥梁吊装触电事故

1. 事故经过

2018年江苏×公司通知卞×实施桥梁板吊装作业。卞×接到通知后到该项目施工现场察看施工进展情况，看到路面已铺好，遂于次日雇佣货车运来安装在桥梁两端的10m长15块桥梁板，并调来自己的一部35t汽车进行吊装。在吊装作业中，卞×负责现场指挥和监督。下午高×等人驾驶货车将16m长桥梁板运输桥梁西侧。因16m桥梁板的吊装需要两台汽车吊协同作业，卞×遂联系刘×驾驶一部25t汽车吊参与吊装作业，并口头约定费用700元。下午15时左右，汽车吊驾驶员刘×驾驶吊车到达施工现场。刘×先从货车上卸下4块桥梁板，然后将吊车倒到桥梁西侧已安装好的边跨桥梁板面的南侧，停放后车头向西，并将四根支腿伸展支撑到位。吊车就位后，货车驾驶员高×亦将停在路边仍装有两块桥梁板的货车倒至桥西紧邻汽车吊的北侧（车头亦向西），车停好后，高×离开驾驶室站在汽车吊尾部东侧支腿架旁。下午16时刘×在信号工和安全员没有就位的情况下，进入驾驶室，操作吊车臂准备吊装桥梁中跨桥板。在起重机主吊臂伸缩提升过程中，主吊臂与高压线之间产生电火花，导致汽车吊车体带电。桥梁板运输车驾驶员高×由于手臂与吊车右后方伸缩支腿接触，导致其被电流击倒，并从西跨桥面东侧坠入河中。经对事故现场勘查，该桥梁西侧上方为三路10kV高压线（新三线、淮八线和新东线），三路高压线共杆，桥两侧杆号分别为60、61号，最下端电线与桥面的垂直距离为9.5m。事故发生后，现场人员组织了救助伤员，并拨打"110"报警电话和"120"急救电话。在"120"

救护车未赶到的情况下，用私家车将伤者送至县医院进行抢救，后经抢救无效死亡。县公安局××派出所成立事故处理工作组，协助开展善后处理工作，稳控死者家属情绪。2018年6月13日，江苏×市政公司等事故相关单位与死者家属达成赔偿协议，善后处理工作结束。

2. 事故原因

（1）直接原因

在架空输电线路附近吊装作业无可靠安全距离。在架空输电线路附近从事吊装作业时，施工单位未按《建筑施工起重吊装工程安全技术规范》JGJ276—2012 "起重机靠近架空输电线路作业时，必须与架空输电线路始终保持不小于国家现行标准《施工现场临时用电安全技术规范》JGJ46规定的安全距离（起重机与10kV架空线路边线的垂直、水平最小安全距离分别为3.0、2.0m）。当需要在小于规定的安全距离范围内进行作业时，必须采取严格的安全保护措施，并应经供电部门审查批准的规定，避开架空输电线或采取必要的安全防护措施。

汽车起重机司机在吊装作业过程中，对现场环境，特别是对处于起重机主吊臂上方的高压架空线路疏于观察，盲目进行吊装作业，导致起重机主吊臂伸缩提升时触碰输电线路，从而引发事故。

（2）间接原因

江苏×建设公司违法分包桥梁板安装作业项目，施工现场管理混乱。该公司安全生产责任制不落实，安全生产组织和责任体系不健全；将桥梁板安装作业违法分包给江苏×公司。在进行架空输电线路附近起重吊装作业前，未编制专项施工方案，未按规定对从事吊装作业人员组织安全技术交底；作业时，未明确吊装指挥人员现场指挥，未安排专职安全生产管理人员进行现场监督检查，致使施工现场存在的违规行为未能及时发现和纠正，是这起事故发生的主要原因。

江苏×公司非法承揽桥梁板安装作业项目。该公司无桥梁安装施工资质，非法承揽桥梁板安装作业项目，并将吊装作业违法分包给无资质个人组织实施；桥梁板吊装作业时，公司未安排专门人员进行现场安全管理，是这起事故发生的主要原因。

江苏×市政公司未认真履行施工总承包单位管理职责。公司未按与盐城×开发公司签订的施工合同约定派驻项目负责人、安全管理人员，以包代管，未实质性对该桥梁工程实施管理，是这起事故发生的次要原因。

监理中心未正确履行监理工作职责。对江苏×建设公司将桥梁板吊装作业项目违规分包给江苏×公司的行为失察；对施工单位在架空输电线路附近实施吊装作业未落实危险作业管理制度情况的监督检查不到位，未及时发现施工人员违章作业行为，是这起事故发生的次要原因。

盐城×开发公司对施工单位安全生产工作统一协调、管理不力，安全检查及隐患排查整治不到位，是这起事故发生的次要原因。

3. 事故性质

经调查认定，这起事故是一起一般生产安全责任事故。

4. 事故防范和整改措施

（1）切实强化企业安全生产主体责任的落实。工程项目的建设、施工、监理等各方参建责任主体必须把落实安全生产主体责任作为安全生产工作的出发点和落脚点，全面树立安全法治观念，把牢法律底线，严守安全红线。要认真吸取该起事故教训，举一反三，依法全面落实各项安全生产保障措施。企业主要负责人要不断强化主体责任意识和安全第一意识，认真履行安全生产各项法定职责，组织细化完善各岗位安全生产责任制，并严格对各岗位人员安全生产工作开展日常考核，确保安全生产职责有效落实。

（2）项目建设单位要切实加强项目安全管理。盐城×开发公司要严格按照规定，在工程项目施工前，办理建设工程相关土地、规划、施工许可手续。要与施工单位、监理单位签订专门的安全生产管理协议，或者在施工合同中约定各自安全生产管理职责，并落实专门人员对工程施工安全生产工作统一协调、管理。要加强日常安全检查，及时发现和纠正施工项目违法转包分包行为，并督促施工单位、监理单位依法落实安全责任，加强事故隐患排查治理，保障施工项目安全有序开展。

（3）项目承建单位要切实加强施工安全管理。江苏×市政公司作为施工单位，要认真履行施工合同，不得将工程项目分包给不具备相应施工资质的单位。要建立项目管理班子，组织制定安全施工措施，加强事故隐患排查治理，严格施工现场管理。针对临近高压输电线作业等危险作业，要严格执行危险作业管理制度，制定专项作业方案，明确安全防范措施，设置作业现场安全区域，并落实专人现场统一指挥和监督。要对施工作业人员进行安全教育培训和安全技术交底，培训不合格不得安排上岗。

（4）项目监理单位要切实履行监理职责。×监理中心要严格执行监理方案和监理程序，强化对施工项目发包情况的监督。要严格对专项施工方案进行审查，确保施工安全技术措施符合施工规范。要加大日常安全检查和巡查力度，特别是对危险作业，要跟班旁站，及时督促施工单位消除施工现场安全隐患，确保安全施工。

（5）规范事故信息报送工作。各单位都要加强生产安全事故信息报告工作，要按照《生产安全事故信息报告和调查处理条例》（国务院令第493号）的规定，建立完善事故信息报告制度，落实事故报告责任。事故发生单位主要负责人要严格按照信息上报时限要求，及时向事故发生地县级以上人民政府安监部门和负有安全生产监督管理职责的部门，准确报告生产安全事故信息内容，坚决杜绝迟报、漏报甚至谎报、瞒报事故行为的发生。××县要建立事故信息报告联动机制，公安部门对接报的涉及生产安全事故的信息要及时转报安监和其他有关部门。

（6）落实安全生产监管责任。区管委会要按照市委、市政府相关意见及精神，理顺体制机制，建立健全机构，充实监管力量，落实属地管理职责，加强对辖区范围内建设工程的安全监管。市国土局、规划局、城建局等各相关部门要加强对盐城××区日常监督、管理、指导和服务，确保相关监管工作能够高效规范开展，依法切实履行好属地安全监管职责。

二、其他类型工程

（一）××学校二期工程文体馆项目"8·13"钢网架坍塌较大事故

1. 事故经过

××年×月××日，江×等6人在××学校二期工程文体馆施工现场进行顶部钢网架的吊装（在××年×月×日，何×就已经把在地面整体拼装长为50m、宽为9.95m的单元网格用两台50T的汽车吊装到22.10m标高的柱顶上），当日17时15分左右，在网架支座未与柱顶预埋件锚固的情况下（当时风力5.1级），江×等6人在高空从1轴线往18轴线方向进行散拼安装宽度为3.65m的单元格，高空散拼网架到10～12轴线长度大约为30m时（风力5.1级），架体发生晃动，造成安装的架体重心位移倾覆失稳，致使整个架体坍塌，坍塌面积约700m²，正在高空进行散拼安装作业的何×6人随坍塌的架体一同坠落到地面，导致2人当场死亡，2人抢救无效死亡，2人受伤，直接经济损失550余万元。

2. 事故原因

（1）直接原因

钢网架吊装安装未到位、钢网架支座未锚固、高空拼装未搭设支撑架、在外力的作用下造成钢网架重心位移倾覆失稳。

（2）间接原因

1）××省安装工程有限公司未履行施工单位主体责任。在建设单位未提供《施工许可证》的情况下，仅凭与××投资公司签订的《工程进场施工协议书》和《××试验区××学校二期工程安全生产合同责任书》，既未组建施工项目部和派驻确保施工安全的技术人员到场，也没有按照规定编制钢网架吊装专项施工方案，又在没有与投资人郑×就内部承包合同达成一致的情况下，任由郑×以××省安装工程有限公司名义进场施工。而郑×在建设过程中，把文体馆的钢网架安装主体工程违法转包给朱××，朱××又再次违法分包给江×。××省安装工程有限公司没有对××学校二期工程建设项目施工过程实施有效的管理。

2）××建设管理咨询有限公司对分公司的管理责任落实不到位。该公司以每年收取一定数额管理费的方式，允许××建设管理咨询有限公司××市分公司以总公司名义承揽建设工程监理业务，但对分公司的经营行为缺乏有效的管理。

3）××建设管理咨询有限公司××市分公司监理责任不落实，经营管理混乱。蔡×和王×接到××学校二期工程的监理业务后，没有组建监理项目部，电话通知龙×担任该项目的总监理工程师，明确由不具备监理工程师资格的蔡×具体负责日常监理工作，对龙×不到施工现场履行职责且未对安全技术措施及专项实施方案进行审查等事项监督不到位。对不具备有关资质的人员在现场开展监理工作等违反规定的情况不重视、不过问，对该建设项目的监管严重失控。

4）××投资公司作为项目建设单位，未落实安全管理职责。在没有取得《施工许可证》的情况下，与××省安装工程有限公司签订《工程进场施工协议书》和《××试验区××学校二期工程安全生产合同责任书》后，即由郑×以××省安装工程有限公司的名义正式组织人员进场施工，且施工过程中没有履行建设单位（发包方）对建设工程的管理职责，更没有将该建设项目交由或者委托有关单位（部门）进行管理。

5）××试验区教育局未认真履行项目实施单位的安全管理职责。根据《××试验区2015年第×次党政联席会议纪要》（党议〔201×〕11号）、《××试验区201×年第××次党政联席会议纪要》（党议〔201×〕37号）的安排，应当履行对××学校二期工程的安全管理责任，但其只开展了隐蔽工程的验收、建设期间学生安全管理和工程建设中有关水电的协调工作，对建设工程没有认真落实安全管理职责，也没有对工程的实施委托有关单位或部门负责，在项目施工过程中未履行项目实施单位的主体责任。

3. 事故性质

经调查认定，××学校二期工程文体馆在建项目"8·13"钢网架坍塌较大事故是一起生产安全责任事故。

4. 事故防范和整改措施

该起事故暴露出部分建设工程存在违反基本建设程序、项目手续不完善、项目管理混乱、擅自违法转包分包、以包代管、企业主体责任不落实、部门监管责任不到位、监管措施单一、监管方法不力、监管手段不硬等突出问题。为深刻汲取事故教训，"把别人事故当成自己事故来对待，把过去的事故当成今天事故来对待，把小事故当成大事故来对待，把隐患当成事故来对待"，真正做到警钟长鸣，举一反三，防患于未然，坚决遏制类似事故再次发生，特提出如下防范措施和整改建议：

（1）进一步强化安全生产红线意识。全州各县市（区），特别是××试验区管委会和有关部门要深刻汲取××学校二期工程文体馆在建项目"8·13"钢网架坍塌较大事故的沉痛教训，认真贯彻落实关于安全生产工作的一系列重要批示指示精神，牢固树立科学发展、安全发展理念，始终坚守"发展决不能以牺牲人的生命为代价"这条红线。强化安全生产红线意识，要建立健全"党政同责、一岗双责、失职追责"的安全生产责任体系，坚持"管行业必须管安全、管业务必须管安全、管生产经营必须管安全"的原则，加快实现责任体系"三级五覆盖"，进一步落实地方属地管理责任，督促企业落实主体责任。通过进一步加大对新《安全生产法》和相关法律法规的宣贯力度，推进依法治安，强化依法治理，从严执法监管。要高度重视建设工程领域的安全生产，认真研究事故防范和工作改进措施，进一步强化建设工程领域安全监管，坚决避免类似事故重复发生。

（2）进一步健全建设项目监管体系。各级党委政府和有关部门要严格按照州委"1＋3＋3"体系中的大安全保障体系建设要求，做到统筹兼顾、上下一致、左右协调、齐抓共管、层层分解、层层传导、精准落实好安全监管责任制。按照主体责任、监管责任、领导责任三大责任的划分标准，全面完善和落实好"行业部门直接监管、安全监管部门综合监管、地方党委政府属地管理"职责和企业的主体责任。通过对在建项目进行不间断的拉网式排查治理，全天候对施工现场进行动态跟踪管理和现场监管，真正做到工程建设未完工、现场监管和隐患排查不中断、不停止。同时，对在建项目必须按照基本建设程序尽快完善相关手续；对新建项目必须形成一套科学、合法、合理、手续完备的管理机制，真正做到手续完备一个、条件成熟一个就开工建设一个；未按照基本建设程序完善相关手续、前期工作不到位、条件不具备的项目坚决不允许擅自开工建设。

（3）进一步加强对建筑工程领域各类企业的监督管理。有关部门特别是各级建设行政主管部门要督促建设工程项目的建设单位、规划设计单位、施工单位、监理单位严格按照《中华人民共和国安全生产法》《中华人民共和国建筑法》《建设工程安全生产管理条例》（国务院令第393号）等法律法规的规定，认真履行和落实好建设工程安全生产责任制。严厉整治没有依法取得建筑工程施工许可擅自开工建设和不按设计、施工方案组织施工等违法行为；依法严厉打击"层层转包""违法分包""以包代管"等违法行为；依法严厉打击监理单位、监理人员形同虚设或严重缺位等违法行为。

（4）进一步严把建筑工程领域资质审查和行业准入关。有关部门特别是各级建设行政主管部门在审核办理有关建筑工程施工许可时，必须做到依法依规，高标准严要求，尤其是在审核相关从业资格、资质证书时必须要认真仔细，严防租用、借用、冒用、套用和挪用他人资质、证书承接或者从事有关建设工程业务的情况发生，一经发现，必须依法从严查处。

（5）进一步加强对建筑工程的现场动态监管。负有建筑工程安全监管职责的单位和个人要制定行之有效的监管计划，依法加强对在建项目的动态监管和现场监管，形成常态化监管机制。要加强监管人员的业务知识培训，提高从业人员的职业道德水平和自我防护能力，既要做到想管、敢管、会管，又要及时掌握各类从业人员的思想动态和生产生活情况，现场监管人员要做到与施工队伍同吃同住同时上下班。凡发现建设工程参建各方有违反法律法规及违背行业操作规程等不良行为的，必须依法予以从重处罚，并及时通报项目业主单位和相关行政主管部门，达到停业整顿的一律停业整顿，发生事故情节严重或造成重大不良影响的要依法列入"黑名单"，坚决清除建筑市场。

（6）进一步加大建筑工程领域"打非治违"力度。各级建设行政主管部门要按照有关法律法规的规定加强监管责任体系建设。要按照建设行业方面的法律法规建立健全和完善安全生产管理制度，要进一步夯实建筑工程领域监管执法力量，尽快理顺和规范建筑工程管理混乱现象，出重拳、下大力狠抓建筑工程领域安全生产工作。各部门特别是各级建设行政主管部门要加大建筑行业领域"打非治违"力度，坚决打击建设单位不履行安全管理责任、建设单位与施工单位安全生产职责不清、施工单位和监理单位未建立健全安全生产机构和制度、安全管理人员不具备相关资质、对施工过程监理不到位或缺位、施工班组和从业人员凭经验冒险蛮干等违法违规行为，时刻保持"打非治违"的高压态势，切实扭转建筑工程领域事故多发频发的被动局面。

（二）××轨道交通工程人工挖孔桩物体打击事故

1. 事故经过

×市轨道交通工程×两站区间的地下有大量电力、通信、天然气等管线，采用机械成孔存在触电、火灾爆炸等安全隐患，公司项目部申请部分墩位桩基采用人工挖孔施工，对施工方案进行了专家论证，通过了监理单位的审批，并报行业主管部门备案。C17 号墩位 E 号挖孔桩（直径 1.2m，桩深 16.39m，事发时已挖至 14.5m 左右，护壁已施作 11.5m）由挖孔班工人张×、王×负责施工，张×负责孔下铲挖作业，王×负责孔上操作吊运机吊运渣土。2016 年 6 月 18 日，由于天气炎热，张×、王×二人（夫妻关系）5 时 15 分许便从住处来到 C17 号墩位 E 号挖孔桩，未进行班前安全教育便开始施工作业（项目部规定早晨 7 点上班后由班组长进行班前安全教育）。约 7 时许，王×操作吊运机将装满渣土的铁桶从 14.5m 深的桩孔底部吊起，上升过程中，王××发现吊运机突然抖动了一下并且钢丝绳发生弯曲，意识到可能是钢丝绳断裂，渣土吊桶发生坠落，便从孔口呼喊张×，然后立即通知周边的工人过来施救，项目部的现场人员得知后也立即赶来施救。王×将桩孔底部的半月板提到地面，解开绑在半月板上面的绳子交给救援人员刘×；由于张×体重较大且桩孔底部空间不足，施救人员无法将张×运送到地面，最终项目部工作人员调来吊车将张×救上地面，整个过程大约 50 分钟。法医鉴定死者张×胸腹部遭受较大钝性外力作用致肝脏破裂并多发骨折致创伤失血性休克死亡。

2. 事故原因

（1）直接原因

1）升降用钢丝绳断裂。事发设备的钢丝绳由工人张×负责更换，钢丝绳U型卡扣采用8mm规格，与使用的6mm钢丝绳不匹配，且夹座位置交替布置，未一致位于钢丝绳受力端，导致钢丝绳局部应力集中出现断丝。事故发生时吊运机在提升过程中，破损的钢丝绳无法承受非正常工作荷载，整体断裂造成渣土桶坠落。

2）吊运机操作人员王×操作失误。根据专家的现场勘查和综合分析，钢丝绳正常吊装很难断裂，由于操作人员操作失误（如渣土桶上沿卡在护壁最下端等情况），导致钢丝绳与渣土桶之间拉力瞬间加大，造成钢丝绳断裂。

（2）间接原因

1）工人王×在使用吊运机前，未检查或未发现钢丝绳存在的安全隐患。

2）工人张×在渣土桶被吊起时，未正确使用半月板，未在半月板下方躲避，致使渣土桶堕落后被击中。

3）公司项目部对从业人员"三级"安全教育培训不到位，班前安全教育流于形式，导致一线施工作业人员安全防护意识不足，违反操作规程作业；生产安全事故隐患排查治理工作不到位，未及时发现吊运机钢丝绳U型卡扣安装方向错误和卡扣与钢丝绳不匹配等安全隐患，未制止和纠正不正确半月板违反操作规程的行为。

4）公司项目部经理张×督促、检查项目部安全生产工作不到位，未及时消除吊运机设备存在的生产安全事故隐患；事故发生后，派人将尸体拉至外省且未在规定时间内上报，其行为已构成瞒报事故。

5）中铁×设计集团有限公司监理未认真履行监理职责，对机械设备进场验收不认真，未发现吊运机存在的安全隐患。

3. 事故性质

根据国家安全生产相关法律法规规定，认定该事故是一起因从业人员违反操作规程，生产经营单位主体责任落实不到位造成的一般生产安全责任事故，且在事故发生后，公司瞒报了该起生产安全事故。

4. 事故防范和整改措施

（1）责任认定

张×违反了项目部《人工挖孔桩操作规程》第3条："孔内应设置半月板，取土吊在升降时，挖土人员应躲避在半月板下面。（摘录）"的规定，在渣土桶被吊起时未正确使用半月板；且未按规范要求更换钢丝绳，对该起事故负有直接责任。鉴于张×已在事故中死亡，建议不再追究其责任。

中铁×公司违反《生产经营单位安全培训规定》第十四条的规定，班组级安全培训教育不到位；违反《安全生产法》第二十二条第五、六项的规定，生产安全事故隐患排查工作不到位，未及时发现和纠正违反操作规程的行为，对该起事故负有主要责任。

王×违反了项目部《卷扬机操作规程》第2条："作业前，应检查卷扬机与地面的固定。并检查安全装置、防护设施、电气线路、接零或接地线、制动装置和钢丝绳等，全部合格后方可使用。"的规定，在作业前未检查或未发现钢丝绳存在的安全隐患，对该起事故负有次要责任。

项目部经理张×违反《安全生产法》第十八条第五项的规定，未及时发现并消除吊运机存在的生产安全事故隐患；违反了《生产安全事故报告和调查处理条例》第四条第一款的规定，瞒报事故，对该起事故负有领导责任。

中铁×设计集团有限公司违反《建设工程监理规范》的规定，未对进场起重机械设备严格验收，对事故负有一定责任。

（2）处理建议

中铁×公司违反了《生产经营单位安全培训规定》第十四条和《安全生产法》第二十二条第五、六项的规定，对事故的发生负有责任，建议由区安全生产监督管理局依据《安全生产法》第一百零九条第一项的规定，给予罚款人民币伍拾万元整的行政处罚；瞒报事故，建议由区安全生产监督管理局依据《生产安全事故报告和调查处理条例》第三十六条第一项的规定，给予罚款人民币壹佰伍拾万元整的行政处罚；合并给予罚款人民币贰佰万元整的行政处罚。

张×违反了《安全生产法》第十八条第五项的规定，对事故的发生负有领导责任，建议由区安全生产监督管理局依据《安全生产法》第九十二条第一项的规定作出罚款上一年年收入百分之三十的行政处罚；违反了《生产安全事故报告和调查处理条例》第四条第一款的规定，瞒报事故，建议由区安全生产监督管理局依据《生产安全事故报告和调查处理条例》第三十六条第一项的规定做出罚款上一年年收入百分之一百的行政处罚；合并给予罚款上一年年收入百分之一百三十的行政处罚。

建议×市市政工程管理处对中铁×设计集团有限公司存在的问题，根据行业管理规定依法进行处理，并将处理结果通报区安全生产监督管理局。

建议×市市政工程管理处责令中铁×公司项目部停产停业整顿，暂停使用人工挖孔施工方案，隐患排除后经审查同意方可恢复施工。

建议中铁×公司对此次事故中项目部负有责任的人员进行严肃处理，并将处理结果报区安全生产监督管理局。

建议公安机关依法追究中铁×公司项目经理张×瞒报事故的责任。

参 考 文 献

[1] 金国辉.建设工程质量与安全控制.北京：清华大学出版社、北京交通大学出版社，2009.

[2] 刘屹立，刘翌杰，刘庆山.建筑安装工程施工安全管理手册.北京：中国电力出版社，2013.

[3] 李君.建筑工程施工安全技术要点及实例.北京：中国电力出版社，2014.

[4] 王东升，邢新华.建筑工程土建安全生产技术考核知识.徐州：中国矿业大学出版社，2017.

[5] 中国安全生产协会注册安全工程师工作委员会，中国安全生产科学研究院.安全生产技术（2011版）.北京：中国大百科全书出版社，2011.

[6] 中华人民共和国国家标准.建筑基坑工程监测技术规范 GB50497—2009.北京：中国计划出版社，2009.

[7] 中华人民共和国行业标准.建筑施工安全检查标准 JGJ59—2011.北京：中国建筑工业出版社，2011.

[8] 中华人民共和国行业标准.建筑施工土石方工程安全技术规范 JGJ180—2009.北京：中国建筑工业出版社，2009.

[9] 《建筑施工手册》（第五版）编委会.建筑施工手册（第五版）.北京：中国建筑工业出版社，2011.

[10] 中华人民共和国国家标准.建筑施工脚手架安全技术统一标准 GB51210—2016.北京：中国建筑工业出版社，2016.

[11] 中华人民共和国行业标准.建筑施工扣件式钢管脚手架安全技术规范 JGJ130—2011.北京：中国建筑工业出版社，2011.

[12] 中华人民共和国行业标准.建筑施工碗扣式钢管脚手架安全技术规范 JGJ166—2016.北京：中国建筑工业出版社，2016.

[13] 中华人民共和国行业标准.建筑施工工具式脚手架安全技术规范 JGJ202—2010.北京：中国建筑工业出版社，2010.

[14] 中华人民共和国行业标准.建筑施工承插型盘扣式钢管支架安全技术规程 JGJ231—2010.北京：中国建筑工业出版社，2010.

[15] 中华人民共和国行业标准.建筑施工高处作业安全技术规范 JGJ80—2016.北京：中国建筑工业出版社，2016.

[16] 尤完.建筑施工安全生产管理资料编写大全.北京：中国建筑工业出版社，2016.

[17] 赵永东.施工安全管理与风险控制.北京：高等教育出版社，2018.

[18] 姜学成、吴永岩.施工现场安全.武汉：华中科技大学出版社，2010.

[19] 建筑基坑工程监测技术规范 GB50497—2009.北京.中国计划出版社，2009.

[20] 中华人民共和国住建部令第 37 号.危险性较大的分部分项工程安全管理规定.中华人民共和国住房和城乡建设部，2018.

[21] 建筑起重机械安全监督管理规定.中华人民共和国建设部令第 166 号.中华人民共和国住房和城乡建设部，2008.

[22] 中华人民共和国国家标准.建筑施工脚手架安全技术统一标准 GB51210—2016.北京：中国建筑工业出版社，2016.

［23］关于实施《危险性较大的分部分项工程安全管理规定》有关问题的通知.建办质〔2018〕31号.中华人民共和国住房和城乡建设部，2018.

［24］关于实施《危险性较大的分部分项工程安全管理规定》有关问题的通知.建办质〔2018〕31号.中华人民共和国住房和城乡建设部，2018.

［25］中华人民共和国行业标准.施工现场临时用电安全技术规范JGJ46—2005.北京：中国建筑工业出版社，2005.

［26］《关于推广使用房屋市政工程安全生产标准化指导图册的通知》建办质〔2019〕90号.中华人民共和国住房和城乡建设部办公厅，2019.